U0023895

Secretary's & Administrative Assistant's Handbook

秘書助理實務

徐筑琴◎著

國家圖書館出版品預行編目資料

秘書助理實務 / 徐筑琴著. -- 初版. -- 新北市：
揚智文化, 2011.10
面； 公分
參考書目：面
ISBN 978-986-298-017-0（平裝）

1.秘書

493.9 100019193

國際貿易叢書 2

秘書助理實務

作　　者 / 徐筑琴
出 版 者 / 揚智文化事業股份有限公司
發 行 人 / 葉忠賢
總 編 輯 / 閻富萍
執行編輯 / 吳韻如
地　　址 / 新北市深坑區北深路三段 260 號 8 樓
電　　話 / (02)8662-6826
傳　　真 / (02)2664-7633
網　　址 / http://www.ycrc.com.tw
E-mail / service@ycrc.com.tw
印　　刷 / 鼎易印刷事業股份有限公司
ISBN / 978-986-298-017-0
初版二刷 / 2014 年 12 月
定　　價 / 新台幣 450 元

本書如有缺頁、破損、裝訂錯誤，請寄回更換

序

《秘書助理實務》這本教材出版已經有好幾年了，承蒙各大專院校師生及各行業秘書助理的採用，致上最深的謝意。

隨著時代的變遷、企業的轉型、特別是電腦軟體不斷開發及應用的普及，秘書及助理的工作也隨著調整，工作的範圍也擴大到一般行政業務，但是仍然是主管及部門不可或缺的人力。

本書出版是以工具書的方向為主要寫作目的，因此章節及內容盡量要求完善，基本的秘書助理工作項目及技能，雖然不會因時代變遷而有所不同，但是仍有少部分因時間空間改變而有所調整，例如電子郵件取代一般書信、文字以橫式自左向右書寫、文書處理以電子e化作業等，所以修訂增加部分內容，以期符合時代的需求。

配合本書秘書及助理實際工作內容，再版將原書名《秘書實務》修訂為《秘書助理實務》。

知識浩瀚如海，學習永無止境，個人難免有疏漏欠學之處，尚祈各位先進學者專家不吝指教。

徐筑琴 謹識

民國一〇〇年九月

目　錄

第三章 文書行政工作 65

第四章 檔案及資料管理 105

第一章

秘書的歷史與類型

- 歐美秘書之歷史
- 中國秘書之歷史
- 秘書之定義
- 秘書之類型
- 社會形態之影響
- 秘書教育與訓練

秘書的工作性質，在歷史上不論東方或西方，很早就有其存在。秘書的職位雖有各種不同的稱呼，但每個時代總是因其時代背景及業務內容之不同，職務因而也不斷變遷，一直到現在，e世代自動化設備的辦公室，秘書也並未因此而減低其存在的價值。不過西方和東方秘書職務的演變過程和類型還是有很大的區別，謹簡述東西方秘書之歷史以下。

第一節　歐美秘書之歷史

在歐洲，秘書的起源雖然沒有明確的記載，但其中有一種說法，即是在紀元前羅馬時代就已編出一種獨特的速記方法，因而有專司速記、文書整理的秘書存在。後來隨著時代的變遷而有不同名稱的秘書職位，眞正具有現代秘書形態的職務，是開始於打字機的發明和普遍的使用。

打字機是在一七一四年，由英國人Henry Mill所發明的，實際普及到廣大社會使用，也著實花了一段相當長的時間，由於打字機的使用，對當時以擔任速記工作爲最大任務的秘書來說，確實使工作進展得非常有效率，甚至形成一種「具備打字技能的工作者方能稱爲秘書」的默契，其工作不但受到重視，而且從事這種職務者也越來越多了。

除了打字技能外，歐美秘書職位的確定，另外一個重要的因素就是速記法的普及，歐美秘書具有速記的能力，是從事此項工作的條件之一。

歐文速記法是一五八八年由Fimothy Bright博士首先設計，後來一般常採用的速記法是由一八三七年Isaac Pitman及一八八八年John Robert Gregg所設計，其中Gregg 的速記法更普遍爲世人所採用；其他如Anniversary及Simplifield方法與後來不斷改良的許多方法，使得速記速度越來越快，熟練者一分鐘可達一百二十字的紀錄。

由於打字和速記的配合，使得秘書的文書處理工作達到驚人的效率，雖然後來資訊起飛的時代來臨，但仍有其存在意義。這種情況直到電腦的快速發展，文字處理功能不斷改進後，才有了重大改變。秘書不但利用電腦處理文書工作，甚至可以跟上口述速度將文字直接整理出來，幾乎再也沒有人要求秘書要有速記的技能了。

現代秘書職級和名稱皆以美國爲標準，一般美國將秘書分爲以下數種：

1.secretary, corporate secretary：職位重要，類似秘書長之職務。
2.assistant to, executive assistant：類似主任秘書之職務，是主管的左右手。
3.executive secretary：執行秘書，企業界秘書的最高職位。
4.secretary（senior secretary, junior secretary, stenographer, receptionist）：一般的秘書，有接待員、速記員、見習秘書、秘書之分，現在大多以初級秘書、資深秘書稱呼。美國的企業組織除了董事長、總經理有其個人秘書外，經理及每一項業務負責人也有其專屬秘書。目前在我國的外商公司大多沿襲美制。

第二節　中國秘書之歷史

中國歷史上出現秘書的官職，主要是職掌圖籍文書之官。最早周官有外史，掌四方之志、三皇五帝之書；漢有石渠石室延閣廣內，貯之於外府，又有御史中丞，居殿中，掌蘭台秘書及麒麟天祿二閣，藏於內禁；後漢桓帝時（西元一五九年），置秘書監，其蘭台亦藏書籍，而以御史掌之；魏晉以後，秘書監之官名亦是其機構之名，統著作局，掌三閣之圖書，自是秘書之府，始居於外。梁朝始專設秘書省，置監及丞各一人，秘

訊息小站

秘書的職稱

秘書：secretary。
行政助理：administrative assistant。
行政專員：administrative professional。
協調員：coordinator。
特別助理：executive assistant。

書郎四人；陳時因之，後魏亦有之；後周秘書監亦領著作監，掌國史；隋秘書省領著作太史二曹；唐時，曾改稱蘭台及麟台，而秘書省但主書寫校勘而已。宋建崇文院秘閣，始爲寄祿之官，遼、金、元均有之，明以來不設，圖籍禁書，藏之內府，而完全廢去；清代方以文淵閣官掌古代之秘書省，但已非正官，且爲內廷文學待從之官所居，與古代秘書省之爲獨立機構仍不能相提並論。

自歷史上看來，自東漢桓帝時初置秘書監，主要是古代圖書集中於帝室，西漢藏於天祿閣，東漢則藏於東觀；由於東漢崇尚讖緯，取秘密之意，故稱秘書。魏武帝時之秘書令，實已改爲機要之職，後又改稱中書令，而以秘書令仍爲監，掌藝文圖籍之事，自此相沿不改。唐宋以後雖然掌藝文圖籍之官迭有增設，而秘書監之名不廢。至明初始罷不設，其職併入翰林院，與唐宋之翰林院性質不同，清代以文淵閣官掌古之秘書監。民國以來，政府機構都設秘書處，有秘書長的設置，主管機密和文書管理等工作。現代由於秘書工作之重要，各級主管都有輔助其處理政務的秘書人員，與古代專管文書圖籍之秘書監，性質已有所不同。

現代的企業秘書是沿襲歐美的工商業體制，設置秘書職務，協助主管處理公司業務，其職務已成企業的中堅分子，秘書的名稱和古代秘書監、秘書令的名稱，其工作性質可以說完全不同了。

不論中外，文書處理是秘書之最大部分工作，早期我國秘書的形態爲中文打字及速記工作由專人負責，在過去西方文書和打字機是分不開的，而在我國的情況，則因爲中文文字的組成和英文完全不同，若在工作時打中文字倒不如手寫來得快，完全沒有使用英文打字機的效率感，日本雖然以五十音拼字，但還是有許多漢字，也和我國情形一樣，所以中文打字機的操作，由專門人員負責處理一些會議紀錄、各種報告及公文文書之用。

中文速記也不如歐美爲秘書之必備條件，一般機構僅在必要時，臨時聘請中文速記員工作。所以在我國中文打字和速記由秘書來擔任，幾乎是不可能的事，倒是英文打字和速記是一般企業秘書應具備的條件。

近年來，由於電腦文書處理的功能不斷進步，中文的輸入方式和速度及電腦軟體的開發，都使中文的文字處理不必再靠中文打字機和專業的

打字人員來做了。

在我國的體制中，因爲傳統背景的關係，秘書的職務並不是那麼確定，除了秘書本身的主管之外，和其他部門及工作人員的關係也非常密切，形成了縱橫交錯而複雜的人際關係，因此其工作範圍既是秘書，又是一般職員，工作領域無法正確予以劃分。

有些機構設有秘書室，成爲一個單獨的行政單位，我國和日本都有這種體制存在。秘書室設有秘書及一般職員，負責處理機構的中英文文書、各種資料管理、公共關係或是人事行政，以及機關首長所交付的各種工作。

第三節　秘書之定義

在各類辭典中對於秘書的定義摘錄如下：

《簡明牛津辭典》（*Concise Oxford Dictionary*）中對於“Secretary”有如下的解釋：

1.Person employed by another to assist him in correspondence, literary work, getting information, and other confidential matters.
2.Official appointed by society or company or corporation to conduct its records, and deal in the first instance with its business.
3.Minister in charge of government.
4.Secretary of legation or embassy, ambassador's chief subordinate and deputy.

日本的《大漢和辭典》上，對秘書有如下的解釋：

1.秘密之書。
2.官名——掌圖書、掌文篤之官。
3.叢書之名。
4.政府、軍隊等之官名，司令官之直屬機密事項掌理官職。
5.有地位人士直屬機密事項掌理之人。

我國商務印書館出版之《辭源》上，對秘書之解釋如下：

1.謂秘密之書，其類有三：

(1)指圖籍之難得者，歷朝置秘書省，藏古今圖籍暨名書畫是也。

(2)指禁秘之書，如讖緯之屬。

(3)指秘要之文書，魏晉置秘書令，即掌此文書者。

2.官名：

(1)掌圖書之官，漢以來之秘書監、秘書郎皆是。

(2)掌文書之官，魏之秘書令、秘書丞是也，今政府各級機關多有秘書之設。

第四節　秘書之類型

秘書的工作性質，在歷史上不論東方或西方，很早就有其存在。秘書的職業出現在各種行業中，職位因時代及其業務內容之不同，而不斷變更各種不同的稱呼，但是一直到現在，秘書並未減低其存在的價值。一般而言，秘書有「資深秘書」，常見的職稱有「執行秘書、機要秘書、總經理特助、董事長特助」，通常針對高階主管個人做服務，除了執行主管所交代的命令之外，還要處理與主管相關的行政事務，例如：商業書信的往來、與其他主管的聯繫，聯絡和排定會議行程，準備統計資料報告，負責公共關係事務，跨公司及部門工作協調，協助專案計畫評估、擬定、執行與追蹤，主管會議運作準則訂定及追蹤，董事長及主管交辦事務處理，部門預算編列，訓練員工，甚至僱用與監督其他辦事員等，並且還擔任部門之間或主管間的橋梁協調工作。

資淺秘書常見的職稱爲「辦公室助理、行政助理、業務助理、部門秘書」，通常工作範圍不只針對主管個人，也可能爲一個部門、二級主管或整個企業服務，會接觸到的對象不僅僅只有直屬的主管，還會處理到工程師或管理人員的事務，基本作業爲收發文件、資料歸檔、文件輸入、協助部門主管處理部門事務、會議安排、支援翻譯、部門行政庶務、文件繕打、檔案管理等。

從以上的說明可以看出，秘書的職位出現在多種不同的行業中，因此我們可以就其工作性質和其所擔負的機能之不同而加以分類。

一、以性質分類

(一)公職和私營機構秘書

男性秘書大多服務於公職，而且職等也高，屬於管理階層。在企業界服務的男性秘書，職稱多用特別助理名義，而且由於專業化職責的關係，更有將某部分職務由特定助理負責之情形，如公共關係助理、資訊管理助理、國際關係助理等。

女性秘書在企業界非常活躍，歐美女性秘書占了此職位百分之九十以上的比率，我國一般女性秘書多半在企業界工作，主要是做主管助理業務，除了特殊如建築、工礦或需要經常旅行的行業，其他大概也大多是女秘書的天下。

(二)企業管理者秘書

一般在企業界或公共團體擔任秘書工作者，其業務主要是協助主管處理文書、資料蒐集管理及辦公行政等比較瑣碎的工作，由於女性具有比較細心及有耐性的天性，所以擔任企業管理者的秘書最為恰當。

(三)行政管理者秘書

一般在政府機構、學校或社會團體擔任秘書者，其主要工作除了協助主管之外，尚負有一般行政工作的責任，例如專門負責文書、公共關係或人事等等，男女性擔任此類工作者占有相同之比例。

(四)專門職業秘書

許多自由職業者，如律師、醫師、學者、藝術家、設計家等，亦多聘有秘書協助處理行政業務或整理資料。在專門職業機構擔任秘書工作，除了一般秘書技能和實務外，對於所經營的專門業務亦應了解其所涉及之專業知識，以便更能了解工作之進行。

(五)政治家之秘書

中外都免不了有許多從事政治工作的政治家，如議員、立法委員、國民代表等等，通常他們都聘有人數不等的助理、秘書或顧問來協助其從政的工作，此類秘書以男性擔任較爲方便，女性則純粹擔任較靜態的辦公室內部秘書工作。

二、以機能分類

(一)參謀型秘書

參謀型秘書擔任的工作幾乎可以代理主管處理某些事務，是主管重要的幕僚，如機構的主任秘書、機要秘書等。對於機構內之大小事務亦可提供建議供主管參考，雖然其工作對主管負責，但是在整個行政管理階層，占有很重要的地位，也由於工作較有決策性、權威性，女性比較不容易謀到這個職位。

參謀型秘書在政府機構特別顯出其重要性，如美國國務卿（The Secretary of U. S. A.），以及各行政部會的秘書長、國際性機構之秘書長等，皆是舉足輕重的人物。

(二)副官型秘書

國家大事需要專門人員處理，許多例行及瑣碎的行政工作，也不能沒有秘書協助主管處理，只不過這類秘書是以主管所授旨意處理事務，但是就其所擔任之工作及所了解機密事項之程度，可以知道其地位之重要，而所有管理階層的主管都少不了他們的協助。一般企業、社會團體等的秘書都是這種副官型的秘書，他們雖不能影響國家大事，但他們的存在與否，卻能影響整個公司的正常運轉，特別是主管階層絕對少不了他們的服務。

三、以性別分類

(一)男性秘書工作者

雖然男性秘書多活躍在政府或團體的機構中，並且占有頗為重要的地位，但是在一般企業中，男性秘書並不多見，而且大多以特別助理之名義從事類似秘書的工作，由於擔任職務瑣碎而繁雜，常有本身專長被疏忽而無從發展的感覺，但若是表現優異，獲得公司及主管之賞識，也常是升遷之最佳途徑。

(二)女性秘書工作者

由於我國近年來經濟的蓬勃發展，各種公司行號國際化的經營，秘書的需求量也相對大幅增加，而且在台灣，女性的工作意識比我們鄰近的亞洲各國來得強烈，所以在工商業界，優秀的女性秘書都成為主管的左右手、企業不可缺少的重要一環。但是由於女性在社會體制中所擔負的角色和男性不同，除了工作還要兼顧家庭；其次是受傳統對女性能力評價的低估，使得女性在做了多年成功秘書之餘，很少能獲得應有的平等升遷機會，這也是目前資深女性秘書工作者所感到徬徨的一個事實。

第五節　社會形態之影響

由於東西方社會形態之結構及文化的差異，對於秘書或其他職務工作的看法有著顯著的不同，僅分數點說明如下：

一、命令傳送系統

美制秘書體制對命令的傳送是直線式的，所以不會產生太大的問題。而我國的形態，擔負著數種工作而職稱為秘書者，或是設有專門秘書室單位內的工作者，常常會產生命令的傳達發生摩擦現象，這是因為命令的來源有數位主管或是上級單位，而產生秘書是對哪位上司負責，或是聽

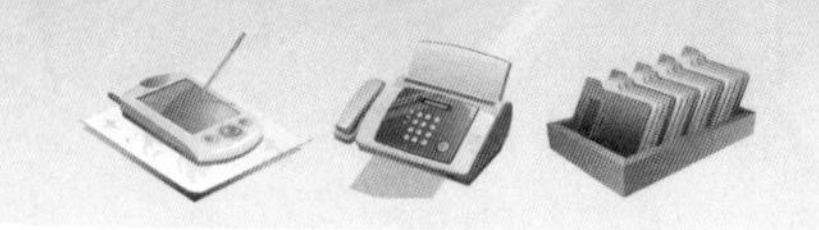

命於誰的疑慮；秘書對其本身的技能在工作上也產生懷疑，從而對其工作之評價是否得到合理的薪資、公平的待遇等，這些都是因命令系統之不一而產生需要探討的問題。

二、職位價值

東方的社會本質比較保守含蓄，因此在提到職業的時候，常常答覆是在某公司做事，而鮮少提及職位，因此其職級可能上自總經理而下至最基層的職員，雖然回答如此曖昧，發問者往往也對其回覆感到滿意而不再追問。這和西方人在提及職業時常說是工程師、教師或是記者等，先將自己專長提出的答覆全然不同，此乃是東方社會中，公司、團體爲社會所重視，因而在整個機構的大前提下對個人之專長忽略了，特別是某些稍有規模及名氣的機構，更是爲一般人在提到社會位置時，優先所提及之處所。

三、人情義理

中國社會非常重視人情義理，在工作上非常注重部屬關係，似乎一朝有了從屬關係，則除了在工作之外，多多少少上司也照顧著部屬的其他生活，這完全是固有人情觀念的影響。有的時候有一種不得已的心情去照顧或不得不關心自己的部屬，這是屬於一種道義上的責任感。至於部屬對於主管之順從態度，幾乎很少反逆其意見，也是多少受著傳統義理的影響，這和西方社會凡事只講道理的態度是有所差異的，因此我們的社會有著做事講求「情、理、法」三面顧到的哲理。

四、功利主義抬頭

過去的社會講究從一而終的工作態度，入了某行業或是組織，則長期而忠誠的爲其工作以至老死，表現著明顯的忠實而愛護其主人及組織的精神。但是近年來隨著工業的發達，專業技術的受到重視，以及人們慾望的難以滿足，所以參與工作者，雖然機構從未打算辭退某人，但是職工會因爲其他機構的職位和待遇的吸引，而經常變換對自己更爲有利的工作環

境。造成這種變動性頻繁的原因，固然是受到功利主義思想抬頭的影響，另一方面也是因爲我們的公司機構沒有終身職業的保障以及完整而有利的福利制度，諸如退休金、企業分紅、薪資調整、年終獎金等等，這些都是留住優秀職工的條件。有了良好的制度，職工才能專心一意的工作，在公司至上的前提下，發揮高度技能，提高生產效率，貢獻自己的力量，展現個人的生活意義和價值。

從以上的社會形態來看看我們目前的秘書工作，由於現代秘書是西方的產物，而多少帶有一點專業化性質，所以秘書工作者往往在提及自己的職業時，不像其他類型工作者的曖昧態度，總是在公司名稱之後加上「秘書」的職稱，以顯示自己的職位不同於一般職員，更藉以表現自己專長的特性。

至於對主管之從屬關係，因爲工作環境單純，且多做一些較沒有決策性的工作，所以順從主管之意思爲工作之原則。主管亦因秘書爲其最接近之輔助人員，在人情道義上也多所照顧，這是理所當然之情形。

談到從一而終的工作態度，目前台灣的企業界很少有此觀念，特別是能幹的女秘書流動性更大，幾乎是一有更好的機會，就有轉變工作環境之意向，這倒不是和忠誠有什麼關係，而是受著社會風氣及女性工作意識越來越強烈的影響，女秘書們希望以不同的環境磨練自己，使更能適應這個進步的社會，體驗工作的意義，享受工作之價值與成就。

第六節　秘書教育與訓練

一、美國的秘書教育

(一)學校教育方面

美國百分之九十的秘書都是女性，因此其程度大多是高中畢業，經過短期秘書專職訓練或是社區大學兩年的專業課程教育，而加入秘書工作行列。

秘書工作沒有大學畢業的要求，是因爲在其國內語言上沒有特別的需求，不過也許就是因爲學歷的背景較低，所以其待遇一直不能提高，這也是目前美國秘書工作者力爭的焦點。不過近年來由於企業全球化及資訊的發展，工作人員的資質要求相對提高，所以大專學歷也是很基本的要求。

在美國，秘書或辦公室管理之課程以專業課程爲主，再視特別需要，配合其他輔助課程。課程內容分基礎課程與進階課程，其內容大體如下：

1.基礎課程一（SKILL LEVEL I, INTRODUCTORY）：

(1)職業發展（Career Development）：

①Professionalism in the Office: Proven Techniques for Administrators, Secretaries, and Coordinators

②Communicating Skills for Leaders: Delivering a Clear and Consistent Message

(2)個人發展（Personal Development）：

①Finding Your Purpose: A Guide to Personal Fulfillment

②Attitude: Your Most Priceless Possession

(3)自我管理（Self-Management）：

①Time Management

②Organizing Your Workspace: A Guide to Personal Productivity

(4)人際溝通技能（People Skills）：

①The Business of Listening: A Guide to Effective Listening

②Telephone Skills From A to Z: The Telephone Doctor® Phone Book

③Customer Satisfaction: The Other Half of Your Job

(5)工作技能（Task Skills）：

①Writing Effective E-Mail: Improving Your Electronic Communication

②The Building Blocks of Business Writing: The Foundation of

Writing Skills

③Powerful Proofreading Skills: Tips, Techniques and Tactics

2.課程二（SKILL LEVEL II, INTERMEDIATE）：

(1)職業發展（Career Development）：

①The Administrative Assistant: Starring in a Supporting Role

②Business Etiquette and Professionalism: Your Guide to Career Success

(2)個人發展（Personal Development）：

①Developing Positive Assertiveness: Practical Techniques for Personal Success

②Creating Rapport: Using Personal Power to Influence Without Control

(3)團隊技巧（Team Skills）：

①Working in Teams: A Team Member Guidebook

②Problem Solving for Teams: A Systemic Approach to Consensus Decision-Making

(4)人際溝通技能（People Skills）：

①Working Together: Succeeding in a Multicultural Organization

②Office Politics: Positive Results from Fair Practices

③Managing Upward: Strategies for Succeeding with Your Boss

(5)工作技能（Task Skills）：

①Creative Decision Making: Using Positive Uncertainty

②Meeting Skills for Leaders: A Practical Guide for More Productive Meetings

③Project Management: A Practical Guide for Success

3.課程三（SKILL LEVEL III, ADVANCED）：

(1)職業發展（Career Development）：

①Understanding Leadership Competencies: Creating Tomorrow's Leaders Today

②Excellence in Supervision: Essential Skills for the New Supervisor

(2)組織發展（Organization Development）：

Understanding Organizational Change: Converting Theory to Practice

(3)個人發展（Personal Development）：

Feedback Skills for Leaders: Building Constructive Communication Skills Up and Down the Ladder

(4)辦公室管理（Office Management）：

①Change Management: Leading People Through Organizational Transitions

②Office Management: A Productivity and Effectiveness Guide

(5)人際溝通技能（People Skills）：

①Achieving Consensus: Tools and Techniques

②Negotiation Basics: Win-Win Strategies for Everyone

③Facilitation Skills for Team Leaders: Leading Organized Teams to Greater Productivity

(6)工作技能（Task Skills）：

①Writing Business Proposals and Reports: Key Strategies for Success

②Presentation Skills: A Practical Guide to Better Speaking

③Delivering Effective Training Sessions: Techniques for Productivity

4.課程四（SKILL LEVEL IV, SPECIALIST）：

(1)職業發展（Career Development）：

①Networking for Success: The Art of Establishing Personal Contacts

②Plan B: Converting Change into Career Opportunity

(2)組織發展（Organization Development）：

Creating a Learning Organization: Promoting Excellence Through Change

(3)個人發展（Personal Development）：

Risk-Taking: A Guide for Decision Makers

(4)資訊信息管理（Information Management）：

①Business Research: An Informal Guide

②Process Improvement: Enhancing Your Organization's Effectiveness

(5)人際溝通技能（People Skills）：

①The Internal Consultant: Drawing on Inside Expertise

②Virtual Teaming: Breaking the Boundaries of Time and Place

③Rapid Team Deployment: Building High Performance Project Teams

(6)工作技能（Task Skills）：

①Surviving Information Overload: How to Find, Filter, and Focus on What's Important

②Achieving Results: Four Stages to Off-the-Chart Excellence

③Critical Thinking: Strategies for Decision Making

除了上述秘書管理課程外，一些商業課程仍然是必要的工作條件。以下是早期秘書訓練課程，因時空背景不同，內容已有大幅修正：

1.基礎課程：

(1)English（本國語）。

(2)Windows Applications（電腦視窗應用）。

(3)Interpersonal Relations（人際關係）。

(4)Principles of Economics（經濟學概論）。

(5)Social Science（社會科學）。

2.技術課程：

(1)Keyboarding Applications（鍵盤操作）。

(2)Filing Systems（檔案管理）。

(3)Information Processing（資訊處理）。

(4)Business Correspondence（商業文書）。

(5)Advanced Information Processing（進階資訊處理）。

3.其他選修技術課程：

(1)Bookkeeping/Accounting（簿記／會計）。

(2)Secretarial Accounting （秘書之會計學）。

(3)Business Math/Calculating Machines（商用數學／計算機概論）。

(4)Database Management（資料管理）。

(5)Introduction to Business（商業概論）。

(6)Office Procedures（事物管理）。

(7)Co-Op/Work Learn（團隊工作）。

(8)Customer Service（客戶服務）

(9)Business Law（商業法規）。

(10)Public Relations（公共關係）。

(11)French（German）等外國語。

(12)Personal Adjustment and Human Relations（個人性向及人際關係）。

(13)Business Administration（企業管理）。

(14)Secretarial Skills（秘書技能）。

(15)Secretarial Procedures（秘書事務處理）。

如果從事專門行業之秘書，如法律、醫療等，還要接受一般基本法律及醫療科目的訓練，諸如法律用語、法律文書，以及生理學、解剖學、醫學用語等等。

(二)專業行政協會

全美秘書協會（NSA, National Secretaries Association）是在一九四二年成立，而在一九八一年四月爲了更肯定職業秘書的定義，所以改名爲專業秘書協會（PSI, Professional Secretaries International），現在又更名爲專業行政協會（IAAP, International Association of Administrative Professionals）。專業行政協會在全美各大城市一年開會一次。協會的主要目的爲：

1.肯定專業秘書的定義。

2.提高秘書水準，舉辦各種秘書短期訓練及在職秘書訓練。

3.聯合從事秘書工作者，發揮共同力量。

4.參加地域性的秘書活動。

5.出版*The Secretary*雜誌（現已改名*Offices Professional*），報導秘書及行政助理現況、發表文章，以爲秘書及辦公室行政工作之研究改進。

此外，在專業行政協會的外圍組織，專業秘書檢定認證（CPS, Certified Professional Secretaries），專業行政檢定認證（CAP, Certified Administrative Professional），每年定期舉辦檢定考試，除了美國本土外，還包括加拿大、波多黎各、牙買加等地，是一項非常具有權威性的資格檢定考試，其測驗科目CPS包括第一至第三部分，CAP加考第四部分：

1.CPS：

(1)Part 1：Office Systems & Technology〈辦公室系統及科技〉

①12% computer hardware, systems and configuration

②16% document layout, design and reproduction

③60% software

④12% managing physical resources

(2)Part 2：Office Administration〈辦公室行政管理〉

①28% records management

②72% communication

(3)Part 3：Management〈管理學〉

①48% human resources

②16% accounting procedures and analysis

③12% time management

④24% communication

2.CAP：

除CPS所考三科外，加考一科進階組織管理（Advanced Organizational Management），內含：

(1)28% organizational planning

(2)24% advanced administration

(3)24% team skills

(4)24% advanced communication

由於美國專業行政協會（http://www.iaap-hq.org）的歷史較久、組織完善，有自己的基金會、養老院、學校、授證考試、雜誌出版物等，所以在全球秘書界具有領導地位，對秘書工作者之貢獻也最大。該協會並於一九五二年訂定每年四月最後一個禮拜為「國際秘書週」，而該週星期三為「秘書日」，全球秘書在該週皆舉辦各項活動，熱烈慶祝自己的節日。美國專業行政協會每年在不同城市舉行年會（International Education Forum and Annual Meeting），美洲國家會員及其他國家代表數千人與會。

歐洲專業秘書協會（EAPS, European Association of Professional Secretaries）創立於一九七四年，總會設在法國巴黎，每年由會員國輪流舉辦秘書會議。

亞洲秘書協會（ASA, The Association of Secretaries in Asia）是由菲律賓秘書協會會長Virginia Pelbinias於一九七四年二月創立，每兩年由會員國按入會先後輪流舉辦會議。我國則是在一九八〇年正式加入為會員國，於一九八八年在台北舉辦第八屆亞太秘書大會，並於二〇一〇年九月第二十屆亞太秘書大會由中華民國專業秘書暨行政人員協會主辦（The 20th ASA Congress）。

二、日本的秘書教育

(一)學校秘書教育

日本最早的秘書教育開始於一九一五年，在教會學校設有秘書課程，但正式開始秘書教育則是一九五〇年以後的事了。日本在高等學校設有秘書科，所以日本的秘書有一半是高等學校學歷，主要是日本女性的就業時間不長，在職位競爭上，也不是男性的對手，尤其結婚以後就辭職了，所以不論學校或企業本身，都沒有刻意去培養秘書人才。

近年來，日本有關單位也感到秘書工作者的真正需要，所以許多短期大學紛紛設立秘書科，並有「短期大學秘書教育協會」的成立。日本教

育主管機關並規定了秘書科的課程標準，其主要分爲三大部分：

1.秘書理論、基本商業概念課程：秘書概論、社會心理學、人際關係論、企業概論。
2.秘書實務課程：秘書實務、文書管理、國語、實用外國語。
3.有關知識與實務課程：簿記、會計、商務法規、英文打字、與秘書職務有關的知識與技能課程。

(二)企業對秘書的培養

除了外商外，日本企業很多都設有秘書課的單獨行政機構，在秘書課的女性職員做著秘書和一般職員雙重身分的工作，因爲日本女性的工作年限短，工作意識也不太強烈，所以使得日本企業界對秘書工作的要求，也無法積極的伸展。但是目前的商業社會，培養有能力的秘書作爲工作助手已是必然趨勢，所以日本企業界對秘書專門職業的地位也漸漸確立。

企業界除了在公司內由資深的秘書訓練教導新進秘書外，也經常聘請專家、講師給予企業內部職員在職訓練。新進秘書也被要求進入夜間秘書訓練班研修，或是到日本秘書協會（The Japan Secretaries Association）所辦的短期訓練班進修。這些都已顯示日本企業界對專業秘書的重視。

此外，日本尚有「秘書技能檢定試驗」與日本秘書協會舉辦之CBS（Certified Bilingual Secretary）試驗，以便日本秘書職業地位的確定，提高日本秘書的地位。其考試內容包含基礎考試科目和期終考試科目，基礎考試科目考試通過才能參加期終考試科目：

1.基礎考試科目（CBS Primary Examination）：
　(1)第一部分：辦公室實務（Part I :Office Practice）
　(2)第二部分：商務日語（Part II :Business Japanese）
　(3)第三部分：商務英語（Part III: Business English）
2.期終考試科目（CBS Final Examination）：
　(1)第一部分：Written tests on secretarial aptitude, secretarial administration, records management and secretarial knowledge about management, legal matters and accounting, in Japanese and English.

(2)第二部分：In-basket method, a test of assessing one's ability to effectively carry out actual simulated secretarial duties in Japanese and English.

(3)第三部分：Test on knowledge and applied uses of English business writing.

(4)第四部分：Personal interview in Japanese and English.

三、中國大陸秘書認證

在中國大陸，雖然企業界的秘書工作是改革開放以後才普遍興起，但是由於認證制度實施完善，很快就制定了秘書工作的定義及考試標準。秘書的定義爲「專門從事辦公室程序性工作、協助領導處理政務及日常事務並爲領導決策及其實施服務的人員」。秘書職業考試等級分爲初級、中級、高級三等：

1.初級：

(1)一年以上工作經驗者。

(2)培訓標準時數（二百五十小時）。

2.中級：

(1)持有初級證書、兩年工作經驗、培訓標準時數（二百小時）。

(2)持有初級證書、三年工作經驗。

(3)持有大學秘書職業畢業證書。

3.高級：

(1)持有中級證書、兩年工作經驗、培訓標準時數（一百五十小時）。

(2)持有中級證書、三年工作經驗。

(3)持有大學秘書職業畢業證書、一年工作經驗。

考試分知識及技能兩部分，科目有基礎知識、財經知識及法規、管理學、辦公室自動化，以及文書檔案、接待、會議等事務性工作。考試因級別不同，對於文字及語言表達能力、事務協調能力、邏輯思考分析能力

等，都有不同程度的要求。

四、我國的秘書教育

(一)學校秘書教育

我國正式的秘書教育是一九六一年專科學校獲准設立以後，在商科及家政學校陸續設有商業文書科及秘書事務科，才開始為工商企業培植專業秘書人才。近二十年來，其畢業學生成為工商企業界秘書工作人員之中堅。近年來由於教育制度的改變，各大專院校系所的調整，目前已無秘書事務科或商業文書科的設置，秘書助理相關課程僅在各學系開設學分課程提供學生選讀。

我國教育行政主管機構過去曾為秘書教育訂定教育目標及課程標準，謹簡述如下：

1.秘書事務科：

(1)目標：

①培養政府機構、公私企業之秘書及事務管理專業人才。

②充實中英語文知能。

③熟習中英文打字、電傳打字（TELEX）、中英文速記、電腦打卡及事務管理技術。

④增進勤勞、服務、敬業、樂群等職業道德。

(2)課程：

①共同科目：國文、英文、中國現代史、國際關係、憲法、國父思想等大專院校共同必修科目。

②專業及相關科目：企業管理、會計學、心理學、國際匯兌、人事管理、國際貿易實務、禮儀、英語會話、英文作文、商用英文、英文打字、中英文速記、應用文、檔案與資料管理、秘書實務、電腦概論及其他有關選修科目。

2.商業文書科：

(1)目標：

①培養工商業一般行政業務人才及秘書人才。

②訓練語言能力，協助推廣國際貿易，加強整體外交關係。

(2)課程：

①一般共同必修科目。

②專業及相關科目：經濟學、會計學、貨幣銀行、企業管理、行銷學、國際貿易、公共關係、人事管理、市場研究、統計學、商事法、民法概要、應用文、商用英文、英語會話、中英文速記、中英檔案管理、英文打字、翻譯、演說與辯論、秘書實務、電子資料處理及其他有關選修科目。

(二)職業訓練教育

爲了企業界專業秘書市場的廣大需要，許多秘書職業補習班因此應運而生，企業管理顧問公司亦開設專業秘書訓練班，以便有志從事秘書工作者及在職願進修的秘書，能夠學習增進其秘書工作之技能，其課程多注重秘書工作之實務課程，以便結業後能馬上應付秘書事務的工作。

許多大型機構或企業爲了增進秘書的素質，也經常邀請外界資深講師舉辦短期訓練，給予秘書工作者在職進修，對於交換工作經驗及吸收新知，非常有成效。

(三)企業秘書協會

中華民國台北市企業秘書協會於一九七四年十月十九日成立，一九七五年七月一日高雄市企業秘書協會成立，一九九五年十月二十八日台中市企業秘書協會成立，而全國性的中華民國企業秘書協會是在一九七八年十二月成立，其下有台北、台中、高雄三個分會。中華民國企業秘書協會爲國際專業秘書協會聯會會員，代表參加各項秘書之國際會議。一九八〇年四月第四屆亞太秘書大會通過中華民國企業秘書協會正式成爲其會員國。一九九二年一月中華民國企業秘書協會更名爲「中華民國專業秘書協會」，二〇〇三年六月二十三日，台北市專業秘書協會更名爲「台北市專業秘書暨行政人員協會」，英文名稱爲“Taipei Professional Secretaries and Administrators Association”，簡稱爲TPSAA。

我國秘書協會除了團結全國秘書工作者外，目前只能辦理一些短期專業訓練課程，以增進秘書工作技能；至於秘書檢定的工作，尚未設立專門機構辦理，所以秘書的素質並無嚴格的要求。今後爲培養職業秘書的社會地位及職務的確立，秘書的教育體制應該制定，充實教學內容，並且要有合法專職檢定資格之考試制度，使取得資格之有志秘書工作者，有專業性的資歷和權威。

近年由於企業管理知識之受重視，所以各行各業分工越來越細，秘書爲適應各種不同職業之需要，將來的教育將有分別訓練之情勢，諸如：政府機構、醫療機構、法律機構、企業界、一般人民團體等特別針對職業需要的教育訓練。以我國目前的秘書教育情況，實在迫切需要建立起秘書制度的體制，方能使秘書這種職業性的工作有所進步與發展。

現今國際專業管理亞太年會依專業等級將職業秘書證照區分爲「職業秘書B級」、「職業秘書A級」與「CPS（Certified Professional Secretary）行政管理師」。

訊息小站

台北市專業秘書暨行政人員協會

TPSAA, Taipei Professional Secretaries and Administrators Association

宗旨：建立認同秘書工作的價值、提升專業秘書形象、增進行政專業職能。

任務：1.專業秘書暨行政實務認證班。
2.國際秘書週活動。
3.秘書營。
4.各類行政暨專業座談會。
5.專業進階班。
6.專題講座。

其中，「職業秘書B級」爲一般秘書行政、文書事務人員；「職業秘書A級」爲協助主管處理行政管理事務，經授權得執行有限責任秘書幕僚管理工作；「CPS行政管理師」則爲協助主管處理行政管理事務，經授權得執行無限責任秘書幕僚管理工作。職業秘書B級及A級證照由國際專業管理亞太年會頒發，而CPS行政管理師證照則由美國國際專業管理師公會頒發。

目前國際專業管理亞太年會僅受理「職業秘書B級」申請，只要具備秘書及行政管理工作滿一年以上，經服務單位推薦，並曾參加由國立空中大學舉辦的「行政管理與秘書實務產學研討會」，即可向國際專業管理亞太年會提出申請。至於「職業秘書A級」證照，則是委託國內具產、學經驗的學術訓練機構，辦理證照訓練課程。

訊息小站

老闆節

世界各秘書協會都將四月最後一個星期定為秘書週（Administrative Professionals Week），這最後一週的星期三訂為秘書日，各國秘書協會都會辦許多如慶祝晚宴、專題演講、最佳秘書選拔、最佳老闆等多采多姿活動，各國的秘書組織也在這週大事慶祝。除了秘書週外，還有一個和秘書有關的重要活動，就是老闆節（Boss-of-the-Year）。老闆節的由來是一九五八年一位美國伊利諾州的秘書Patricia Haroski認為應該為老闆們定一個慶祝他們的節日。於是她就積極發動秘書們來推展這項活動，最後決定以她老闆的生日一九六二年十月十六日作為秘書老闆的老闆日，距今也將近有五十年的歷史了。

各國的秘書協會在秘書節選出當年最佳秘書（Outstanding Secretary），在老闆節選出她們心目中最好的老闆（Boss-of-the-Year），這兩項選拔成了每年世界上各大企業辦公室主要慶祝活動。不過當選的老闆們並非一定來自企業，也不一定是大老闆，而是在秘書心目中具有分量，值得表彰的主管。所以來自企業、公務機關、學術機構、大學、銀行、基金會等之主管都有可能成為年度Boss-of-the-Year。

訊息小站

第二十屆亞太秘書大會的通知

FIRST ANNOUNCEMENT

The 20th ASA Congress

The Association of Secretaries and Administrative Professionals in Asia-Pacific

September 25 -October 1, 2010

Sheraton Taipei Hotel, Taiwan

Leaping Forward in the Changing Workplace

虎躍龍騰迎巨變

You are cordially invited!

第二章

秘書工作的意義

- 秘書的功能
- 秘書的業務範圍
- 秘書工作的內容
- 優秀秘書的條件
- 秘書工作未來之展望
- 女性主管地位的提升
- 秘書生涯規畫與轉職方向
- 虛擬助理形成
- e 世紀秘書

秘書的工作領域分布廣泛，舉凡學校、醫院、私人企業、政府機構、律師事務所等機構，幾乎每個行業或企業都需要秘書。

秘書工作性質隨著企業組織結構之不同，有著不同的職稱，最常用的名稱有秘書、辦公室助理、行政助理、業務助理、部門秘書、執行秘書、機要秘書、總經理特助、董事長特助等。國外企業有執行秘書、資深秘書、秘書、接待員等職稱。在一般公司行號裡與「秘書」職務內容相仿之職業，或需要類似教育程度、專業背景的其他相關職業，有行政秘書、事務秘書、行政助理專業人員、法律及有關商業助理專業人員等。其他須處理辦公室事務的相關人員，尚有事務工作人員、辦公室事務人員、文字處理及有關機器操作員等。秘書服務的對象通常爲整個部門或是高階主管，視其技能熟練程度或是資歷深淺而定，基本上，除了一般行政工作能力、禮儀修養、人際溝通等基本條件外，很重要的是需要具備廣泛的軟體操作知識來處理辦公室的行政事務。

秘書服務的對象通常爲整個部門或是高階主管，在機構中有一定的功能，現就其功能、業務範圍、內容、條件等分述如下。

第一節　秘書的功能

隨著時代改變，辦公室機器及用具的進步，許多文書和重複的工作都可由事務機器代勞，因此很多人提出秘書的職位和功能是否可以隨著時代的變更而被淘汰。不可否認的，秘書過去所做的事務，因爲事務機器的發展而減少了大部分文書及行政的工作，但原始的文書稿件還是需要人員來處理，只不過印製、修正、傳送可以減少不少人力而已；何況許多辦公室聯絡溝通的事務，就更需要人性化、無規則可循、變化方式、有彈性及機動的隨機處理了，這類工作絕不是機器可以代勞的。所以秘書的職務和功能在辦公室絕對有存在的必要性，只不過因爲事務機器的協助，文書行政工作節省許多時間。因此秘書工作者可能需要擔任其他項目的工作，或是一位秘書要負責兩位以上主管的秘書工作。傳統的秘書工作者要調整心態去適應辦公室的變化，更要配合不同主管的工作要求，才能在職場生存。因此工作環境雖然不斷改變，秘書工作還是有其功能和業務。

一、輔助管理者的功能

在高度成長體制和低成長體制經濟構造變換的時機中，高度成長時期，稍有一點散漫的經營，企業仍能照樣成長和生存。但在目前的低成長時代，面對全球的競爭力，企業經營的環境必須非常嚴謹，否則即將遭到淘汰的命運，所以企業一定要以有限而精銳的幹部，高效率地經營企業。因此，如何使有限的人員發揮組織最高的機能，是使企業成功不可缺少的經營方式。而作爲職員重要一分子的秘書，也不能僅以普通的情況來應付工作，而應做到職務有存在價值、跟得上主管的腳步、跟得上企業變化的速度及世界潮流的趨勢，眞正對主管有所幫助的角色。

在現代社會組織複雜而又流動性非常大的經營環境裡，經營方式已走向情報化及國際化，因此經營方向的判斷稍有失誤，就會造成企業的致命傷，所以企業經營和管理階層如何判斷正確的狀況，其適當的意識決定是很重要的，當他們要做狀況的判斷和意識的決定時，最重要的就是各種資料和情報的來源正確，這時候擔任情報蒐集及管理的秘書工作者，就能充分發揮其功能，表現其對企業的重要性。尤其近年來自動化及資訊化的辦公室環境，秘書的工作和角色有了大幅度的變化，秘書已轉換爲管理的助理（administrative assistant）角色，工作內容也擴大許多，對管理者更形重要。

二、聯絡中心的功能

在一個組織體制中，我們可以很明顯的看到秘書在主管及公司內部和外部的聯絡功能，因爲在正常情況下，主管的書信和命令，泰半以上皆是經由秘書而傳達到公司內外有關部門。同樣的，公司內外消息的傳入也是經由秘書這條管道而到達主管。所以秘書可以說是整個公司的中樞神經，沒有這個中樞神經的聯絡網，說得嚴重一點，公司的全體機能可能會因而停頓。

當然，秘書在扮演聯絡機能這個角色的時候，應該非常愼重的處理，不能將所有的資料和情報不經選擇的就傳出或傳入，徒然增加主管的

困擾。而是要在聯絡過程中，扮演一個濾網的角色，小心的將有價值的資料傳送出去，不可因個人之主觀而錯判情報的價值，也不能誤傳消息，更不能因疏忽或大意將機密情報爲競爭者所獲取，這都是秘書在做聯絡工作時，非常需要注意的原則。

除了口頭傳送資料容易失誤外，就是有關電信、電話、無線電、電視、傳眞或是經網路等的文件傳送，有時亦會發生差誤，尤其是現在的業務都會涉及國際性的來往，各國不同的語言所引起的誤解，更是比比皆是，這就要靠秘書憑著個人的經驗和謹愼、細密的態度來判斷，傳送正確的資訊給要傳送的機構或個人，達到聯絡之功能。

談到秘書過濾資料和情報（information）的功能，就是要將原始情報除去不必要的部分，將有用的通過第一道濾網，然後再將此情報的焦點集中及匯合整理，將重要而有關聯的情報通過第二道濾網，最後選擇對本公司有用的重點資訊通過第三道濾網，擴大發放出去。在這三道過濾過程中，大部分的秘書僅能做第一道濾網的工作，資深一點的秘書第二道濾網的工作應該可以勝任，做這兩道濾網最要緊的就是要排除個人的主觀和偏見，正確判斷，找出焦點和目的。至於第三道濾網的工作大多由主管決定，而後經秘書將主管決定的事項傳送出去，表現秘書聯絡上眞正的功能。

第二節　秘書的業務範圍

談到秘書的業務範圍，實在是既廣又雜，並且每個公司背景不同，主管負責業務不同，個人個性、能力、經驗等因素的不一，除了日常固定的工作外，有時還要隨著主管業務之變化而做調整，更要機動性的應付許多突發事件，所以工作性質是變化多端的。但是我們如將其總括來看，其業務應可分爲三大類，即事務性業務、資訊情報管理業務及人際關係業務三大類，現略分述如下：

一、事務性業務

秘書的事務性業務，大部分是比較固定的文書行政工作，如書信的整理——處理函件的往來、寫信等，中英文文書處理、檔案管理、報告之整理和書寫等，除了大量文書業務外，還有辦公室管理、會議安排與籌備、電話業務、約會安排、訪客接待、主管公務旅行安排、主管個人資料及財務管理等等，凡此種種都是秘書日常所須處理之事務，除了需要有良好的技能條件外，尤其需要電腦操作能力的配合，方能迅速而正確的將事務處理得有條不紊，如果不能隨著潮流進步，維持原狀就是落伍，現代的秘書要有危機意識，具備資訊處理的能力，絕對是秘書工作者最優先爲雇主所欣賞和要求的能力。

二、資訊情報管理業務

所謂資訊情報管理業務，也就是資料情報的蒐集、提供、管理、活用與交換。對於資訊要能夠使蒐集的資料成爲有價值的情報資訊，最後更要讓資訊成爲有用的知識，因此需要具備廣泛的軟體操作知識來蒐集資訊及處理辦公室的行政事務。前面曾提過，資料情報的輸出和輸入都要經過秘書這個重要的孔道，當主管將情報交給秘書傳達下去時，首先秘書就要根據情報的質和量，按其重要性、機密性、緊急性來安排傳送的優先順序，如果主管交下多量的資料情報，秘書就要在量中整理出優先順序，這整理工作中也許包括從各處蒐集的資料，或是做成書面報告形式，或是選擇何種傳送媒體等工作，最後才將情報以最適合的方式或是主管指定的方式傳播出去。在資訊蒐集及傳送的過程中，必須要做到以下數點：

1.正確性：也就是秘書在蒐集資料和輸出情報時，就要考慮提供正確資料給主管參考，傳送方式亦應選擇可靠的輸送途徑，把正確的資料用正確方法傳達下去。面臨網路資源豐富，取得容易，分辨資訊的正確性就不可不慎了。

2.迅速性：商場如戰場，如何將所得到的情報有效而迅速的推展下

去，往往是企業成功之因素。因此在傳送上可選擇電話、傳眞、電腦網路（internet ）等快速的媒體。

3.機密性：若不能保有情報的機密性，則一切情報就失去意義，所以在蒐集整理及傳送時，媒介的選擇往往影響情報的機密性。例如現在的快速傳輸工具，如傳眞、電腦，都可即時傳送，但是不能絕對保密的工具，傳送機密文件時不能不愼。

4.經濟性：情報之最終目的在獲取經濟利益，所以蒐集資訊時要考慮是否值得花費人力、物力、時間去做這件工作，傳送時也要根據情報之性質選擇傳送媒介，以達經濟效果，非時效性情報可採一般文書方式傳送。

至於情報的輸入，不論書面的、口頭的，或是網路下載的，在到達秘書這裡時，一定要經過一道過濾的工作，也就是要將資料分類出哪些可以摒棄不要，哪些可以保存，哪些確實可以送交主管；在送交主管之前，最好能將其他有關同類之有價値的情報一併提交，以便主管更容易做全盤之參考。轉交方式可以將無形的資料做成有形的情報，將多量的資料濃縮成精華及要點式，以節省主管接受資料及情報之時間。

情報的輸入當然亦要求正確和迅速，因此在整理過程中，電腦文書編印的工作，是幫助傳送迅速和正確的方法。所以這種基本技能是在秘書工作中非常受重視的。

由於資料傳送的方式是主管而秘書，再到一般職工及大衆，或是以相反的方向運轉，在這種傳送過程中，人際關係占了重要的因素，如何圓滑地處理人際關係，在秘書工作中是另外一項重大的業務。

三、人際關係業務

秘書必須具備溝通協調能力、高情緒穩定、耐心、責任感與解決問題等能力。資料和情報的獲得及傳送和人都脫不了關係，秘書在這種交往中擔任潤滑劑的機能，絕對不能心存偏見來取決情報的價値，也不能因爲情報無用而忽略了提供者之人際關係。此外，同事關係的和諧、溝通的橋梁工作，也是要靠平時建立的良好人際關係。所以一位專業而優秀的秘

書，應該注重禮節，以冷靜而正確的判斷力，加上愼重之心思及本身的資質，靈活的去處理複雜的人際關係。

除了個人的人際關係外，主管的人際關係、公司的公共關係，亦是人際關係業務中重要的工作，如主管的日程管理、訪客之接待、電話之應對、主管對外事務的接洽、公司內外之聯絡及其他臨時的事務等，都少不了與他人發生關聯，尤其東方人講究人情關係，有了良好的人際關係，凡事就容易辦得多，所以在秘書工作中，這種無形的人際關係工作，也占了業務處理時重要的分量。

至於公司整體對內對外的公共關係，有專職的公共關係行政單位處理政策技術問題，秘書僅是配合的角色予以協助。通常在沒有公關單位的公司，秘書會兼辦某些公共關係的業務，因此對於公共關係的實務技巧和能力培養，也是必須努力的方向。

第三節　秘書工作的內容

「秘書」這個職位在機構中，其地位比較超然，其職務的規劃也不容易具體，甚至「秘書」這名詞代表一種時髦的、輕視的意思，這些不正確的觀點，一方面是一般社會大衆對秘書工作的誤解，另一方面也是秘書工作本身的內容沒有一定的規範，以致在目前的工商企業中，秘書雖占有重要的地位，也是行政工作中不可少之一環；但是由於工作的瑣碎，內容的不具體，不易在職務中建立起工作的權威，這是今後從事此種工作者需要努力的目標。秘書的工作內容雖然包羅萬象，但是仍然有一些秘書應該要知道的工作以及工作的技巧，若以秘書工作的內容來分，大致可歸類爲以下數項：

一、接聽電話

電話的使用，在每日的秘書工作中，占有很重要的分量，如何聽外來電話，如何打出電話，雖然是很平常的工作，但是處理不當，不但個人遭受批評，進而影響主管名譽，甚至破壞了企業形象，使企業之業務蒙受

莫大的損失。關於電話業務本書於第八章將詳細討論。

二、安排約會、接見訪客

雇主的地位越重要，約會也相對的增加，因此對其每日的日程表，不論接見訪客、宴請來賓、參加宴會、會議或主持會議，都應當將時間妥為分配，使主管能在緊湊的日程表中，完成工作目標，同時得到應有的休息。

越是規模大的企業，涉及的範圍越廣，越是地位高的主管，其賓客越多，因此作為各主管或部門的秘書，如何接待來賓，也是工作中不可少的課題。一般來說，訪客未見主管之前一定先接觸主管的秘書，甚至對第一次來訪的賓客，秘書還須在主管和賓客之間，做介紹的工作。因此對待來賓的態度、說話的語調，皆能使訪客留下深刻印象，從而影響其對本機構的觀感，達到彼此相談的目的。所以秘書在接待訪客時，不能不隨時留意，務必做個成功的接待者，達到秘書應有的水準。

三、信件書信處理

通常一個機構的主管來信的範圍很廣，有公事上的信件，有報紙、雜誌，有宣傳品、私人函件等，數量一定相當可觀，而主管本身工作繁重，無法封封拆閱，因此信件的初步處理工作就落在秘書身上，來信中哪些信應送主管親閱，哪些僅呈重點，哪些需要回信，哪些轉送其他部門參考，其處理方式可以與主管協調，取得秘書拆閱信件的範圍，並從主管的個性及平時的工作經驗中，加以判斷。

英文書信之撰寫打字，是目前我國企業中秘書主要工作之一，如何把握重點，如期發信，如何打出一封整齊美觀、合乎標準的信函，都屬於秘書的專業技能，除了學業上的修習外，尚要配合實際工作經驗，以求進步。

至於中文書信，因為現在電腦的應用非常普遍，所以普通中文信件大多以電腦打字代替過去的書寫方式完成，除非特別情況要由專人以毛筆書寫給特別的收信者。

四、抄錄指示、文稿整理

主管常有所指示或是演講稿件，需要秘書整理打字發出或是存檔，不論何類文稿，在整理完畢後，應請主管過目再行發出或存檔，以免日後發現錯誤，更改不易。

主管平日之便箋、文稿有保存價值者，也應裝訂存檔，以備查考。

速記是一項專門技術，但是近年來，由於主管的時間調配不易，難以在繁忙的工作中口述文件，即使有口述之需要，秘書也可用電腦打字記錄整理後交主管修正。但是現在主管大多是指示大綱或用錄音等方式，要求秘書完成書信或文稿的工作。

五、報告及簡報製作

企業的每一單位，在適當的時間，都要提出業務或工作報告，因此必須蒐集資料，充實報告內容，整理彙編成冊，請主管過目認可，然後打字、印刷、裝訂成冊，以備所需。

簡報是企業對內對外溝通與傳達訊息的重要工具，如何爲主管或自己製作一份既有內容又生動的簡報，是秘書應具備的技能。除了製作簡報外，在公開場合表達簡報的能力和技巧，也是秘書要學習訓練的。

六、公文處理

行政工作、處理公文是每個工作人員的職責，秘書要對文書處理的流程非常清楚，才能對主管的公文做初步處理，或是附註意見，或是直接呈核，對於其他部門送來的公文也能做初步檢查，步驟是否遺漏，附件是否齊全，並可提醒主管公文的時限，以免主管因業務繁忙而耽誤公事。

七、檔案及資料管理

檔案管理是一項專業知識，也是一個機構過去經營的成果，因此如何將機構內有保存價值的資料整理、分類、保存、調用，是每個業務承辦

人的責任，除了專門管理檔案人員需要絕對專業化的知識外，秘書對於本部門的資料在未送入檔案管理部門或是須自行保管的情況下，一定要了解檔案管理的基本方法，以便資料儲存方便，尋找參考也容易，達到保存檔案及資料的目的。

八、會議籌備安排管理

主管主持或參加會議的機會很多，部門或公司的會議也常是秘書的工作，因此籌備會議成了秘書工作能力的一項實質考驗，舉凡會議性質的了解、會議地點的決定、通知的發放、會場的布置、會議資料的準備、會議現場的接待、會議進行中秘書的工作、會議的紀錄整理、會議決議之執行等等，皆要考慮周到完備，方能使會議圓滿成功。

九、主管公務旅行安排

交通的發達、貿易的頻繁，公務旅行勢所必需，主管出差，秘書要了解其意向，以便安排行程，預訂旅館、交通工具，並準備所需資料、編排行程表。主管旅行期間之聯絡電話、地點亦應掌握，以便重要事件之聯繫，旅行返回後應行處理之事亦不應耽誤。若是國外公務旅行，則出國手續之辦理、簽證的取得，務必把握時間，以免延誤行程，並在主管返回後協助盡快進入工作情況。

十、辦公室行政管理

辦公室行政工作之控管、主管辦公處所的清理、環境的布置、個人辦公處所之管理、主管的名片管理、辦公用具的訂購及請領、個人及主管的時間管理等，這些都是作爲一個秘書工作者隨時要注意的辦公室工作。一個整潔、雅緻的辦公環境，可以提高工作情趣，增加工作效率，這是無可否認的事實。

十一、公共關係

公共關係最基本的定義就是溝通，公共關係是解決企業體或個人對內、對外溝通上之問題。企業的公共關係包含對內部員工的關係，對外股東、消費者、媒體、社區、政府、經銷商、批發商等的關係，這些不只是企業的公共關係部門的工作，公司內部上下層之命令傳達、意見交換、平行單位之協調、勞資關係之改善、對外各有關來往對象之溝通、公司形象之提升、知名度之傳播、產品之促銷，都是公關的工作；尤其沒有專職公關單位之企業，秘書要負起一部分的公關責任。所以認識公關、做好公關是秘書之重要工作。

十二、辦公器械之操作

現代化辦公室電腦的功能強、通訊快，又無距離、時間的限制，它是秘書工作者不可缺少的工具，所以對於電腦的功能及軟體的使用不但要非常嫻熟，並且還要跟得上新的軟體功能發展。對於辦公室之其他器械，如影印機、傳眞機、投影設備、攝影器材等之操作，亦應有相當了解，以利工作之進行。

十三、主管個人資料之保存與財務管理

雇主個人的人事資料、各種榮譽獎勵，都應該蒐集齊全，做成完整的檔案，並不時換新補充。與雇主個人興趣有關的資料，亦可分門別類整理裝訂成冊，提供其公餘消遣。

主管的個人財務應單獨列帳，收入、開銷隨時記帳，每到一段落，應出示主管過目查核，以示公私分明。

有些秘書要協助編列單位預算，預算應在會計年度終了前編列完成，交由主管核可後，送交會計單位，以爲下年度用度之準繩。預算編列可參考過去之年度預算，按事實需要加以增減。編列時應考慮周詳，以免漏列，致需用時發生種種不便。

十四、幕僚緩衝地位

秘書工作者大多是主管最親近的幕僚人員，所以對於事件不論大小，都應提供決策性的建議，提醒主管對於某項事件的注意，輔助主管做一位能幹的主管，而秘書本身成為一位周到成功的幕僚。

秘書是主管身邊最接近的人，也最能了解主管的個性及做事方式，由於這種身分，極易在整個機構中造成特殊的地位，所以平時待人處世如何在主管和同事之間發揮橋梁的功能，溝通上下的意見，使自己不要處在孤立的地位，而又能使整個機構同事與主管和睦相處，這就要靠秘書妥善利用其在工作中的緩衝地位，遇有疑難之事，方不致使衝突正面化、尖銳化，從而以平和的方法解決大家的問題。

第四節　優秀秘書的條件

秘書工作者既然是企業職級中不可否認的職位，也是主管心目中不可少的得力助手，更是這個時代女性所嚮往的職業，那麼到底什麼樣的人才適合做個好秘書呢？當然應從管理者的角度去配合其要求，才能做好協調溝通橋梁的工作，茲就以下數點分述之：

一、專門知識與技能

(一)秘書工作之知識

現在有許多機構的秘書並未受過專業訓練，因此擔任秘書工作時，往往不了解自己該做些什麼，如果主管亦不能發揮指導的責任，則往往要花費許多時間和精力自工作中去摸索這方面的知識。尤其秘書工作是配合管理者的工作性質及其做人處事的態度來完成其交付之任務，如果不能了解自己的角色以調整做事方向，配合不同管理者的個性來協助其工作，就不能算是一位稱職的秘書工作者。所以了解秘書工作內容及知識，是做這類工作的第一項條件。

(二)實務方面的技能

過去歐美的秘書必須要有打字、檔案管理、事務機械的操作、行政工作處理、電話禮節及公司組織等的專門技能。以我國目前經濟發展的形態來看，一般企業界對秘書的技能也做同樣的要求，管理者需要秘書能有處理行政工作的知識和能力，其中語言的能力更是我們特別注重的。此外由於電腦的發展和普及，每個工作人員都必須有使用電腦的能力，秘書的工作對於電腦的使用更是要走在企業最前端，所以秘書應該接受最新的電腦訓練，以便資訊的傳送和文書管理及事務處理，經由電腦更爲迅速而確實。e化的時代溝通方式起了很大的變化，信件直接用電子郵件收發、文件直接傳送、老闆的行程直接輸入他的PDA就可以了，未來還不知有多少技術會開發出來要去學習，所以實務技能是隨著時代要求而不斷提升的。

(三)專業知識

每個行業有其專門知識，如企業界不能不了解企業管理、商事法、會計等商業課程，法律界有其法律知識及專有業務，建築業有其業務範圍等等，因此在某一行業擔任秘書工作，一定要盡快吸取其專業知識，以便在最短期間就能進入工作情況。學習的方式，首先在公司內部多看過去的資料檔案，盡快了解產業的相關知識；此外，更要虛心向同事上司求教，從別人經驗中去學習。其次，參加外界團體或企管顧問公司的訓練講座課程，一方面增進專業知識，另一方面也可爲未來生涯規劃做好準備。

二、經驗

學問、技能雖然重要，但是專業秘書還要有經驗的配合，在許多的求才廣告中，徵求優秀秘書多半附帶要求有多少年經驗之條件。經驗是工作的累積，是個人浸淫某種工作之體驗。有經驗的秘書，不必主管交代，就能以其經驗，正確的判斷力，冷靜而審慎的處理事務，以其積極、主動、隨機應變的能力，圓滑的推動工作，若加上其純熟的技能，就是一位非常優秀而受歡迎的秘書了。

秘書的範圍很廣，其職務很難以明確的定義給予描述（job

description），如何掌握情況、抓住要點，展現高效率、高品質的工作成果，經驗還是無可取代的，這也是很多高階主管不願輕易更換秘書，避免重新訓練和適應的煩惱。

經驗的取得，最基本的方法是從書本中吸收專業知識，其次是多參加演講、座談，從專業人士的經驗中學習其知識和技巧。經驗的累積，最有效的方式就是自己多做、多請教前輩，從做中累積經驗，這才是眞正屬於自己的經驗，才能在這行業稱爲專業人員。此外，如何在經驗之外，積極增加個人的附加價值與競爭力，在這個「變」的大環境下不被取代，也是秘書要不斷努力的方向。

三、健康

健康是事業之基本，沒有健康的身體，萬念俱灰。而管理者需要一位嚴守時間的助理或秘書，能夠在上班時間隨時準備好接受其工作的指示，迅速完成交代的工作，所以如果常因健康的因素不能隨時待命於辦公室，對主管是非常不便的。秘書雖然不是什麼了不起的事業，但是工作的性質卻是機敏性、勞心又勞力，除了技能的工作要勞心外，還經常要用良好的體力應付一切日常活動，因此若是沒有良好的健康做基礎，一切工作無法積極而主動的展開，更遑論秘書的責任感和工作意識了。

健康也影響工作的態度，身體情況不佳，不僅工作不能勝任，服務的態度也一定受到影響，對個人的形象、公司的形象都會產生不良的後果。

四、資質

雖然技能、經驗是非常重要的條件，但是資質可以說是從事秘書工作最原始的資產，要有主動、積極、融通、用心學習、全心投入的性格，所以曾經有些主管要求秘書要有4H（Hearth, Hear, Head, Hand）的條件，也就是要身心健康、用心投入、思考周到、動手執行才是合適的秘書人選。換句話說，有著這種秘書的資質，才能夠很快的運用到工作上去，使工作順暢。所謂資質，大約可分爲以下數點：

(一)工作意識

從事每種工作，都會對這種職業的工作多少有些工作意識，也就是要對這種工作產生一種熱愛，對工作有強烈責任感和使命感。秘書工作更要有這種工作意識，要能夠犧牲自己的事務去將就工作的情況，要能夠站在協助和配角的地位去為主管處理事務，榮耀光彩讓主管享有，失敗錯誤秘書來承擔，這也為何女性的個性特質較能從事此項工作之原因。

(二)責任感

任何的工作，沒有責任感就不是一位好的工作人員，秘書尤其如此，要以本身的工作態度及學習精神作為其他職員的表率，不遲到、不早退，忠誠的對待同事，盡責做好工作，才能獲得尊重。此外，秘書因為工作的性質及接觸的人和事，都較接近管理核心，所以「忠誠」是很重要的操守，對主管及對所服務的機構忠誠也是責任感的表現。

責任感也表現在學習的能力及接受教導方面，一位稱職的秘書會不斷主動學習新的知識技術，接受新的挑戰，也能誠心的接受他人的教導，配合不同主管的工作指示做好工作。

(三)效率

秘書比起其他職員更應該是位效率專家，凡事要抓住重點，分析事務的輕重緩急，利用組織的能力做正確的判斷，積極處理業務。管理者需要一位能獨立作業的助理或秘書，可以正確判斷及處理事務，也希望在公司發生意外事件時能主動擔負起處理的責任。秘書除了保持自己的工作效率外，也要注意主管的效率，不要耽誤了公務的時效。

(四)優良的態度和儀表

由於秘書工作中，人際關係十分重要，因此秘書的態度和儀表也是不容忽視的。待人處世的態度，雖不是短時間內就可以訓練或培養得好的，但總應該本著基本的做人態度，有禮貌、誠懇、守信、謙和的與人交往，凡事多為他人著想，相信在人際關係上都能無往不利。

俗語說：佛要金裝，人要衣裝，秘書倒不必打扮得多麼花枝招展，

但工作的性質常需要接待訪客，因此在服裝、儀容上要有適當的修飾，整齊、清潔、適合年齡身分的打扮是其要領。培養優雅的個人儀態、良好的儀表可以增加自己的自信，加深別人良好的印象，對本身和公司的形象都有必要。

(五)品格和氣質

品格（personality）可以說包含了一個人的性格、能力和氣質，這三方面有的是先天的，有的是要靠後天培養。人的品格受教育的影響最大，家庭的教養及生活的體驗，也是使品格發生變化的因素。

訊息小站

SECRETARY WANTED：

LOOKS LIKE A GIRL; THINKS LIKE A MAN; WORKS LIKE A HORSE; ACTS LIKE A LADY

這是某國外公司徵求秘書的廣告標題，初看之下，非常不解，仔細想一下，卻是將一位優秀秘書的要求全在這四句中表現出來了。

Looks like a girl：表面上看來是要年輕像女孩子一樣，以歐美的秘書年齡偏高的情況，其實是不合理的，所以其真正的意義應該是要求有女性的特質，能在辦公室的環境做協調、溝通橋梁潤滑的角色。

Thinks like a man：基本來說，這項稍有歧視女性的意味，似乎女性不如男性有遠見、果斷及權威，但如果以秘書的角度來說，應該是說秘書要能跟得上老闆的腳步，能夠跟著主管的節奏與脈動做事，才能主動積極正確的協助老闆做好工作。

Works like a horse：這項絕對是老闆的要求，又要馬兒好，又要馬兒不吃草，還要馬兒快快跑。能馬不停蹄的工作，隨時待命，在時限前就能完成交代的工作。

Acts like a lady：秘書不只十八班武藝要樣樣精通，還要表現出淑女的風範，其實這句的意思是要有自信，有禮儀的修養，有工作的能力，能適時解決問題並適當的表現出來，受到應有的尊重。

人生的意義就是要使生活、工作有其價值，因此每個人都應有其不同的價值，所以應該秉持天賦的性格，鍛鍊自己的能力，培養完美的氣質，使自己擁有一份屬於自己的品格，雖然年華老去，但是其品格氣質和風度卻是永遠長留人心。

第五節　秘書工作未來之展望

時代的巨輪朝著管理時代前進，隨著管理階層的發展，管理部門的責任亦趨重大，而輔助其工作最重要的秘書，當然益形重要了。何況企業營運追求的價值、工作倫理，人性追求的價值、人際關係，這些基礎道理是永遠不變的。在時代的改變下，秘書人員如何調整角色，協助主管團隊最有效的利用資源，創造自己及公司的價值，才是最重要的課題。

秘書工作可以說是一種服務性的職位，是將主管的構想移過來做準備工作，然後再將準備好的工作傳達下去，以便按照計畫實施，所以是決策階層到實行階層必經的橋梁。

雖然有些人認爲秘書在眞正生產過程中，沒有太大的存在價值，但是生產中任何計畫的推行，都要經過秘書的準備和傳送，所以儘管古今中外其職位不盡相同，但是秘書在這個時代的意義和價值是不容否認的。

一、數位時代秘書職位的價值

秘書職位在整個企業的重要性是絕對確定的，其資格和職務已被現代社會完全接受，秘書將不再只是主管的附屬品，而是其同夥人，是一個工作團隊（team work），如何在主管、客戶、同事之間完成工作，需要充分的溝通技巧及團隊的合作精神，如何利用在組織中獲得的知識和才能，達到人際溝通（networking）的效果，並配合專業的訓練（training），才能在秘書的職場中，占有重要的價值。因此美國、加拿大都已將秘書的職稱改爲行政專員（administrative professional），表示對秘書辦公室行政工作的定義之確認。

尤其處於數位時代，秘書要面對工作轉型、工作調整的衝擊，在這

個電腦網際網路應用普遍化的時代，許多主管以前完全靠秘書協助完成的工作，現在可用電腦輕而易舉的自己完成，例如以前寫信的工作要先口述內容由秘書做好初稿，經過修正、打字、簽名後才能發出，而現在主管自己在電腦前面用電子郵件就可直接與他人聯絡，又快又好。又如業務報表以前完全是秘書代勞，現在雖然秘書還是要做這種例行工作，但是主管不靠秘書幫忙，也能很容易的利用電腦中的軟體格式自己完成；更有許多主管的簡報自己就在電腦前製作完成。所以現代秘書已跳脫過去數十年的傳統角色，秘書職位在公司的重要性，要以另一種方式表達，也就是要爭取秘書職位爲公司管理階層的一個層級，從被動的主管助理角色轉換爲主動的辦公室行政管理人員，工作範圍將更深更廣，在工作中要有相當的權限，對工作要有絕對的自信，這也是歐美各國秘書工作的趨勢。換句話說，秘書一定要有專業知識，要知道國家大事，歷史演變，也要知道如何磋商問題，爭取應得之利益，如何利用職業性之團體，維護及推動秘書的專業，眞正在管理體制中表現秘書的價值，創造秘書新形象。

二、管理技能之需要

作爲專業的秘書一定要有才幹（talented）和技術（skilled），很多公司願意提供有競爭性的薪水、加重責任、適當的升遷機會，來徵求能幹的秘書。因此秘書應該要不斷的充實自己，加強工作技能、學習新的技術、尋求新的工作方法，以便機會來臨時，能立刻成爲一位出色的秘書工作者，或是轉換工作跑道時能有所發展。

此外，現代的秘書，不僅僅是聽主管的吩咐做抄寫的工作而已，還可能是主管周圍團體的一部分，可以考慮和決定一部分的事情，也可能需要坐在會議室對某些問題發表意見。因此秘書的水準要求越來越高，除了秘書本身的技能之外，對於管理方面的知識，也成爲專業秘書必須具備的條件，一位專業稱職的秘書不僅是主管的工作夥伴，也是在決策及討論時的一個重要參與者。更何況如今國際秘書協會將「秘書」頭銜改爲「行政專員」，其工作的範圍要求更廣，舉凡文書工作、會議管理、電腦軟體運用、資訊管理、員工溝通、顧客服務、公共關係、辦公室管理、訓練講師

等管理技能，都被列入工作的範圍。

由於秘書的角色和工作內容有著快速的改變，因此，在組織體制中，秘書應納入管理的職位，而秘書也需要管理的技巧和技術，有組織管理的潛力，秘書和管理工作應該合而爲一，接受挑戰性的工作，確立秘書的地位，分享機構的進步和發展。

三、現代化辦公室

由於科技文明，使得工作的性質明顯的有所改變，尤其是資訊科技工業的發達，許多制式文書和重複性工作，藉由機器處理的越來越多，人力的工作相對越來越少。自動排版編輯、統計計算、設計各種表格、電腦化處理郵件、資訊銀行及其他各行各業的自動化設備，不斷的在改變與革新，這種高科技環境對秘書工作產生巨大的衝擊。

所謂e時代的來臨，辦公室工作越來越電腦化，每個辦公室工作人員面前都有一台電腦，取代以往用紙張此等費時、費力又費錢的工作。職場生態也發生了莫大的變化，原來累積多年的工作經驗，一成不變的工作方式使得工作順暢自然。而現在卻要面對快速的改變，其衝擊和壓力使辦公室的文化有著與過去不同的情景。秘書通常是最先接觸改變的工作者，如不能學習改變，很快就會被淘汰。所以秘書要能使用網路的資源，蒐集資料，下載有用的資訊整合、分析，提供主管及工作的需要，更要使用網路處理開會、採購、訂公務旅行交通票券、訂旅館與客戶通信往來等，使用與以前幾乎完全不同的工具來做辦公室的工作。

電子郵件可利用微像將資料或信息傳遍全世界，事實上，目前的網際網路、電腦連線、電話傳眞等都已無遠弗屆，如果不會使用，幾乎無法在現代辦公室中生存。

因爲電腦化的緣故，人們可以不必在固定的辦公室工作，因而產生了虛擬辦公室，也就是在任何地方只要能電腦連線，就可處理公務，甚至有一種虛擬秘書的職位，可以在世界任何地方透過網路協助遠距離的老闆處理文書事務。

當然辦公的部門也會因電腦的使用而有所改變，有些部門可能因而

裁減，有些部門因而合併，產生許多跨部門的工作，各部門之間的聯絡、協調、溝通就顯得特別重要，而此時秘書聯絡中心的功能就可充分發揮了。此外，電腦雖可以增加文字工作的便捷，但是文字格式、版面、圖表設計等編輯排版工作，最後仍需要秘書統籌完成。同時秘書也可將原有的工作，如檔案文書管理、會議籌備管理、辦公室管理、主管公務旅行管理、客戶管理等引入電腦，不但工作方便迅速，秘書的職務也仍有其工作價值。此外，如果秘書在轉型中能夠在公司最先學習新的軟硬體電腦知識，教導其他員工使用最新設備並協助其解決問題，則秘書工作就是另一個層次了。

總而言之，秘書職位是不容改變的，要改變的是秘書工作者的心態，要能接受世界大環境的挑戰，調整秘書的工作成爲行政管理的工作，何況某些人爲因素的工作，特別是機器所不能做的人際關係的運用，還是少不了秘書。同時由於機械的發展，秘書的事務和情報處理工作，可以借助電腦，能更迅速而正確。所以機械的文明對秘書並未產生革命性的影響，重要的是秘書一定要跟得上時代，去配合機械來發展其職位價值。

訊息小站

美國專業行政協會（IAAP, International Association of Administrative Professionals）建議數位時代的秘書應有以下的特性：

Never stop learning：不間斷學習，提升技能。

Be flexible：樂於調整，適應不同的彈性工作態度。

Get results：達成目標，提出具體成績。

Take the initiative：積極主動的工作態度。

Be a self-manager：自我管理，成熟獨立作業。

Innovate：創新、改革，增進辦公室績效。

第六節　女性主管地位的提升

目前有一種非常明顯的趨勢，就是許多女性在企業中擔任主管職位的比例正急劇增加。以美國爲例，在私人機構行政主管工作中，有四分之一爲女性所擔任，很明顯可以看出婦女在企業界之重要地位，當然這和婦女本身的努力也有莫大的關係。女性的教育程度越來越高，工作的意願也越來越強。當然，女性擔任主管職務也許工作範圍多少受些限制，目前傑出的女性工作者多半在公共關係、人事、文書、檔案及資料管理，或是傳播業等服務性的事業方面較有表現。

儘管女性工作者近年來有著較大的機會服務社會，表現自身的能力，但是在以男性爲主的社會，仍然有著某些不易克服的困難。

一、觀念問題

普通的職位，女性都能受到公平的待遇，但是當女性一旦升任行政主管時，男性往往會認爲侵入其勢力範圍而有所揶揄，並且認爲在女性主管下服務頗不以爲然。資深而優越的秘書，儘管在擔任秘書職務時，其能力與技術及人際關係之處理爲所有同事敬佩，但是每每在獲得機會升遷爲行政主管時，則仍然遭遇這種傳統觀念之問題所困擾。

二、待遇問題

婦女與男性做著同樣的工作，有著同樣的學歷和經驗，但是其待遇總是不能與男性並駕齊驅。就拿秘書來說，現在的秘書已做著相似管理階層的工作，但是其待遇卻比管理階層差上一大截，甚至被剔除於管理階層之行列。

三、雙重標準

女性主管若是像男性一樣的積極進取，獨立果斷的處理事務，往往

會被認爲缺少女人應有的形象。此外，女性主管的表現往往要比同階層的男性更爲完美無缺，方能獲得讚許；更有甚者，女性的成功往往被誤認爲是占了性別之利。

四、家庭與事業

傳統的思想，女性總是以家庭爲重，因此使得婦女無法自這種思想中解放出來，一位成功的女性，又往往希望面面俱到，家庭和事業都能照顧得完美無缺，但是事實上要達到兩全其美實在不易，因而許多有潛力、有幹勁的女性，往往到某一重要階段時須放棄升遷機會，這也是不得已的事。許多秘書數十年擔任同樣的職位而不願成爲單位主管，可能也是受到這種家庭和事業不易兩全的觀念所影響。

雖然女性工作者有著許多不易克服的困難，但是前途並非不樂觀，女性憑著堅強的工作意識終會克服困難，再說前面所提的服務業工作，女性以其對人際關係天賦的技巧，更能在這方面發揮功能。所以有能力而力爭上游的女性，前途是頗有可爲的。

第七節　秘書生涯規畫與轉職方向

秘書的工作前途如何？能一輩子都做這個工作嗎？資訊化來臨下秘書還有其工作空間嗎？如果工作性質和個人性向能力都很適合做這類工作的話，就不必考慮這些問題，因爲雖然以前秘書大量的文書或重複性工作已被資訊技術所取代，但嚴格來說，並非完全被取代，只能說簡化工作過程，節省許多時間，提升工作效率而已，有許多專業性及人際性質的工作是無法被資訊技術和機器所取代的。也許現代的主管很多都是身懷資訊絕技的Y世代資訊人，他們對於各種資訊工具操作自如，自己發電子郵件、處理行程、查閱資料等，可能不再依賴秘書的協助，但是從時間管理的觀點來看，主管自己做這些事務性的工作未必是最好的選擇。主管的工作性質是多樣、專業而複雜的，是要思考判斷做決策的，時間是最珍貴的資源，要將其有限的時間用在最有效的地方，例行性和事務性的工作由有能力的秘書分擔，對時間成本及效率而言絕對是值得的。

訊息小站

職業生涯提升步驟（Career Ladder）

1.Learn new software applications.
2.Build expertise using the internet.
3.Seek additional responsibilities.
4.Offer to train new personal.
5.Join a trade association.
6.Acquire the Certified Professional Secretary.
7.Maintain a personal personnel file.

資料來源：Office Professional。

不過在組織和職場中，「秘書」要隨著時代環境的快速變化而調整這個職位的定位。由於資訊工具的利用，工作的量會減少質會提高，人力資源會精簡，所以可能一位秘書會為數位主管服務，或是一個單位只用一位助理處理行政文書工作，甚至會有某些專業能力的要求，更要隨時接受辦公室機械化更新的挑戰，如果不能面對這些壓力，調整自己的腳步跟上時代，就不是一位現代秘書應有的態度。作為一個現代秘書，應該有下列之準備：

1.具備相當的應變能力，跨越界線去學習新的知識技能，培養第二專長，在這個外在環境變化如此迅速的時代，要能夠接受時代的考驗，根據工作的內容彈性因應，要有危機意識，調整腳步才能應付日新月異的工作情勢，適應快速變遷的工作環境。
2.迎接各種新的工業技術引入辦公室，保持不斷學習的態度，不可逃避新技術、新技能的學習，例如跟得上電腦及解決通訊及組織內部資料傳遞保存等問題的電子、電磁通訊設施的進步，各種新知識、新觀念的吸收等。
3.必須是一個改良專家，以本身的工作態度及工作效率，尋求新的工作方法，接納新的事物，以領導其他工作人員的改進。產業國際化的潮流下，企業為了增強競爭力，合併或接收都是很尋常的趨勢，

所以工作的變動在所難免，如何在變動的環境下適應新的局面，也是要有所準備的。

4.必須能接受新的挑戰，學習不同專長，當然能夠努力應付新的挑戰，一定可以獲得相對的代價，諸如自我意識的發展，個人成就的滿足感，都可從領導工作中，獲得眞正的滿足。

在秘書工作的領域中，有許多資深而優秀的秘書，做了幾十年仍無法突破職位的限制，獲取升遷的機會。有許多秘書工作者，感覺花了許多時間和精力在工作上，卻不能得到相對的待遇。又有些秘書認爲工作的性質非常繁瑣，而且工作時常爲訪客及電話打斷，毫無成就感。基於秘書工作是訓練行政工作的基礎，也比其他職務容易接近管理核心，在這紮實的基礎下，如能把握機會學習其他工作技能，秘書工作者也常有轉職的機會。但不論資深秘書的升遷或是一般秘書的轉職，原則上都不應該與原來所做工作太過脫節，以下提供幾個方向作爲參考：

一、人力資源管理方面

在辦公室e化的衝擊下，秘書工作將不再需要這麼多人手，因此原本擔任秘書的人會利用秘書的基本工作能力，慢慢接觸其他部門的工作，例如到人力資源等後勤支援類部門，漸漸的移轉工作與專業重心。這樣的趨勢意味著秘書的工作職涯會面臨更多的挑戰，並且需要學習更多的知識與技能。

人力資源管理之定義，是以科學的方法研究組織內部人事的活動，其目的在於運用科學的計畫、組織、指揮、協調、管制的原理和方法，使企業獲得人與事的配合，人與人的協調，發揮人的潛能與事的高度效率。

特別是人事管理在推行工作的時候，有時須爲事的管理而要求人的協調，或是爲人的管理而產生事的配合；而如何善加利用所擁有的人力，訓練其工作、分配其工作、改善其工作、鼓舞工作情趣，使其樂於爲事業效命，以強化組織，達到企業化與效率化的目的，這是人事管理最終的目標。

在職場很多秘書工作者將秘書職務作爲一個轉職的跳板，尤其是轉

到人力資源部門。因為很多老闆喜歡人力資源部的員工是自己所熟識且信賴的人，所以通常秘書轉往人力資源部門發展也是件很自然的事。

何況，對曾從事秘書多年的工作者，對人際關係和溝通協調都有經驗，對人事管理的工作應該不會感到陌生，如能給予適當的培訓，即可成為人力資源的專業人才。轉職以後，以其多年計畫、組織、指揮、協調的能力來配合熟習工作，是不會有困難的。

二、公共關係方面

公共關係從業人員的條件，要有熱心的個性，以真誠的態度去說服他人，發揮高度溝通能力；要有完美高超的品德，要善用智慧，以敏銳的觀察力和判斷力及思考力，去與大衆接觸、聯繫。另外，配合教育程度和經驗及卓越的領導能力，才能促使公共關係政策的成功，才能成為出色的公共關係人員。

優秀秘書的條件和公共關係人員的條件可以說不謀而合，因此許多資深秘書轉入展現人際互動技巧的部門工作，發掘自己的第二專長，找到自己核心能力。雖然辦公室科技技術不斷的發展，使得秘書工作越來越容易被取代，然而，許多屬於人際互動性質的秘書工作中卻是很難被自動化的，像是會議規劃與記錄、與顧客接觸、高階主管私人公關事務等，高階主管的秘書通常都是在執行此類互動性質較高的工作，秘書在產業累積的廣闊人脈，對公司體系的了解，轉職到公共關係行業也最為普遍，而且表現優異。

三、資料與檔案管理方面

資料與檔案管理在秘書日常工作中占有很重要的分量，每位秘書都要有檔案管理的知識和訓練，配合電腦儲存的功能及知識管理的重視，提供使用者傳統及電子化的資料和檔案。因此秘書工作者如果個性較為內向、心思細膩，在資料與檔案管理部門有較好之機會或職務時，可以轉入從事檔案管理等較為靜態的工作。

四、教育訓練方面

一個稍具規模或正式的公司，爲了確保工作人員的高度生產能力，皆會定期的安排各種教育訓練計畫，不斷的給予各部門及各類工作人員所需之工作技術與增進知識的訓練項目，以確保工作之績效。

教育訓練部門安排各項訓練計畫時，所考慮的應包括訓練的名稱、目的，受訓之單位，有關訓練的人員——學員、講師、助理人員，訓練舉行之場所，所需器材、教材的蒐集及編印等項目。若以一位優秀的秘書工作者來說，以其平日處理事務的經驗，籌備各種會議的專業能力，來辦理訓練的工作，是非常理想的人才，所以爲突破秘書工作的領域，轉職教育訓練方面的工作，也是一個很理想的方向。

此外，也可以訓練自己成爲企業內部講師，秘書工作常接觸核心，對公司的運作較易全盤了解，如果選擇幾項自己專長的項目進修，培養實力，假以時日一定可以成爲很好的講師人才，也是轉職另一種訓練的工作。

五、辦公室行政管理方面

辦公室的改革是自三百年前工業革命開始，自工業革命以後辦公室成了文書行政工作的最主要場所，諸如文書、報告、資料及檔案管理等，皆在此完成。

辦公室裡有打字員、秘書、會計、檔案管理員、事務機器操作員、事務員、督導、經理等各種職務的人，分工合作忙著各種不同的工作項目。

隨著第三波的改革，辦公室開始轉移到資訊的管理及溝通的要求，資訊管理就成爲管理上重要的工作。

如今第四波的改革時代，國際化的網路成了工作中通訊及資訊蒐集的主要工具，它衝擊著所有辦公室的工作人員，沒有這方面的知識和技能，就面臨被淘汰的命運。當然這些不斷進步的工具，可以帶給工作人員更有效的工作能力和生產能力。

雖然工具不斷進步，但是辦公室的管理功能，包括計畫、組織、管理、控制等工作，仍然由管理人員來領導及指揮著所有的工作，使公司朝著生產目標前進。

辦公室管理工作，在小公司可能由各部門主管負責，如人事經理、會計經理、財務經理等分任。但是大公司爲了統合整個公司行政資源，減少浪費，都可能設有辦公室行政管理經理人擔任專職。行政經理人之功能：

1.計畫：根據過去及現今之情況，擬定未來計畫及目標。
2.組織：將所有經濟資源、工作場地、資訊、工作人員，結合組織起來完成目標。
3.領導：推動及引導員工成功完成組織的目標。
4.控制：保證行動之結果，能與組織之計畫契合。

行政經理人之職責：

1.監督管理服務工作，包括打字、接待、印刷、複製、檔案管理、郵件、辦公用品供應、採購等文書行政工作。
2.辦公用品、設備採購，談判及定約。
3.督導管理部門提貨、裝貨的業務。
4.管制內部文件，各單位間之溝通、督導，維持電話系統暢通。
5.特別事項研究之聯繫，設備展示及價格之決定，審查業務人員提出之新設備。
6.聯繫管理部門，建立新的管理服務模式及實際的制度。
7.訓練人員使其能表現在工作上，或是教導其用於公司之政策和執行上。

因此以秘書多年的工作經驗和訓練，辦公室行政管理是資深秘書轉換跑道很好的選擇。

除了以上轉職方向以外，當然還有其他因自己的工作性質或是跟隨主管的業務學習了一些專業經驗，如市場行銷、會議經營管理、業務開發

等，也可以設定目標及早準備，作爲轉職的方向。

總括以上各點，目前及未來商業社會的形態，培養有能力的秘書作爲工作上的助手，已是必然的趨勢，過去那種認爲秘書只做拉拉雜雜小事情的想法，已逐漸消除。所以秘書工作者除了各種工作技能及管理知識外，必須要有責任感，把工作放在自己其他事情之上，也就是職業意識第一，要能有犧牲自己的事去將就工作情況的責任感，女性更是要摒除長久以來工作意識受懷疑的障礙，突破目前一般女秘書的工作範圍和職權，謀取進階的機會。

總而言之，秘書職務的培養是企業的方向，而未來秘書職務是否受重視，其責任要託付在現在正從事秘書工作者的肩上，未來的秘書不但是個輔助職位，更要參與管理事務，要有強烈的工作意識，才能使得秘書之職業發揚光大，因此我們這一代的秘書責任是很大的。

訊息小站

Developing As A Professional: 50 Tips for Getting Ahead

Part 1: Become a Professional

Tip 1: Define professionalism for yourself

Tip 2: Develop a professional attired

Tip 3: Respect yourself

Tip 4: Respect others

Tip 5: Be a team player

Tip 6: Respect the chain of command

Tip 7: Beware the office politics

Tip 8: Develop good work habits

Tip 9: Act like a professional

Tip 10: Professionalism checklist

Part 2: Mind Your Manners

Tip 11: Practice gender-neutral etiquette

Tip 12: Master business entertaining

Tip 13: Tip appropriately

Tip 14: Model mealtime etiquette

Tip 15: Meet and greet people

Tip 16: Mind your cubicle manners

Tip 17: Don't blow smoke

Tip 18: Manners checklist

Part 3: Act Like a Professional

Tip 19: Socialize without damaging your reputation

Tip 20: Have professional relationships

Tip 21: Network like a pro

Tip 22: Dress the part

Tip 23: Be well groomed

Tip 24: Communicate professionally

Tip 25: Be assertive, not aggressive

Tip 26: Watch your body language

Tip 27: Listen and learn

Tip 28: Give and receive feedback

Tip 29: Maximize phone and e-mail messages

Tip 30: Communication checklist

Part 4: Improve Your Skills

Tip 31: Keep learning and improving

Tip 32: Improve your writing skills

Tip 33: Present like a pro

Tip 34: Be a problem solver, not a problem

Tip 35: Make good decisions

Tip 36: Set and achieve goals

Tip 37: Schedule your time

Tip 38: Organize your workspace

Tip 39: Manage meetings efficiently

Tip 40: Improvement checklist

Part 5: Cope With Challenges

Tip 41: Manage difficult situations

Tip 42: Handle mistakes and apologies

Tip 43: Defuse conflict

Tip 44: manage anger

Tip 45: Interact effectively with difficult people

Tip 46: Deal with pressure and stress

Tip 47: Avoid gossip and backbiting

Tip 48: Beware of sexual harassment

Tip 49: Practice intercultural courtesy

Tip 50: Success checklist

資料來源：IAAP，http://iaap-hq.org。

第八節　虛擬助理形成

所謂虛擬助理（VA, virtual assistance），就是秘書或是助理不在雇主的辦公室上班，所有的工作是透過通訊交付助理在其辦公處所完成。對秘書來說可以有非常大的彈性工作時間，工作也不受時間空間限制，對雇主來說也可以不必請一位固定付薪的工作人員，某些工作可由虛擬秘書按件計酬，以節省人事費用的支出。這種工作要有良好的通訊設備及專業的操作技術，對於秘書的專業技能和工作也要相對熟悉，諸如會議的設計籌備、文書工作、旅程的設計安排、消費者的調查聯繫工作、約會安排，甚至某些私人及家務的委託等等。

虛擬助理的工作特質簡述如下：

1.工作時間、空間不受限制（no limited）：可以在自己的工作室或家中隨時工作，只要語言沒有問題，工作範圍可以涵蓋全世界。

2.無隔閡（barriers erased）：由於見不到面，無人知道你個人的長相外表，也不會由於語言的表達方式，影響對方的印象。

3.私人助理（personal assistance）：有些主管一些私人業務、個人約會安排、信件處理、購置禮物，或是一些退休主管需要處理某些事務時，也可聘用虛擬助理協助，服務費用由主管個人支付（executives paying for personal assistance）。

4.家庭服務（families assistance）：某些家庭事務，如家庭設備修理、約會安排、接送小孩、衣服送洗取回等大小家庭事務的處理，家庭自付費用請虛擬助理協助（families paying for virtual assistance）。

5.開發工作範圍（developing niches）：由於是一項新的工作行業，虛擬助理可彼此學習、合作，提升技術、分享資源、增加收益。對於從事這項工作者，籌組完善的協會組織是頗爲迫切的課題。

6.與虛擬助理見面（VA visits）：有些重要計畫或大型活動或重要交涉，雇主願意付費要求與虛擬助理見面商討，可請虛擬助理出差親自面談協商，所以虛擬助理有時須旅行接洽業務。

7.未來趨勢（future trends）：可預見的將來，可能在秘書助理的行業會常聽到下面的問題（Office PROA, April 2002）：

(1)What is a VA？⟶Who is your VA？

(2)VA的酬勞如何？（美國約是每小時六十五美元）

(3)VA 的定義和資格認證（definition and certification）如何？

(4)VA 是什麼新行業（new profession）？

(5)VA都是女性工作者嗎？（VAs are women？）

(6)虛擬專業團隊（corporate group）合作的工作？。

(7)美國境外（outside U. S. A.）虛擬助理市場？

(8)工作機會團隊形成？

第九節　e世紀秘書

因為自動化設施的使用，使得許多公司秘書的人數有減少的趨勢，其工作的分配及性質也產生了一些改變。因為e化和科技發展的關係，加上個人電腦的普及，許多主管都能夠自己利用電腦來處理行政上的事務，有越來越多的專家及經理人，文書處理及資料登錄的動作都自己來，而不是交由秘書來做，這也是秘書人數會越來越少的主要原因之一。許多公司都將過去每個專家或主管分配一個秘書，轉變成其服務對象是一個部門或是一個單位，來提高秘書服務效益。這也使得那些只處理傳統行政工作的基層秘書人員可能會被約聘人員給取代，或是直接將打字、資料輸入、行程安排等簡單的例行工作外包給其他專職公司來做，以減低組織對秘書人員的依賴與需求。

不過辦公室自動化是世界的趨勢，電腦的網際網路功能，配合行動電話及手提電腦的普及，許多工作者可以不必固定在定點的辦公室工作，工作時也完全無時間和地區的限制，電子郵件成了最快速的溝通工具，秘書工作遭遇了前所未有的挑戰，工作的形態也做了大幅度的調整，蒐集資訊、整合資訊、傳送資訊成了工作的大宗，秘書的角色也成了行政管理的職務，秘書在這種e世紀的工作環境下，如何善用工具做好工作，以下提供數點作為參考：

一、積極主動學習

電腦的硬體設備不斷更新，應用軟體也不斷發展擴張，不進則退，不只學習新的技術，還要有創新的精神，才能走在別人前面，增加個人的價值。

二、資訊整合與提供的能力

利用網際網路的功能快速搜尋大量資料，最重要的是要有分析能

力，迅速而準確的刪除沒有用的資料，將焦點集中在主管需要的資料上。

三、資訊管理觀念

將資訊科技應用到企業經營管理方面，諸如建立即時、精確、量化的企業情報資訊，數位化的工作流程，客戶關係管理，企業資源規劃，電子商務及電子商業，倉儲管理，知識管理等。

四、建立企業網路

企業網路的設置，可以提供企業內之溝通，經銷商及供應商可建立電子交易網路通路，國際化移動辦公室管理，並可利用虛擬工作者的人力資源等。秘書可以因這些功能擴大工作範圍，改變工作形態，增加工作的價值與成就。

五、「溝通」是不變的工作

雖然透過網路電子郵件的往來，公司內外可以相互快速聯絡溝通，但因爲少有見面或說話的機會，容易形成人際關係疏離的現象，秘書與主管也是如此溝通，開會、約會都是透過電子郵件告知，事實上卻常發生主管錯失會議或忘記約會的情事，因此有些主管還是要求秘書用傳統的方式記入記事本，並以口頭提醒的方式較爲可靠。當然，最好能將電子及傳統兩種方式並用就更完備了。

六、資訊憂鬱症

數位時代帶給人們便利的資訊，也因爲資訊的提供太多太廣，秘書們老是擔心蒐集的資料不夠多、不夠完整，每天大量的電子郵件無法閱讀，刪除了又怕漏了某些重要資訊，這種所謂「資訊憂慮症」幾乎成了現在上班族的通病。所以要有取捨魄力，掌握要點而非細節，少看一兩封廣告或社交友誼的電子郵件不會影響大事。當然，多設不同類別的電子信箱，依據對象及重要性分類，不重要的類別信箱的信件就不急著看了。選

擇專業的網站篩選及過濾資訊，可以將焦點集中於所要的資訊，都是避免資訊憂鬱症的方法。

訊息小站

女秘書的權威

我一回到美國，首先使我感到刺激的一件事，是在美國式生活裡女秘書的權力是越來越大了，這是直到我試著跟一個事業成功的老同學定約會的時候才發現的，他在一家大公司掙年薪約四萬元（姑隱其名，因為他的女秘書會因為我們談到她而不饒我）。

在努力幾次之後我終於跟他定好了一次午餐約會，他對於我所遭遇的困難不住的道歉。

「你不知道美國在搞些什麼玩意兒。」他四面看看，確知沒有人在偷聽的時候才對我說。「女秘書已經掌握大權，如果我的女秘書不同意的話，沒有人可以通過她跟我聯繫上。她給我排定一切約會，決定什麼時候我可以休假，如果到別的城市去演講是安全的話。她經常監視著我，我發誓說怕她極了。」

「你為什麼不把她開除呢？」我問他。

他懷疑的看著我說：「你昏頭了吧！你不能開除女秘書，大小事情她都知道，她是我的偵探，公司裡發生什麼事情都要靠她告訴我。」

「沒有她從旁的女秘書那兒得來的情報，我在公司裡一個禮拜也混不下去。此外，坦白的說，我根本不知道在公司裡該做些什麼，她知道。」

「我明白你的意思。」我說，看著他喝下第三杯馬提尼。

他看著酒杯說：「我唯一的希望，是她不要太恨我的太太。」

「她恨你的太太？」

「所有的女秘書都恨她們的老闆娘，我不認為這跟嫉妒有什麼關係。這不過是女秘書們認為太太們太不行了。她們同時也認為太太占去老闆太多的時間。

我的女秘書就認為，如果我不是一定要回家跟太太吃晚飯的話，就可以把公事做得更好得多。她並且認為我在週末陪家裡人是完全浪費時間。她不明白我怎麼能跟一個不了解公司的女人一塊活下去。」

「同時，由於我的女秘書掌管一切開支，就認為我太太是個亂花錢的人。說老實話，白天在我的女秘書的嘮叨與效率之下我受夠了，真希望夜晚能回家到太太身旁，我把太太當作情婦，她是唯一了解我的人。」

「你太太對你的女秘書是怎麼想法？」

「她怕我的女秘書，我太太一定要好好兒的對待她，否則她就不讓我太太跟我說話。事實上，我的女秘書只准我太太對我用掉一半的時間。其餘一半時間她只是說我在參加一個重要的會議，這是暗示我的太太，當公司緊閉門討論震動世界大事的時候，她應該懂事一點，不要打電話來。」

「我倒沒想到女秘書有這麼大的權威。」我同情的說。

「你不知道的還多著呢！你看，如果你的女秘書感冒兩天不上班，你最好舉槍自盡。可是如果你的太太得了肺炎的話，你只要到公事房，告訴你的女秘書通知勞保醫院就好了。」

資料來源：《聯合報》「包可華專欄」（民國六十四年九月八日）。

附表2-1　優秀秘書標準

<table>
<tr><th colspan="2">工作性質</th><th>內容</th></tr>
<tr><td rowspan="2">秘書的資質</td><td>秘書個人應具備之條件</td><td>1.秘書本身專門工作，有非常強的處理能力。
2.應用敏銳的判斷力，並可以付諸行動。
3.懂得修飾自己的儀容，並有良好的鑑賞知識。</td></tr>
<tr><td>主管要求之人品</td><td>能守機密、誠實、明朗、服從，並有女性嬌媚的氣質。</td></tr>
<tr><td>職務的知識</td><td>秘書所扮角色的功能</td><td>1.了解秘書在組織裡的功能。
2.對於秘書理論上的功能亦應有所了解。
3.主管工作內容的細節要充分了解，有事務代行的能力。</td></tr>
<tr><td rowspan="4">一般知識</td><td>社會常識</td><td>具備社會常識，對時事問題有理解力。</td></tr>
<tr><td>經濟學</td><td>1.具備商業知識。
2.經濟、管理、組織、人事、勞資、市場學、生產技術、情報處理及資料保管、國際貿易等知識之具備。</td></tr>
<tr><td>一般會計財務</td><td>簿記、會計、稅務知識。</td></tr>
<tr><td>商業法規</td><td>各種支票、商事法、勞動法等法規應有相當之知識。</td></tr>
<tr><td rowspan="4">禮儀接待</td><td>人際關係</td><td>1.人際關係理論應用。
2.改善人際關係的行動能考慮周詳。
3.商業心理學之理解。</td></tr>
<tr><td>禮儀</td><td>1.接待賓客、禮貌運用。
2.辦公室的適宜服裝、化粧及個人儀態，有關的事務要非常了解。
3.中西禮儀一般性的了解。</td></tr>
<tr><td>接待</td><td>1.懂得談話的原則及條件，了解人際關係的結構。
2.禮貌用詞的活用。
3.麻煩賓客之接待談話，電話談話的技巧。
4.複雜冗長報告的了解能力。
5.訴苦的事件和疑難問題之處理，並且說話要得體。
6.聽得懂別人談話之真正意義。
7.對於忠告能積極的接受了解，並感激給予的忠告。
8.視情況的不同而以不同的方式來接待來賓。</td></tr>
<tr><td>交際業務</td><td>1.婚喪喜慶事務之安排，並配合庶務方面進行。
2.婚喪喜慶等情報之蒐集，並可替上司代行。
3.贈禮品之決定，安排贈送。
4.廣告、各種捐獻，必要情報資料之蒐集，依上司指示處理這類事務。
5.主管參加各種社團會員事務的處理。</td></tr>
</table>

（續）附表2-1　優秀秘書標準

工作性質		內容
技能	會議	1.對於會議的知識應充分了解。 2.了解各類會議進行的程序。 3.會議計畫及準備工作。 4.會後事務之處理。
	文書製作	1.公司內外文件書信之撰稿。 2.口述要點記述。 3.會議紀錄之製作。 4.各類統計報告製作及選擇適合之格式。
	文書處理	1.收發信件。 2.郵件付郵方式之適當選擇。 3.秘書文書之處理知識。
	電腦及其他事務機械之運用	電腦及各種事務機械的適當選擇及正確使用。
	檔案管理	整理檔案及保管檔案。
	資料管理	1.名片整理。 2.交代文章、主題之整理，新聞雜誌剪輯資料整理。 3.簡介、雜誌、錄音帶、照片及其他資料類之整理。 4.主管要求之公司內外資料之蒐集。
	日程安排	日程之安排和管理。
	辦公室管理	1.辦公室環境布置及管理知識之具備。 2.環境整理，能做適當的計畫。
	辦公用品之準備	辦公用品之準備、選擇、請領、採購。
	外語能力	最少應有一種以上之外語能力。

資料來源：編譯自日本現代秘書實務研究會編《現代秘書手冊》。

第三章

文書行政工作

- 信件處理
- 公文處理
- 公文、公告、通知、通報的製作
- 新聞發布
- 報告書寫
- 剪報整理
- 英文函件處理
- 信封寫法、信函摺法
- 傳真機及電子郵件的使用
- 參考資料

在現代社會中，無論個人或團體，都不可能獨立自處，尤其在目前工商企業社會中，端賴彼此互助合作、同心協力，才能相輔相成、共存共榮。社會環境日趨繁複，在日常生活之中，接觸既多，一切有賴感情之聯繫，事務之了解，在這一方面，除了口頭交談之外，唯有文書工作。當然，這項工作必然落在秘書的身上，這些繁瑣的工作，有其非常重大的意義和影響，處理得當，則事業自可蒸蒸日上，而達左右逢源之境。

屬於秘書文書行政方面的工作範圍很廣，秘書因工作機構和工作性質的不同，因而文書工作的範圍寬廣不一，不過大約言之，其範圍包括信件的處理，公文處理，公告、通知之製作，新聞發布，報告製作，利用電腦設備處理有關之文字工作，以及第四、五章討論的「資料檔案管理」及「會議文書管理」等，都是秘書涉及之文書工作。

第一節　信件處理

處理信件及一般的往來文件，是秘書每日不可少的工作，信件處理可分拆信、分信、回信、寫信四個部分。

一、拆信

收到信件後，應將信件拆閱，按其重要性分類，然後以不同之卷宗呈閱。一般信件可分五類：

1.緊急通信：如電報、限時郵件等。
2.立即作答信件：有時限的信件，應把握回信的時間。
3.親啓函：此類信件，秘書不應拆閱，若因疏忽誤拆，應立即封妥，並簽名註明「誤拆」字樣。
4.例行報告、文件：如開會紀錄、機關各單位之報告等。
5.廣告、雜誌、報紙類：此類印刷物郵件，除非與主管有直接關係，否則因數量大，主管大多無時間閱讀，此種情況秘書應先行看過，以紅筆將有關事項勾出，以便主管參考。

不過以主管爲收信人的信件，應與主管協調取得可以拆閱的程度，通常會隨著工作的時間增加、了解問題的深淺及獲得主管信任的程度，而漸漸增加信件處理的範圍。現今電子郵件普遍，各級主管大多自行處理個人有關信件，屬於公務函件則交辦部屬處理。

二、分信

有些機構規模小，秘書要兼做收發分信的工作，每日信件送來之後，首先將信件分爲公司收件及私人信函，寄送以單位爲收件人的信件，拆閱後，應先用收文簿登記清楚，收文簿之項目有編號、收文日期、來文機關、來文日期、來文字號、簡由、簽收人、備註等，如果使用量不大，可至文具行購置現成表格之收文簿，文件登記完畢後，按信件之類別，送交各有關單位或人員簽收處理。現在有些大型機構文書行政工作有專門的電腦軟體輔助，不但文件採自動化登錄，同時也可以監督文件處理流程，使文書工作方便不少。個人爲收件人之函件，則可直接交由收件人自行處理。

關於主管爲收信人之函件，爲節省主管時間，秘書處理時應注意以下數點：

1.紅筆勾出信件要點，節省閱讀時間。
2.加註建議事項，對於需要回覆或須指示處理方式之信件， 可加邊註，提供主管參考。
3.註明函內有無附件，或附件遺漏情形。
4.對於可立即採取行動信件而已實行者應註明，以便主管明白。
5.檢附信件所需資料一併呈閱，節省時間。
6.須傳閱之信函，可附傳閱便條，以便主管看過後，立即送有關人員傳閱。
7.函件中需要登錄主管日程管理表中的事項應即列入，以免遺忘。

三、回信

許多信件屬於詢問或應徵之信件，處理方式比較簡單，可以由秘書直接作答；而有些信件則須請示主管之意見作覆，不論簡單或繁複，在回信前， 應該仔細閱讀來信，找出問題所需資料，務必在回信時沒有遺漏應該回覆之事項，草稿擬好經主管認可後，才正式做好信件，請主管簽字發出。

如果是以電子郵件方式回信，也要遵守寫信的禮儀發函。

許多英文信件本身就是公文，所以回信時就如公文擬稿一樣，先擬好稿子，由主管過目，然後正式打字簽名發文。

四、寫信

寫信是主動的發出信件，替主管寫信，應把握主管的要求，熟悉其平日的風格，交代事項不可遺漏，草稿間隔可較寬，以便呈閱時，加入意見或修改，修正的信製作後經由主管過目簽字即可發出。

通常需要寫信之種類如下：

1.機構內之書箋、便條。
2.各式商業書信，如訂貨、匯款、對帳等。
3.回信答覆。
4.邀請、開會或宴會通知：這類通知應將時間、地點、事由、發通知機構、開會大約所需時間，甚至服裝規定等列入通知或請帖內。
5.預約函：旅行或開會訂房、訂位等信函，此類信件應將到達時間、離開時間、付款方式、訂房訂位標準、聯絡電話或地址寫入信件中。
6.取消信函：這類信函之發出皆有不得已之理由，因此應以最快速度發出。
7.恭賀函：這類信件是聯絡友誼最好之表示，但是務必簡短、中肯，尤應注意關係之親疏、分際之高下。

8.慰問函：表示發信人眞誠的關心，信件亦不可太長。
9.謝函：對他人之贈送或服務表示感謝，但是應注意時效，不應在事隔太久後，才寄出感謝信。
10.介紹及推薦信：這類信件若要達到預期之效果，應該眞實、誠懇，不可因人情關係而敷衍了事。
11.申請函：一般申請書應簡明扼要，將所請以清楚的文字表示出來，若是申請工作函，則須將技術、能力、工作及教育背景、經歷、品德及其他個人資料列入。

至於寫信時，應注意以下數點：

1.口氣要親切：生氣時不要勉強寫信，特別對某人在氣頭上時，更不可給其寫信。
2.選擇用字：不論中、外文都應愼重選字，避免艱難晦澀之用字，以免造成誤解。
3.不要流於古板形式：若非純友誼信函，信的內容最好直接涉及所談事件，通常第一段要短，第二段指出事件，第三段結尾。如果是熟朋友，最後可加上問候語，諸如家人安好，或旅行開會愉快、圓滿等結尾語。
4.回信要仔細，應答覆之事不要忽略或遺漏。
5.蒐集平日書信範句並加以分類，寫信時可供參考，十分方便。
6.寄信前檢查是否簽名、附件有無附入、外文信件信封和信內地址是否一致等。

第二節　公文處理

公文處理是將一件公文自收文後到歸檔爲止，期間經過的各種手續，辦理時按照次序依次處理的作業程序。一個機關或團體對於處理公文是否迅速、簡化、完善與周密，影響行政效率甚大，因此每位行政人員都應對公文處理有相當的了解。由於電腦功能之開發，行政文書工作也利用

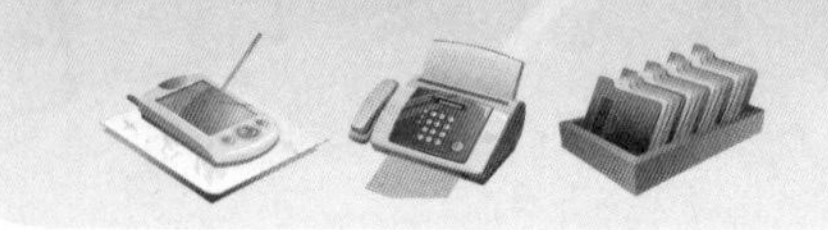

電腦的協助方便公文書之處理。以下僅就一般公文處理之流程和電腦化作業分別說明：

一、一般公文作業流程

公文處理之程序，不論機關大小，組織編制之不同，業務之性質與繁簡互異，但是處理公文的方法，大致還是相同的。公文處理程序如**圖 3-1**。

公文處理主要過程簡單說明如下：

(一)收文

總收文之作業，就是在公文到達後，先由收發人員點收、拆封，並檢查有無附件，如信套上註有「速件」者，收發人員應即速處理，不得延誤。電子文件則儲有電子檔，檢查文件有否疏漏、竄改情事。

一般普通文件，主管文書單位拆封後在收文簿上登記收文字號，收文之年、月、日，來文機關及摘錄事由等工作。

(二)分文

收文人員收到文件後，送請首長指定之分文人員分文，批示承辦單位，由收文人員分送各文之承辦單位簽收、承辦。電子文件、傳真、電報或外文文電亦應收文、登錄、分辦。

承辦單位簽收送來之公文，點收登錄後，呈送單位主管核辦。如認為該文須移送其他單位主辦者，應送還收文人員，移送受移單位辦理。

單位主管就文件之性質，分別批交經辦人員辦理。

(三)擬辦

經辦人員接到公文後，依據法令、成例或原案，或經協調，或會簽其他單位，來簽擬處理辦法。

(四)陳核、批示

經辦人員將處理本案的辦法擬妥，並簽上姓名，註以年、月、日、時，逐級呈送上級批示。如為會簽案件，應先送會簽單位，完成會簽手續

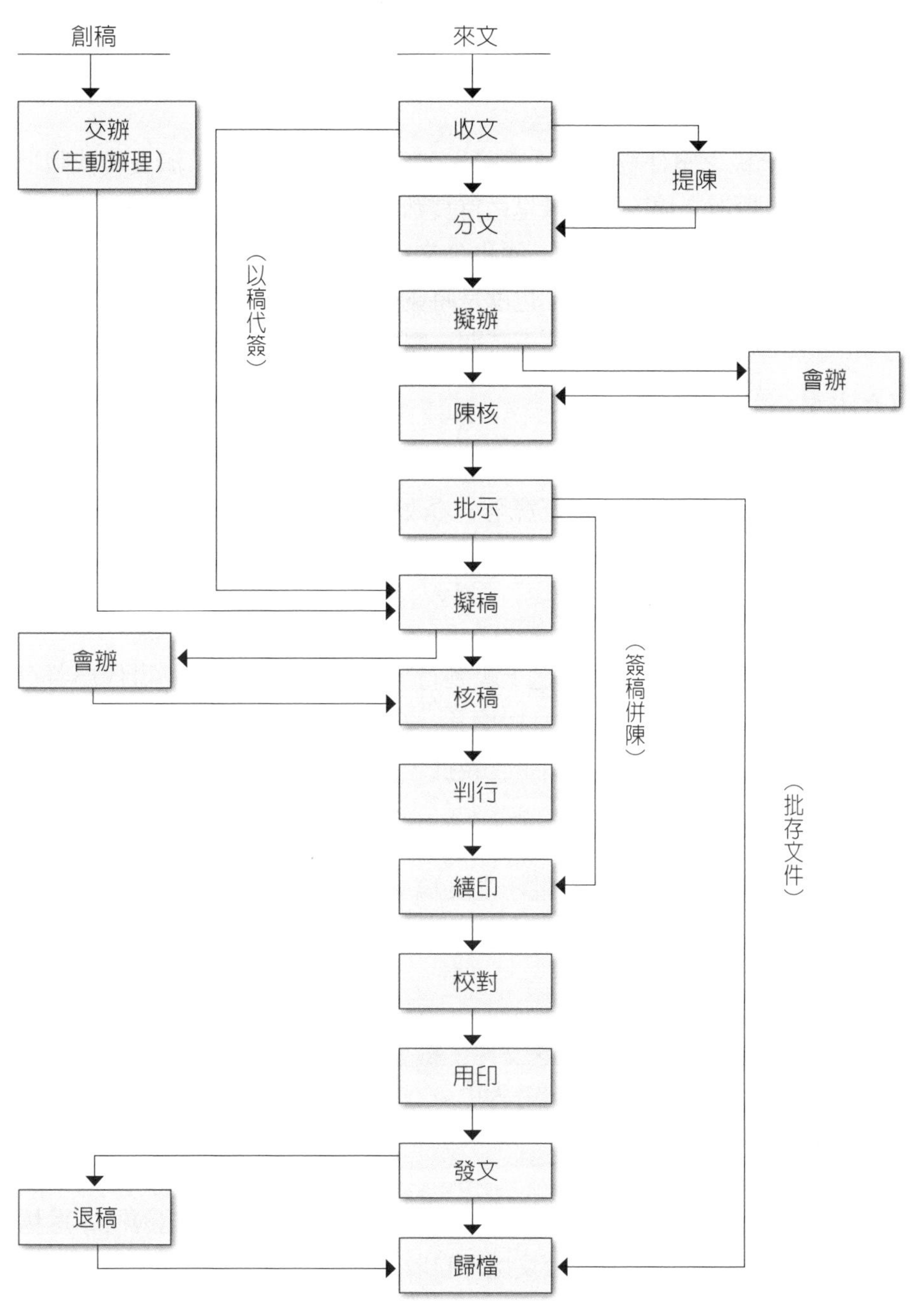

圖3-1　公文處理流程

資料來源：行政院《文書處理手冊》。

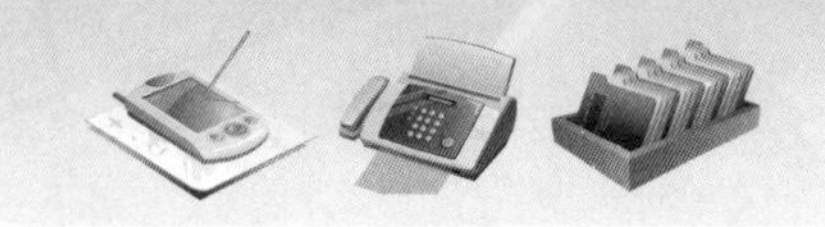

後，再逐級呈送上級核示。

(五)擬稿

呈送上級之案件經批示核准後，如須辦理文稿者，承辦人員依照批示的意見，擬辦文稿，再逐級呈送首長判行，並將原案附後，以便查閱。但是現在為了提高行政效率，簡化公文手續，對於一般普通案件，可用「簽稿併陳」的方式來處理，也就是將簽稿的意見或辦法，和辦好的稿子一併呈送上級核示，以節省往返時間（**圖3-2**）。

(六)核稿

各級主管收到經辦人員的文稿後，應仔細審核用字用句是否妥貼，文章是否通順。簽字蓋章是否齊全，須改動時，可直接在文稿上更改，然後簽字逐級呈往上級。

(七)判行

各級主管核定之文稿呈送上級判行，普通的文稿主任秘書代為蓋章即可；另外大的機關首長亦可授權某一級批示某類文件，蓋以「代為決行」之章，如重大事件，應由主管親批，批示後之文稿交文書單位繕發。

(八)繕印、校對、用印

主辦文書人員收到首長批示之文稿，將文稿打字，或有副本，或須印刷；經校對送監印人員蓋印，在發文簿登記後，送收發人員簽收。

(九)發文

收發人員收到蓋妥印信之文件，檢查有無附件，編列字號，填明發文年、月、日，裝上封套，封發寄出。

(十)歸檔

文書單位驗明公文確已發出，即將原稿及有關文件登記簿冊，送檔案室簽收，辦理歸檔事宜。公文處理自收文到發文為止，其作業程序到此告一段落。

〇〇大學 函（稿）
機關地址：
傳　　眞：承 辦 人：〇〇〇
聯絡電話：02-XXXXXXX轉分機XXX

受文者：

地址：
速別：
密等及解密條件：
發文日期：中華民國　　年　月　日
發文字號：（ ）〇大　字第　　號
附件：
主旨：

說明：
　一、
　二、
正本：
副本：

機構首長〇 〇 〇

敬會
受會單位（簽章及簽註日期）

承辦人（簽章及簽註日期）
單位主管（簽章及簽註日期）
一級主管（簽章及簽註日期）
主任秘書（簽章及簽註日期）

機構首長

圖3-2　公文格式

以上所談的是一般機關的公文處理程序，若是作為某一單位主管之秘書或工商企業之秘書，所負處理公文之範圍較小，僅為主管有關文件，但是一般而言工商業機構之英文函件，秘書應負責處理後，交主管核定發文。

二、文書電腦化作業

公文是處理公務溝通互動之重要工具，隨著科技發展，新的方法和工具不斷研發產生，公文現代化也是必然的趨勢。行政院也數次修正「文書及檔案管理電腦化作業規範」，使各機關可用電腦輔助文書製作、掌控文書處理流程、時效及稽催之工作，提升工作效率。各類文書製作訂有標準格式可以依循，工作人員只要依標準範例在電腦上依流程作業，最後發文歸檔即可。民間機構可參考修訂，製作適合自己企業的格式來處理文書工作。

三、公文處理時限

依據行政院《文書處理手冊》規定如下：

1.一般公文：

(1)最速件：1日。

(2)速件：3日。

(3)普通件：6日。

(4)限期公文：

①來文或依其他規定訂有期限之公文，應依其規定期限辦理。

②來文訂有期限者，如受文機關收文時已逾文中所訂期限者，該文得以普通件處理時限辦理。

③變更來文所訂期限者，須聯繫來文機關確認。

(5)涉及政策、法令或需多方會辦、分辦，且需30日以上方可辦結之複雜案件，得申請為專案管制案件。

(6)專案管制案件或其他特殊性案件之處理時限，各機關得視事實

需要自行訂定。

2.公文夾顏色用途區分：

(1)紅色：用於最速件。

(2)藍色：用於速件。

(3)白色：用於普通件。

(4)黃色或特製信封：用於機密件。

第三節　公文、公告、通知、通報的製作

公文的類別有令、函（書函）、公告、通知（通報）、開會通知單、簽、報告等；此外，公文書也涵蓋了公務電話紀錄、手諭、便箋、聘書、證明書、證書、執照、契約書、紀錄、代電等。企業爲了文書作業制度化、統一化，可設計公文規範或製作公文文書表格，不但方便管理，並可提升工作效率。下文僅就常用公文說明如下：

一、公文

公文的結構，一般採用「主旨」、「說明」、「辦法」三段式製作，案情簡單的函，盡量使用「主旨」一段完成。茲就三段式公文之要點簡單說明如下：

(一)主旨

「主旨」爲全文之要點，說明行文的目的和期望。此段文字，應力求具體扼要，簡單公文可僅用此一段完成，不必硬分爲二段、三段製作。

(二)說明

當案情必須就事實、來由或理由等做較詳細的敘述時，主旨一段無法容納，則可以「說明」項來做條例說明。

(三)辦法

向受文者提出某些具體要求，而又無法在主旨內簡述時，則以「辦

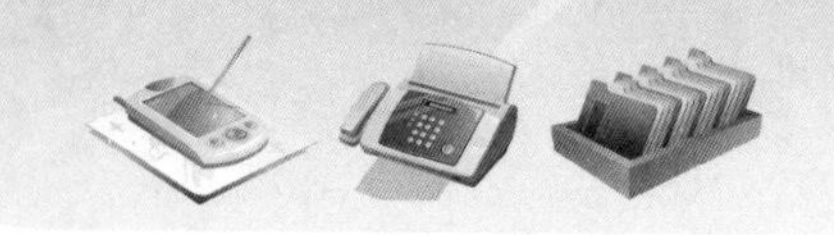

法」段列舉提出。此段亦可因案件之情況而改用「建議」、「請求」、「擬辦」等更洽當之名稱。

一般公文大多採用前述一段或一、二段或三段全有之方式製作；此外，亦有公司自行設計表格，以填表方式製作公文，其他如書函、簽、報告等，亦視需要用三段式或條列式來製作。

公文之草擬，應使用機構印製的公文稿紙，通常一件公文以敘述一事爲原則。

二、公告

公告應使用通俗、淺顯易懂的語體文製作，文句須加註標點符號，公告內容應簡明扼要，非必要或無直接關係的話不說。公告的結構分爲「主旨」、「依據」、「公告事項」（或說明）三段，公告可用「主旨」一段完成的，不必勉強湊成二段、三段，可用表格處理的亦盡量用表格方式公告。

公告分段要點：

(一)主旨

用三言兩語勾勒出全文精義，使人一目瞭然公告的目的和要求。

(二)依據

將公告的來龍去脈做一交代，依據有兩項以上時，應分項條列。

(三)公告事項

公告事項或說明是公告的主要內容，必須分項條列，公告如有附件，只須提參閱「某某文件」即可，不必在公告事項內書寫。

登報的公告，免署機關首長的職稱和姓名，一般工程招標或標購物品等公告，盡量使用表格方式，以收簡明易懂之功效。在布告欄張貼之公告，必須加蓋機關印信（如**圖3-3**、**圖3-4**、**圖3-5**）。

檔號：
保存年限：

內政部　公告

發文日期：中華民國00年00月00日
發文字號：○○字第0000000000號

主旨：公告民國00年出生的役男應辦理身家調查。
依據：徵兵規則
公告事項：
一、民國00年出生的男子，本年已屆徵兵年齡，依法應接受徵兵處理。
二、請該徵兵及齡男子或戶長依照戶籍所在（鄉、鎮、市、區）公所公告的時間、地點及手續，前往辦理申報登記。

本例說明：
一、張貼於機關公布欄之公告，須蓋用機關印信及署機關首長職銜、姓名。
二、登報用或登載於機關電子公布欄之公告，免蓋用機關印信、免署機關首長職銜、姓名。

圖3-3　公告例一

○○大學　公告
發文日期：中華民國○○年○月○日
發文字號：（　）校○字第○○號
主旨：爲慶祝本校創校○○週年紀念，○月○日（星期○）全校放假一日。

特此公告

校長○○○

圖3-4　公告例二

○○○○學系　公告
發文日期：中華民國○○年○月○日
主旨：千禧古蹟研討會接待人員會前訓練
公告事項：
一、千禧古蹟管理觀光遊憩學術研討會○月○日（週○）於本校舉行，接待組錄取同學名單公布於後。
二、會前訓練定於○月○日（週○）下午一時三十分於系教室舉行，請錄取同學一時二十分前至研究室報到。
三、外系修課同學請至系辦公室辦理公假手續。
四、錄取名單：徐○○、何○○、王○○、章○○、簡○○、謝○○、李○○、劉○○、江○○、曾○○、鄧○○、黃○○、吳○○、陳○○。
特此公告

○○○○學系辦公室啓

圖3-5　公告例三

三、通知、通報

通知是機構內部各單位間有所洽辦或通知時用，對外行文如內容簡單，亦可用通知的方式，但通知對象多係通知個人時用，例如開會通知等。

通報是屬機構內部公告之一種，通常是將發布事項以通報簿繕寫，由有關單位各位同仁簽字表示知曉（**圖3-6**、**圖3-7**、**圖3-8**）。

○○大學　開會通知單

受文者：○○○
密等及解密條件：普通
發文日期：中華民國○○年○月○日
發文字號：○○○○○○○○
附件：送評資料五件
會議名稱：○○評審委員會
會議時間：中華民國○○年○月○日下午一時三十分
會議地點：○○大樓會議室
主持人：
聯絡人及電話：人事室○○○主任
出席者：
列席者：
副本：
備註：
（發文單位戳）

圖3-6　通知例一

（全　銜）

通知
台端申請購屋貸款一案，已奉核定，敬請於○月○日以前攜帶身分證及印章前來本室辦理手續爲荷，謹致
○○○先生
○○○室啓
○月○日

圖3-7　通知例二

（全　銜）

通報　○月○日
一、奉諭：爲節省能源，今後本公司各辦公室一律不得使用電爐、電壺，並希隨手關閉電燈。
二、特此通報。
○○室啓

圖3-8　通報例

四、其他公文書例

至於簽呈、報告、書函等其他公文舉例如下：

1.簽呈：有關簽呈的舉例請參考**圖3-9**、**圖3-10**。
2.報告：有關報告的舉例請參考**圖3-11**、**圖3-12**。
3.書函：有關書函的舉例請參考**圖3-13**、**圖3-14**、**圖3-15**。

（全　　銜）
簽　○○年○○月○○日　於　單位名稱
主旨：
說明：
　一、
　二、
擬辦：
　一、
　二、

敬會
受會單位（請簽章及簽註日期）

承辦人（請簽章及簽註日期）
單位主管（請簽章及簽註日期）
一級主管（請簽章及簽註日期）
主任秘書（請簽章及簽註日期）
　　敬陳
機構首長

圖3-9　簽呈例一

簽於○○○○學系　　　　　　　　　　　　　　　○○年○○月○○日

主旨：敬請　核准學生參觀由

說明：一、○○○○學系四年級生，修習「○○○○」課程，爲增進學生實務經驗，擬參觀國際會議中心，藉聆教益。

二、參觀計畫如下：

(一)時間：○○年○月○日上午十時

(二)人數：四年級學生五十名

(三)負責人：○○○老師

三、敬請　核准並發文，以便成行

敬陳

系主任　　王○○

職○○○

圖3-10　簽呈例二

報告　於○○室　　　　　　　　　　　　　　　　○年○月○日

主旨：請婚假兩週，請賜准，並請派員代理職務。

說明：一、職訂於○月○日與○○○小姐結婚。

二、請准婚假七個工作天，自○月○日起至○月○日止。所遺職務，請派員代理。

三、檢附結婚喜帖一紙。

敬陳

科長　施○○

經理　王○○

職○○○

圖3-11　報告例一

報告　於企劃室 ○年○月○日

主旨：職已獲得美國○○大學研究所入學許可，擬出國深造，敬請　賜准辭職。

說明：一、職來公司服務，瞬逾一年，承長官指導，同仁匡益，得免隕越，至爲感激。

二、現已申請獲得美國○○大學入學許可，擬赴美進修。

三、檢附美國入學通知影本一件。敬請賜准辭職。

敬陳

科長　施○○

經理　王○○

職○○○

圖3-12　報告例二

○○大學○○○○學系　函

機關地址：台北市故宮路一號
聯絡方式：（承辦人、電話、傳眞、e-mail）

受文者：國立故宮博物院
速別：普通件
密等及解密條件：普通
發文日期：中華民國○○年○月○日
發文字號：（　）觀字第0015號
附件：參觀學生名冊一份
主旨：敬請惠允本系學生前往貴院參觀由
說明：本系學生五十名由○○○老師率領，擬於○○年○月○日上午十時前往貴院參觀，藉聆教益。敬請 惠允，並賜指導爲荷。

○○○○系主任○○○

圖3-13　書函例一

檔　　號：
保存年限：

○○○○大學　書函

機關地址：台北市故宮路一號
聯絡方式：（承辦人、電話、傳眞、e-mail）

116
臺北市○○區○路○段000號
受文者：國際會議中心
發文日期：中華民國00年00月00日
發文字號：○○字第0000000000號
速別：
密等及解密條件或保密期限：
附件：

主旨：本校○年級學生計00人，定於00年00月00日前往貴中心參觀，屆時請派員、指導，請查照。
說明：本案本校聯絡人：○○○，電話：（00）0000-0000。

○○○○大學

圖3-14　書函例二

(全　銜)　函(稿)

地址：
聯絡人：
電子郵件：
傳真：

受文者：如行文單位
發文日期：○字第○○○○○○○○○號
速別：
密等及解密條件或保密期限：
附件：

主旨：
說明：
　一、
正本：
副本：

機關首長○○○

會辦單位：

第　層決行
承辦單位　　　會辦單位
承辦人　　　　　　　秘書
股長　　　　　　　　主任秘書
組長
秘書
○

圖3-15　書函例三

第四節　新聞發布

機構遇有重要慶典或重大事件，多利用此機會向外發布消息，以收宣傳及公布事實之效果。大的機構若設有公共關係部門，發布新聞及其他宣傳之事宜皆由該部門負責；一般機構若無專門公共關係部門，秘書大多

兼負此部分工作。機構若有值得發布的消息，通常都由機關自行撰寫新聞稿，傳送各報社、電台等媒體，請求發布新聞；若是新聞事件或是機構重大活動，可舉行記者招待會，將文稿及有關資料在記者會時提供記者參考。純粹發布新聞之稿件比較簡單，僅報導新聞事實而已；若是特寫稿就應詳細，最好附以圖片，加強效果。

除了一般新聞稿件外，機構中向外宣傳之書冊、傳單、刊物等，亦大多由公共關係部門或是秘書參與撰稿，然後印製並對外發行（**圖3-16**）。

○○大學　公關組新聞稿件暨文宣資料

提送日期　年　月　日

提送單位：○○○○ 學院	一級主管：院長 ○○○
提供人姓名：	聯絡電話：
電子信箱：	
主標題：交通部○○○○○蒞校專題演講	
次標題：談「全球化趨勢下之台灣觀光——國際宣傳與推廣」	
交通部○○○於○○年○月○日（週○）下午三時應眞理大學○○○學院之邀請蒞校演講，講題爲「全球化趨勢下之台灣觀光——國際宣傳與推廣」。 ○○○先生現任交通部○○○○，○○○「曾任職交通部○○○○○○○○○各項職務，十餘年來對於台灣觀光之發展貢獻頗多，對台灣的觀光宣傳與推廣工作更是經驗豐富，相信○○年○月○日的演講，定能爲該校觀光科系的師生對於全球化下的台灣觀光未來趨勢與展望，帶來啓發與希望。 新聞聯絡人：○○○○學系 ○○○老師 聯絡電話：111111111轉0031 電子信箱：	

圖3-16　新聞稿例

第五節　報告書寫

機構中，經常需要撰寫業務報告或工作報告，所以秘書經常需要蒐集有關資料，以便作爲書寫報告之依據。書寫報告應有報告名稱、報告單位或報告人、報告日期等。報告書寫應層次分明，資料齊全，並盡量採用表格，以收一目瞭然之功效。除了書面報告之外，如會議時需要現場說明，尙須製作簡報，配合視聽器材，方便報告者使用。一般需要報告的情況有以下數種：

1.本單位之業務情況向上級或董事會報告：這類報告有時是定期的、按月、按季、按年或是開會時間爲之。

2.對主管機關之視察報告：主管機關對本機構視察時，應準備報告書，以便視察時更容易了解本機構之業務情況。

3.機構內部報告：每年適當階段，將本機關情況以報告方式，使同仁了解機關之業務進展，及未來計畫與發展之方向，增加同仁對公司之向心力。

4.機構對外報告：除了一般的宣傳品或刊物外，機構有時須對外界報告業務或財務情況以增進信譽，例如有些公司年度終了結算後，登報報告財務狀況，使公衆了解而給予信任，另一方面，可廣收宣傳之效。

5.各類建議或意見：對於某些事件或特別之計畫、意見，以專案做成報告，提供處理時之參考（**圖3-17**）。

□□股份有限公司產品銷售抽樣調查報告
一、前言
二、調查範圍
三、抽樣方法
四、銷售現況分析
　1.消費者分析
　　(1)性別（如附表一）
　　(2)年齡（如附表二）
　　(3)職業（如附表三）
　　(4)地區（如附表四）
　2.產品分析
　　(1)式樣
　　(2)顏色
　　(3)材料
五、今後銷售趨勢及展望
六、改進意見
七、結語

圖3-17　銷售抽樣調查報告例

第六節　剪報整理

秘書資訊情報蒐集管理工作中很重要的一項，就是自報章、雜誌、網路上，將與公司有關的資訊剪下或下載做成資料，提供主管參考。整理剪報時要了解剪報的性質，剪報內容重要部分要用色筆畫出，並將剪報分類整理。每張剪貼紙只放一張剪報，不要將兩張小的剪報貼在一頁上，增加整理的困擾，每張剪貼紙上要有類別、主題、資料來源、日期、版面等項目，參考時可以得到正確而完整的資訊。剪報要做成檔案，並製作目錄單，每年定時清理淘汰過時無用的剪報資料。剪報目錄單製作例如**表3-1**。

表3-1　剪報目錄單

類別	資料來源	日期	版面	主題	頁次	備註

第七節　英文函件處理

隨著辦公室事務機器的進步，秘書處理英文函件從普通打字機、電動打字機、電腦記憶打字機，一直到現在可以用個人電腦處理全部的文字資料，進步神速，不過從老式打字機到電腦，處理英文函件一定需要基本的鍵盤操作技巧，因此打字的速度及方法是一定要了解的。

信函書寫應注意事項：

一、信件格式

英文函件有英文函件之格式（**圖3-18**），這在專門打字（鍵盤操作）課程中，都有詳細說明，目前通用的有齊頭式，縮進式及半縮進式三種。進入機構可依照過去信函處理的格式製作信件。不論採用何種格式，務必按照規矩來打信件，同時打字時應配合信件之長短、段落，使信件看起來整齊、美觀爲原則。

TAIWAN XXXXXX CORPORATION
100 Chung Cheng Road Taipei, TAIWAN
Tel.（02）12345678 Fax.（02）12345679
http://www.xxxxx.com.

June 12, 20 __
File No. 10-123（檔號）

ABC Corporation（收信公司）
Sales Department（部門）
123 George St.
San Jose Ca. 01234（地址）
Attention: Mr. John Smith（加註行）
Subject: xxxxxxx（主題）
Gentlemen（稱呼）
The Body of the Letter.（信的內容）
xxxxxxxxxxxxxxxxxxxxxxxxxxxxxxxxxxxxxxxxxxxxxxxxxxxxxxxxxxxxxxx
xxxxxxxxxxxxxxxxxxxxxxxxxxxxxxxxxxxxxxxxxxxxxxx
xxxxxxxxxxxxxxxxxxxxxxxxxxxxxxxxxxxxxxxxxxxxxxxxxxxxxxxxxxxxxx
xxxxxxxxxxxxxxxxxxxxxxxxxxxxxxxxxxxxxxxxxxxxxxxxxxxxxxxxxxxxxx
xxxxxxxxxxxxxxxxxxxxxxxxxxxxxxxxxx
Sincerely yours（結尾敬語）
Signature（簽名）
Business Title（職稱）

Enclosures（附件）
cc Mr. Walt Wang（副本）

圖3-18 西式信函格式例

二、信函包括項目

1.機關頭銜（letterhead）：一般機關、公司之西式信紙都會將頭銜印在信紙的頂端。

2.日期（date）：英文信的日期一定打在信的開頭。電子郵件軟體在撰寫信件時，會自動加上發信日期及時間，日期表現的方式爲月／日／年（mm/dd/yy），或是May 00th, 2010。

3.檔號（file number）：檔號可有可無，視公司內部作業情況而定。

4.收信人地址（inside address）：收信人姓名、地址打在信件開頭，其次序及打法應和信封上之收信人姓名、地址一致。

5.加註行（attention line）：當信件特別希望某人或某部門注意時，加上這一行，通常加在地址和稱呼之間。

6.稱呼（salutation）：對收信人的稱呼一定要正確，先生用Mr.或Sir，未婚女士用Miss、Madam，結婚的女士用Mrs.或Madam。收信人男士兩人以上用Gentlemen 或Mr.○○and Mr.○○或Messrs，如收信人兩位以上係未婚的女士用Misses ○○and ○○，或Ladies，收信人兩位以上係結婚的女士用Mrs.○○Mrs.○○或是用Ladies。公文格式則是用「受文者」，也就是收信人（Receiver）或是機構。

7.主題（subject line）：將主題以簡單句子加在信開端，可打在稱呼的上面或下面位置，不過私函都不用。

8.主體（body of letter）：也就是信的內容，最好三段就可以說明清楚，第一段打招呼、開場白、信件目的，第二段信件主題，第三段簡潔有力的結束。打信如果採齊頭式則內容亦應齊頭式，用縮進式亦同，總之信件各部分應互相配合。

9.結尾敬語（complimentary close）：結尾敬語至少應打在信的主體兩行以下。如中文的敬祝愉快、順頌時祺，英文的Sincerely yours、Very truly yours等。

10.簽名（signature）：通常機關名稱以大寫字母打在結尾敬語之下二行，空下四行簽名，簽名下打發信人之姓名和職銜，或是加上E-mail、電話，方便聯絡。

11.附件（additional data）：信函如有附件，小件可加入信內一併發出，大件可另寄，但是應在信內說明。另外，信件副本收受者或打字者姓名簡寫亦打在此位置，一般打在左下方低於簽名位置的下方。電子郵件附件（attached file）可用附加檔案附上，信件中要說明附上「附加檔案」。

12.再啓（postscripts）：若有未盡事項，附加一行打在最下方，一般皆習慣以P.S.來表示。

三、打信前注意事項

1.看稿務必明白、仔細。
2.確定打信或資料所需設備，不必要的東西不要放在桌上。
3.查明應遵行之格式。
4.保持良好而正確之打字姿勢。
5.校對要正確。
6.函件之處理：郵寄方式、傳真、電子郵件、副本處理、存根存檔。

四、秘書信函例

秘書工作中書寫英文信函是經常性的工作，茲舉數例作爲參考，詳見**圖3-19**、**圖3-20**、**圖3-21**。

Dear Ms. Xxxxxxx:
Mr. Xxxx is away from the office this week and will return on next Monday. I shall bring your letter of October 10 to his attention at that time.
If we can be of any further help, please do not hesitate to call on us.

Sincerely yours,

Ms. Xxxxxxx
Secretary to Mr. Xxxxxxx

圖3-19　通知信件收到例

Dear Mrs. Xxxxxx:
Thank you for your gracious invitation to Mr. Xxxxx to be the keynot speaker at the xxxxxx Congress on November 6. 200 __.
Mr. Xxxxx will be returning from a business trip in U.S.A. next week. On his return , your letter will receive his prompt attention.

Sincerely yours,

Ms. Xxxxxxx
Secretary to Mr. Xxxxxxx

圖3-20　告知收到邀請函

Dear Mr. Xxxxx:
Thank you for your phone call to Mr. Xxxxx, Manager of Sales department, on May 21, regarding the table.
Since we could not find anything about the matter you mentioned on the phone, any specific information you could resend to us will be appreciated.

Sincerely yours,

Ms. Xxxxxxxx
Secretary to Mr. Xxxxxxx

圖3-21　告知未收到信件例

第八節　信封寫法、信函摺法

一、信封寫法

(一)西式信封寫法（圖3-22、圖3-23）

1.信封之收信人姓名地址的打字方式，應和信內收信人姓名地址完全一樣。一般信封，左上角爲發信人姓名地址，信封中間偏右爲收信人姓名地址。
2.親啓字樣（PERSONAL）應在收信人地址之上二行或左下角以全大寫字母打出。
3.郵件寄出之種類，如航空、掛號等應在收信人地址上二行以全大寫字母打出。
4.外國國名應以全大寫字母打出，並加線以加強郵政機構之注意。

Yang-Chih Book Co., Ltd.
8F., No.260, Sec. 3, Beishen Rd.
Shenkeng Dist., New Taipei City 22204
Taiwan (R.O.C.)

正郵
貼票

Mr. Curtis Chang
118 South State Street
Chicago, Illinois, 60603
U. S. A

圖3-22　西式信封寫法一

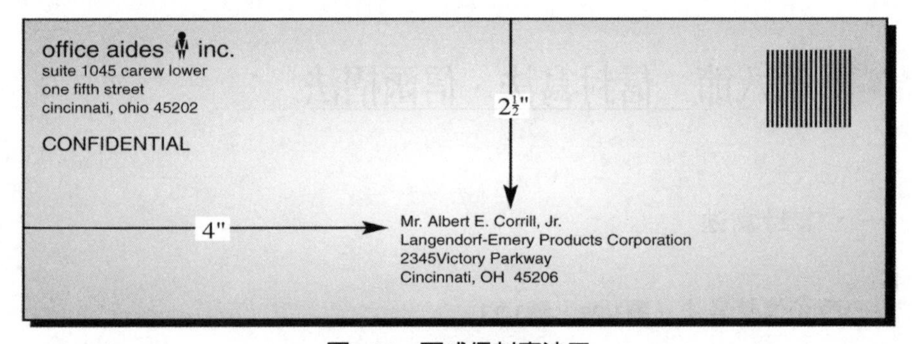

圖3-23　西式信封寫法二

(二)中式信封寫法

1.直式信封寫法：第一式，先姓名後稱呼（**圖3-24**）。第二式，先姓後稱呼再名號（**圖3-25**），此式比第一式更爲禮貌，第一例把職位提前，而成「姓」、「職位」、「名」，「名」偏右但不必略小；第二例中之「勉之」爲王經理之「號」。

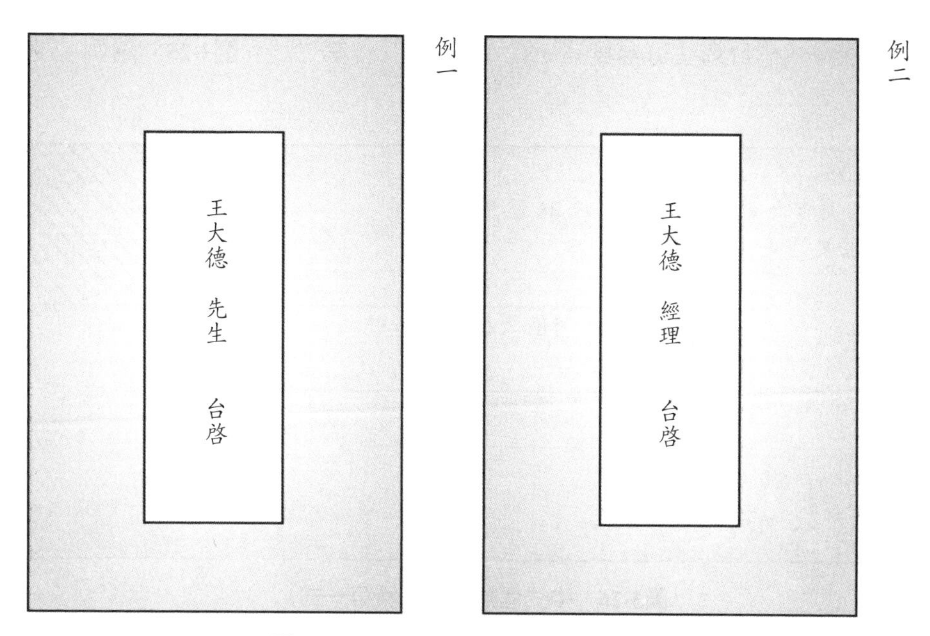

圖3-24　中式信封寫法（直第一式）

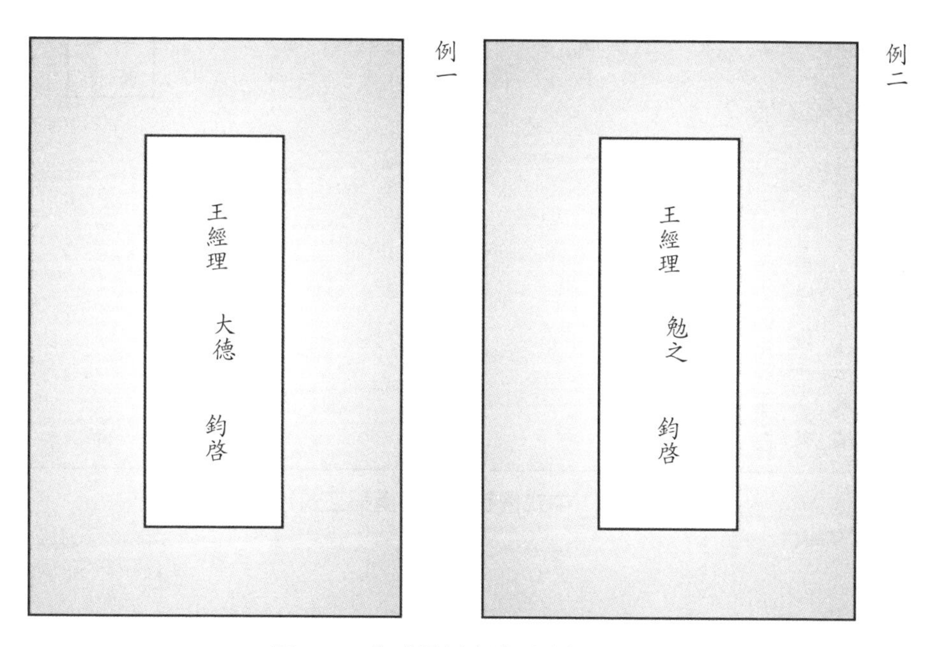

圖3-25　中式信封寫法（直第二式）

2.橫式信封寫法可參見第一式（**圖3-24**）及第二式（**圖3-25**）圖例。

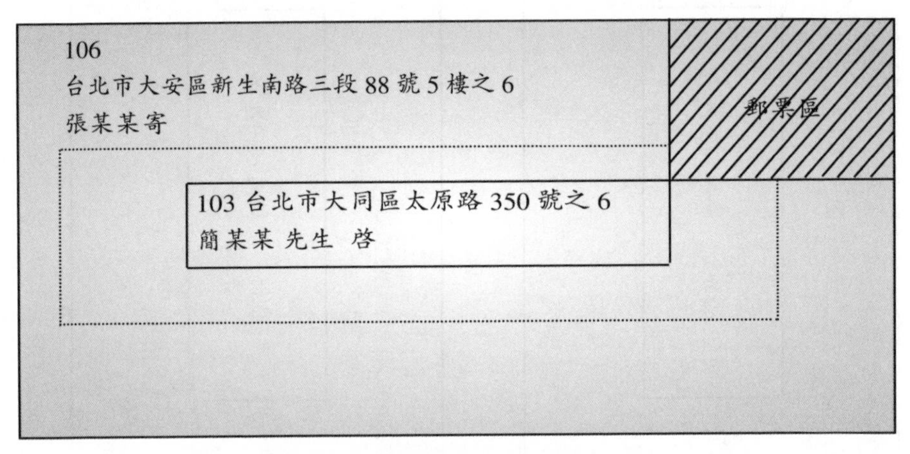

圖3-26　中式信封寫法（橫第一式）

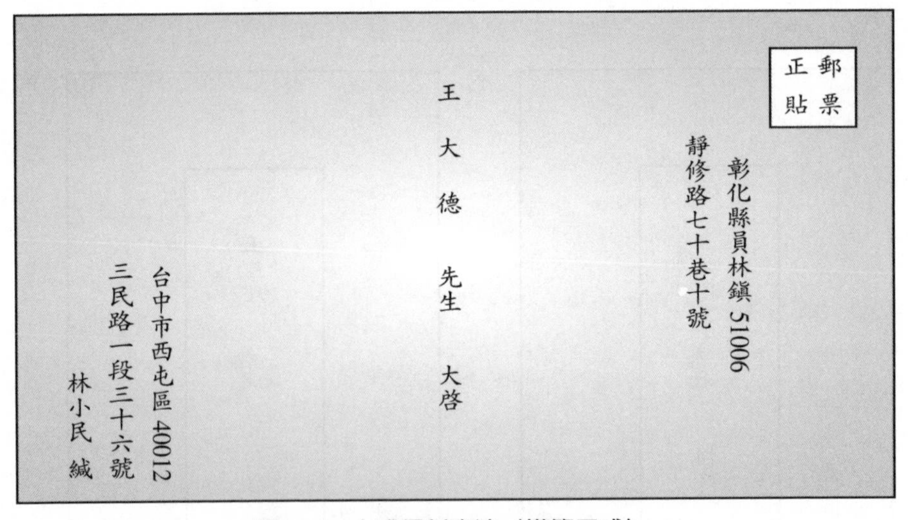

圖3-27　中式信封寫法（橫第二式）

二、摺信方法

(一)西式信件

摺信方法與中式不同，說明如下：

1.小信封：裝入小信封內之信紙，是將信紙從下向上對摺，但在信頭上留下半英吋空位，使開信人容易打開信紙。然後將對摺過之信紙由右向左摺三分之一，再由左向右摺三分之一，但是最後這一摺應留半英吋，以便開信（**圖3-28**）。

2.大信封：信封由下向上摺約三分之一，然後再向上摺一次，在邊上留半英吋，信的第二摺向著信封裡放入信封（**圖3-29**）。

3.窗口式信封：信件由下而上摺三分之一，然後信頭這一部分向後摺三分之一，使信內之收信人姓名住址及公司頭銜放入信封內，剛好

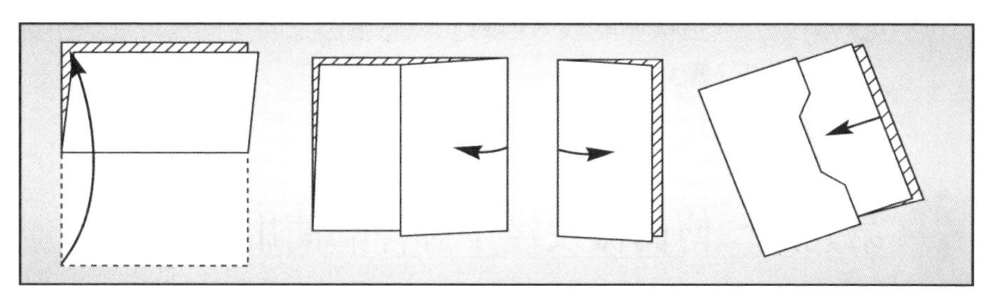

圖3-28　小信封的信件摺法

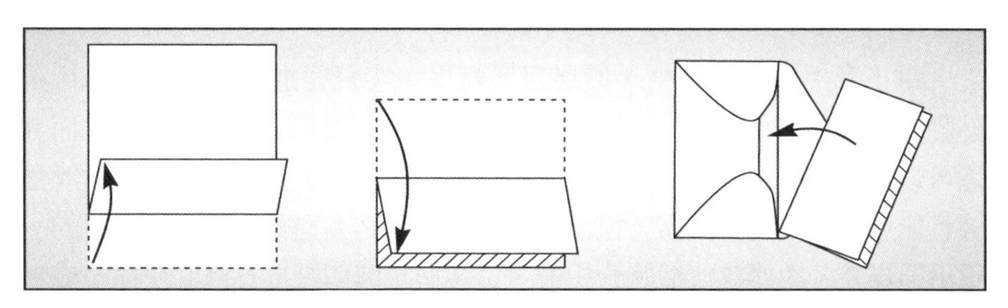

圖3-29　大信封的信件摺法

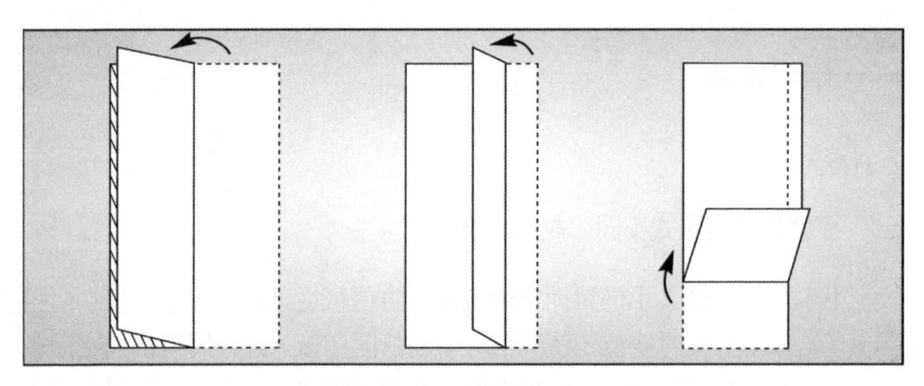

圖3-30　中式信封的摺法

露在透明的窗口信封上。有時信函油印方式不同，可用其他方式摺信，務使收信人姓名地址露在信封窗口為原則。

(二)中式信件

1.中式信封：將信紙左右對摺，有字一面在外，再自摺縫這一邊再摺寬約兩公分（這樣才能放入信封），然後由下向上摺三分之一，放入信封即可（圖3-30）。

2.大信封：視信封及文件大小，摺好放入即可。

第九節　傳真機及電子郵件的使用

一、電子郵件

電子郵件自誕生以來，發展日新月異，突飛猛進，電子信函進行對外聯絡，不僅安全保密，節省時間，不受篇幅的限制，清晰度極高，而且還可以大大地降低通訊費用，是使用最廣泛的通訊工具之一。因其功能強大且無遠弗屆，隨時服務，電子郵件已逐漸成為人類社會中不可或缺的一種溝通媒介，與傳統傳播媒介相較，這類型新興傳媒具有速度快捷、成本低廉、訊息留存（兼可多功能使用），以及可針對個人亦可對群體發送訊

息等特色。

電子郵件具有匿名與傳輸自由特性，使用者在網際空間中的溝通行爲不受拘束，但也會引發不必要的冒犯與誤會，不僅無法達到正常溝通的目的，還會增加許多的紛爭與困擾。由於電腦這種世界性通信工具的發展，使得擁有這種設施者可以透過網際網路的連線，及時的、快速的、省錢的、不受時差限制的方式與對方溝通。電子郵件幾乎已取代了傳統通信的方式，也由於電子郵件的方便及經濟，使得廣告業者大量利用它來促銷產品，造成使用電子郵件通訊者莫大的困擾；更有甚者，因爲電子郵件的保密設施無法完善保障使用者的資訊，使得使用者個人資料容易外洩，而成爲有心人士犯罪工具，造成使用者莫大的傷害。所以使用電子郵件除了工作方便，也要注意應有的文書禮貌，最重要的是，盡量避免造成收受者的困擾。商界人士在使用電子郵件對外進行聯絡時，更應當遵守的禮儀規範如下：

(一)「主題」要明確

信件要有主題，內容盡可能講重點，引用他人話語時刪除不必要的句子。因爲有許多網路使用者是以標題來決定是否繼續詳讀信件的內容。在撰寫電子郵件時，一封電子郵件，大多只有一個主題，收件人見到信件便對整個電子郵件一目瞭然。

(二)信件內容應簡明扼要

電子郵件應遵守商用信函禮儀書寫，內容力求簡明扼要，並求溝通效益，盡量掌握「一個訊息、一個主題」的原則。以一般的英文信件撰寫而言，一行最好不要超過八十個字母。

其次，電子郵件語言要流暢，便於收信人閱讀。盡量別寫生僻字、異體字，引用資料時，則最好標明出處，以便收件人核對。若干電子郵件系統中，由於「附件」功能的缺乏或不成熟，會造成無法順利閱讀文件。如果附件內容不長時，可直接撰寫於信件中。

(三)檢查信件，避免使用太多的標點符號

檢查拼字、文法避免錯誤，不該爲了省事不用大寫字母。商業電子

信件是以公務聯繫爲主，網路使用的表情符號，正式文書不宜使用。文中夾雜了許多標點符號或過多驚歎號都不恰當，也要避免幽默語句，以免被誤解與扭曲。

(四)勿於學術網路上從事商業行爲

學術網路是禁止商業行爲的，不要任意違反此一共識。

(五)養成良好傳送習慣

用寫信的格式寫電子郵件，是禮貌的行爲。註明送信者及其身分，使信函傳到眞正處理公務之人。透過電腦系統擷取、複製或篡改他人作品是相當容易的，因此在網際網路空間中，遵守一般法律規定，對於智慧財產權的尊重是非常重要。引用或改編他人文字或繪圖作品時，須對原作者與原作品的出處詳加註明，以示尊重。

發送國外電子郵件應當注意編碼。若雙方中文編碼系統有所不同，對方便很有可能會收到一封由亂碼所組成的天書。因此使用中文除了向中國內地之外的其他國家和地區的華人發出電子郵件時，必須同時用英文注明自己所使用的中文編碼系統，以保證對方可以收到自己的郵件。

(六)避免濫用電子郵件

在資訊社會中，商界人士的時間都是無比珍貴的，不要輕易向他人亂發電子郵件，不僅浪費自己的時間和精力，還有可能會耽擱正事。收到他人的重要電子郵件後，即刻回覆是必要的。病毒最容易藉電子郵件傳播，來路不明信件要謹愼處理。

(七)勿重複傳送同一訊息

勿一再傳送相同的訊息給相同的對象，這不僅會使網路超載而降低傳輸速率，同時占用他人的信箱容積。

(八)謹愼處理惡意中傷的郵件

惡意中傷或會引起爭端的郵件通常被稱之爲“Flames”，處理要非常謹愼，避免中計而造成連鎖反應的污衊行爲。轉寄或同步傳遞應過濾，以

免為有心人利用；也勿在未經同意前，將他人信函轉送給第三者，寄該寄的電子郵件給收信人，避免垃圾信件徒增別人困擾。

二、傳真機的使用

雖然電腦的使用增加資訊傳送的方便，可是仍然有些原始文件或是資料要用傳眞機傳送，因此使用傳眞機應有的態度如下：

1.公器公用原則，盡量少用來傳私人的事情。
2.傳眞機較不能保密，機密事項宜先聯絡，確保文件由收件人收到。
3.傳眞應註明雙方傳收件人公司、姓名、日期、總頁數等，以便於了解情況。
4.傳眞用紙以白色或淺色無條紋最好，寫字用黑色筆會較清楚。
5.注意補充傳眞紙卷，以免傳眞進來時無紙使用。
6.傳眞與電話使用共同話機時，要記得切換。
7.傳眞後文件要歸入應歸入之檔案。

第十節　參考資料

一、電報常用英文縮寫字和業務標誌

Abbr.	Word	Abbr.	Word
A	Ordinary service telegram	DELD	Delivered
ABT	About	DELY	Delay
ACCT	Account	DEPT	Department
ACDG	According	DESTN	Destination
ADDS	Address	DLV	Deliver
ADDSEE	Addressee	DLVY	Delivery
ADV	Advise/Advice	DUPE	Duplicate
AHR	Another	FIG	Figure
AM	Morning	FM	From
AMPLIATION	Telegram transmitted second time	FS	To follow

Abbr.	Word	Abbr.	Word
ANS	Answer	FVS	Fifth
ASST	Assistant	FWD	Forward
BIBI	Bye bye	GA	Resume sending / Go ahead
BK	Break	GF	Gold Franc
BQ	A reply to a RQ	GMT	Greenwich Mean Time
CCT	Circuit	GOVT	Government telegram
CFM	Confirm	GV	Give
CHF	Chief	HV	Have
CK	Check	HVY	Heavy
COL	Collation	HW	How
COLLECT	Collect charge from addressee	IFMN	Information
CONT	Contact	IMPT	Important
CRT	Correct	INCL	Inclusive or included
CTF	Correction to follow	INVEST	Investigate
C/O	Care of	KP	Keep
DBL	Double	LR	Last receiving
DE	From	LS	Last sending
LTR	Letter	RQ	Designation of a request
LW	Last word	SA	Say
L/W	Last week	SDG	Sending
MGR	Manager	SGN	Signature
MIN	Minute	SHD	Should
MINS	Minutes	SIG	Signal
MSG	Message	SITN	Situation
MTR	Meter	SRL	Serial number
NIL	Nothing	SRY	Sorry
NITE	Night	ST	Paid service
NR	Number	STL	Still
NXT	Next	STN	Station
OBS	Observe	SVC	Service telegram
OK	All right or agreed	SVP	Please
OPR	Operator	TC	Collation

Abbr.	Word	Abbr.	Word
ORD	Ordinary	TD	Transmitter distributor
O/D	Original date or office of destination	TFC	Traffic
O/O	Office of origin	THRO	Through
PBLE	Preamble	TKS	Thanks
PLS	Please	TMW	Tomorrow
PNTN CNTD	Punctuation counted	TMX	X....address
PRESS	Press telegram	TXT	Text
PWR	Power	UKWN	Unknown
RD	Read	UNDELD	Undelivered
RE	Refer to	UNFWD	Unforwarded
RECVG	Receiving	UNWKABLE	Unworkable
RECD	Received	UR	Your
REF	Reference	WA	Word After
REPT（RPT）	Repeat	YR	Your
RMKS	Remarks	ZCO	Collation omitted
RPTD	Reported; Repeated	ZMP	Mispunch
RPTN	Repetition		

二、歐美常用地址簡稱

Abbr.	Word	Abbr.	Word	Abbr.	Word
AVE	Avenue	MTN	Mountain	WAY	Way
BLVD	Boulevard	PKWY	Parkway	APT	Apartment
CTR	Center	PL	Place	RM	Room
CIR	Circle	PLZ	Plaza	STE	Suite
CT	Court	RDG	Ridge	N	North
DR	Drive	RD	Road	E	East
EXPY	Expressway	SQ	Square	S	South
HTS	Heights	ST	Street	W	West
HWY	Highway	STA	Station	NE	Northeast
IS	Island	TER	Terrace	NW	Northwest
JCT	Junction	TRL	Trail	SE	Southeast
LK	Lake	TPKE	Turnpike	SW	Southwest
LN	Lane	VLY	Valley		

三、美國各州英文名稱及簡稱

Abbr.	Name	Abbr.	Name
AL	Alabama	NE	Nebraska
AK	Alaska	NV	Nevada
AS	American Samoa	NH	New Hampshire
AZ	Arizona	NJ	New Jersey
AR	Arkansas	NM	New Mexico
CA	California	NY	New York
CO	Colorado	NC	North Carolina
CT	Connecticut	ND	North Dakota
DE	Delaware	MP	Northern Mariana Islands
DC	District of Columbia	OH	Ohio
FM	Federated States of Micronesia	OK	Oklahoma
FL	Florida	OR	Oregon
GA	Georgia	PA	Pennsylvania
GU	Guam	PR	Puerto Rico
HI	Hawaii	RI	Rhode Island
ID	Idaho	SC	South Carolina
IL	Illinois	SD	South Dakota
IN	Indiana	TN	Tennessee
IA	Iowa	TX	Texas
KS	Kansas	UT	Utah
KY	Kentucky	VT	Vermont
LA	Louisiana	VA	Virginia
ME	Maine	VI	Virginia Islands
MH	Marshall Island	WA	Washington
MD	Maryland	WV	West Virginia
MA	Massachusetts	WI	Wisconsin
MI	Michigan	WY	Wyoming
MN	Minnesota	AA	Armed Forces, the Americas
MS	Mississippi	AE	Armed Forces, Europe
MO	Missouri	AP	Armed Forces, Pacific
MT	Montana		

四、標準符號用法表

符號	名稱	用法	舉例
。	句號	用在一個意義完整文句的後面。	公告○○商店負責人張三營業地址變更。
，	逗號	用在文句中要讀斷的地方。	本工程起點為仁愛路，終點為……
、	頓號	用在連用的單字、詞語、短句的中間。	1.建、什、田、旱等地目…… 2.河川地、耕地、特種林地等…… 3.不求報償、沒有保留、不計任何代價……
；	分號	用在下列文句的中間： 1.並列的短句。 2.聯立的復句。	1.知照改為查照；遵辦改為照辦；遵照具報改為辦理見復。 2.出國人員於返國後一個月內撰寫報告，向○○部報備；否則限制申請出國。
：	冒號	用在有下列情形的文句後面： 1.下文有列舉的人、事、物、時。 2.下文是引語時。 3.標題。 4.稱呼。	1.使用電話範圍如次：(1)…… (2)…… 2.接行政院函： 3.主旨： 4.00部長：
？	問號	用在發問或懷疑文句的後面。	1.本要點何時開始正式實施為宜？ 2.此項計畫的可行性如何？
！	驚歎號	用在表示感嘆、命令、請求、勸勉等文句的後面。	1.……又怎能達成這一為民造福的要求！ 2.來努力創造我們共同的事業、共同的榮譽！
「」 『』	引號	用在下列文句的後面，（先用單引，後用雙引）： 1.引用他人的詞句。 2.特別著重的詞句。	1.總統說：「天下只有能負責的人，才能有擔當」。 2.所謂「效率觀念」已經為我們所接納。
─	破折號	表示下文語意有轉折或下文對上文的註釋。	1.各級人員一律停止休假——即使已 奉准有案的，也一律撤銷。 2.政府就好比是一部機器——一部為民服務的機器。
……	刪節號	用在文句有省略或表示文意未完的地方。	憲法第58條規定，應將提出立法院的法律案、預算案……提出於行政院會議。
（）	夾註號	在文句內要補充意思或註釋時用的。	1.公文結構，採用「主旨」「說明」「辦法」（簽呈為「擬辦」）三段式。 2.臺灣光復節（10月25日）應舉行慶祝儀式。

資料來源：「文書處理手冊」。

第四章

檔案及資料管理

- 檔案管理之意義
- 檔案之種類
- 檔案管理的制度
- 檔案管理的重要與功用
- 檔案處理的步驟
- 檔案管理的原則
- 西文檔案管理
- 電腦與文書管理
- 文檔保存年限
- 企業資料存檔的範圍
- 檔案管理的態度
- 秘書與檔案管理

檔案管理不只是一般行政工作人員應該了解之知識，更是從事秘書工作者必備的條件。在行政工作中，存檔是安排和保存資料及文件的安全和管理制度化的過程，有了制度化的管理，應用檔案時才能正確、簡易、迅速的提取需要的文件或資料。因此規模較大、組織完善的機關或企業則成立獨立檔案管理部門，由檔案專業人員管理；規模較小的機關或企業，也會聘請一位專職人員，或是由文書工作人員、各部門秘書助理兼管檔案事務。

第一節　檔案管理之意義

所謂檔案管理，乃是指政府機關、人民團體、公司行號及個人，因處理公衆事務而產生之文字紀錄、圖片或實物，經過科學的管理，予以整理、分類、立案、編目等手續，使成爲有組織、有系統，既便於保管又利於查驗之資料。

辦公室行政工作，檔案管理是文書處理過程中最後一個步驟，公文處理完畢結案後就應將有關文件按檔案管理規則歸檔，以便日後查考參閱。但是公務處理時仍有許多值得保存參考的文件資料，也要將這些資料分類存檔，特別是許多企業沒有專屬部門管理檔案，就更要注意資料和檔案的管理。

檔案之保存，是將歷年同類的文件資料彙集一起，一方面可作爲施政之憑據、史料採擷之根據，另一方面更具有研究學術之參考價值。

第二節　檔案之種類

各機關團體組織稍具規模者，都設檔案室專門機構集中管理檔案，因此檔案的保管通常分爲三類：

1.臨時檔案：案件尚未結案，仍須繼續辦理，或是在行政上須隨時參考之檔案，應放入臨時檔案夾，暫不送檔案室歸檔。
2.中心檔案：已結案之文件，但仍時有所需，因此存於中心檔案室，留備各幕僚機構共同應用之檔案。

3.永久檔案：中心檔案處理後，年限屆滿，而無保存價値者，應先送回原承辦單位，再簽由機關首長核定銷毀，具有永久保存價値者，得移爲永久檔案。

檔案整理時應按類、綱、目、節分類，並將所接收之檔案編製收發文號碼及分類目錄卡，整理後之檔案應按臨時性或永久性分別裝訂成活頁冊或書冊，並注意防護。

第三節　檔案管理的制度

各機關規模大小組織系統不同，因而對檔案管理採行的方式亦有所不同，各機構檔案可以配合本身之需要以下列三種方式管理：

一、集中管理制

在機構設立檔案室或檔案管理中心專職部門，將全部案卷集中於該部門，由專業檔案管理人員統一管理，各國政府機構都採用之。此種檔案管理方式，與圖書館書籍的管理類似，大型醫院病歷表的管理亦是相同的道理。採用此種方式管理檔案其優缺點如下：

(一)優點

1.檔案集中管理不易遺失：採用此種方式多半爲大型機構，在文書管理上有一定的規範，所以文件之進出有完善的制度，從公文收文、發文、歸檔都可掌握，所以資料不容易遺失。

2.專業人員專業化管理：集中管理檔案，一定設有部門及聘用專業人員管理，使檔案管理的制度得以建立。

3.重複檔案可以剔除：各單位送到檔案管理單位之資料文件，常有重複，此時即可剔除，保留一份完整資料即可。

(二)缺點

1.使用不便：因檔案集中管理，使用單位必須經過借閱及會簽等手

續，費時、費力，可能影響工作效率，所以民營或小型企業很少使用之。

2.人事費用增加：專業人員管理，在人事經費上，增加負擔，這也是小型企業不採用的原因。

二、分散管理制

將案卷、資料分由業務或幕僚單位管理，可以隨時取閱運用，查考方便，一般公民營企業機構大多採用之。其優缺點如下：

(一)優點

1.使用方便：各單位或個人自己管理案卷及資料，使用時可以隨時查閱，迅速方便，提高工作效率。

2.節省人事費用：各單位人員除業務外，自行負責檔案資料，不必另請專人處理此項工作。

(二)缺點

1.資料容易遺失或保管不全：工作承辦人員或是主管沒有檔案管理之觀念，又無機構文書管理制度的要求，則公務處理完畢是否歸檔，或是將資料蒐集齊全歸檔，完全靠工作人員自我的要求，自然不可能每個工作人員都會將自己的資料檔案保存完整，延續下去。

2.老舊資料無處存放：公司年輕，資料檔案較少，各部門不會需要太多檔案櫃存放；但是時間長久，老舊資料多，使用機會又少，存放不易，造成困擾，甚至發生新任人員任意將老舊資料丟棄的情事，實在可惜。

3.重複保存資料：因爲工作需要，許多資料文件各單位都做檔案保存，無形中重複儲存了一些相同資料，增加人力物力管理的成本。

三、混合管理制

混合管理制是採集中制與分散制兩種方法之優點而實施之管理檔案

方法。主要是檔案管理的行政權仍然集中，設立檔案管理行政單位，不常調用案件及舊案則集中檔案單位管理，而常用或當年之案卷，則分別由各單位自行管理，以求彈性管理檔案，方便工作。我國某些政府機關如省政府、內政部等皆採用之。

民營企業如果歷史久、規模大、資料案卷多，不妨可參考此種方式，方不致將來資料保管不全，不能發揮檔案的功效。其優缺點如下：

(一)優點

1.使用方便：老舊及不常使用的案卷由檔案單位專責管理，各單位仍保留常用、當年或最近兩、三年的資料，查考容易、使用方便，發揮檔案功效。

2.過時檔案可以移轉：各單位老舊檔案可以逐年移轉檔案管理專職單位，因此辦公室的檔案櫃可以充分利用，不致櫃子越來越多，影響辦公環境。

3.避免重複存檔：雖然在某些情況下，各單位有些資料都會保存，但是移轉至檔案管理單位時就可剔除，不必增加儲存的空間。

4.專職人員專業管理檔案：有專業人員管理公司檔案，可建立檔案管理制度，保存完整資料。

(二)缺點

1.須成立專門檔案管理部門，規劃完善制度，一般中小型企業不易做到。

2.專業人員人事費用增加，中小企業不太可能增加人員。

第四節　檔案管理的重要與功用

檔案管理不僅是行政管理重要的一部分，甚至每位工作人員都應有儲存資料、利用資料的現代人資訊觀念，現就保管及利用檔案資料分別說明如下：

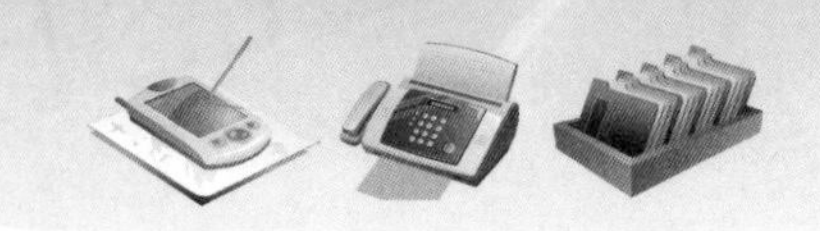

一、要保存資料檔案

資料檔案都是過去工作經驗的累積，簡述其功能如下：

(一)處理行政業務的紀錄

檔案是公務處理完畢之資料，是記錄業務承辦人員處理事務的過程及手續，因此應將所有的資料文件按先後次序整理做成檔案，以爲將來調閱查考、了解案件之依據。

(二)公務之查考及研究

檔案最大的功用就是提供後人做事的參考及研究之資料，因爲檔案是某一種事項處理之經過或處理情形，所以完整之檔案足可提供今後類似案件處理之參考及研究之準繩，免去重複的工作或錯誤之嘗試，節省許多人力、財力、時間等不必要的浪費，是最方便學習經驗的寶典。

(三)法律上之憑證

文檔是處理事件最原始的文件，若要評論公務的成敗、人員的得失、違法的事實等，有關是否違反法律規章等情事，最有利的憑證，就是調閱所保存的檔案資料。

(四)史料的來源

資料是處理事情最原始的紀錄，最具有權威性、眞實性，一個機構的歷史沿革，就是靠其所保存的檔案資料，點點滴滴累積而成。因此所有的工作人員都應有保存公司歷史的責任，將來方能提供可靠之文獻，編撰公司的發展歷史。

(五)工作成績的表現

承辦業務人員不論工作當時是如何之辛勤，或是結果如何的成功，受到何種獎勵或誇讚，若是不能將資料妥善完整保存，則不僅當時無資料可以評斷其工作成績，就是後人也因沒有資料可尋找，而不能了解其成就及貢獻。

二、要懂得利用資料檔案的資訊

保管資料文件不僅是留下紀錄，最重要的是要有使用價值，如何使用過去的檔案資料，增加自己的經驗，提升工作效率，是檔案管理很重要的觀念。檔案的應用如下：

(一)資料檔案是情報來源

檔案是工作最重要的參考資訊，尤其是前人工作實務經驗的結晶，檔案是加速學習、減少錯誤最好的工具。新人進入公司或調換新的工作單位，第一件事就是要查考前面工作人員留下的資料檔案，以便了解工作內容，相關的人、事及有工作聯繫的單位和公司，如此方能在最短時間內進入工作情況，類似工作也可以馬上找到檔案資料參考。

除了要懂得利用本公司過去的資料檔案幫助工作參考外，對於無法找到資料參考的事件，應尋找其他公司相關資料參考，或是到書店及資訊提供公司，甚至國外尋找可資參考的資料，如此才能節省時間，幫助自己經驗之不足，將事情做得又快又好，發揮工作效率。

(二)檔案管理是知識管理流程重要的一環

知識管理有三個主要步驟：一爲資料檔案管理，也就是將經驗、技術、知識、專業等資訊資料蒐集、分類、儲存，成爲有用的知識，提供使用者參考利用。這就是如檔案管理中將結案須歸檔的文件全數歸卷，經整理、分類，歸入適當檔案卷中的工作。其次就是資料檔案運用，知識管理的意義就是要將所存的知識加以充分利用，其工作包括三項，就是查閱、運用和知識的更新，這也就是檔案管理中的調卷、清理等工作。第三個步驟是創造知識、分享知識，利用過去的知識經驗創造更新、擴展範圍、分享成果。這也是檔案管理的重要功能之一，所以檔案管理者在知識管理中實在有其不可忽視的地位。

(三)檔案何時用

行政工作最常用到檔案的機會有：寫各種報告時；主管吩咐辦理某

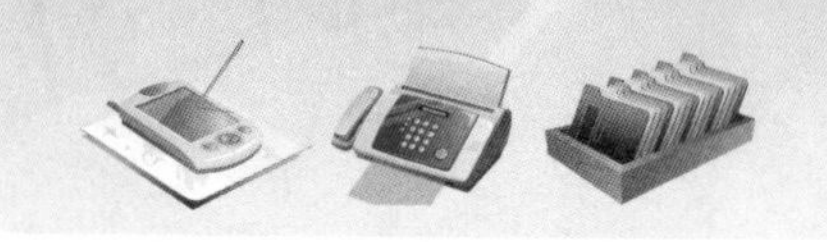

些以前並未接觸之事項需要參考時；某議題產生爭議需要找前例印證時；會議中需要某些資料說明時。此外，工作時由於過去的檔案資料，可以使工作的人對未知的事進行了解；對已知的事確認；對疑問之事參照比較。更可以滿足個人的求知慾望，增加對工作的自信。

三、要保存有用的資料檔案

雖然每個機構或多或少都有保存檔案的要求，但總是在調閱檔案資料時，花了大量的人力及時間，甚至遍尋不到要用的資料。這當中最主要的原因就是存了太多無用及沒有保存價值的檔案，而使得尋找要用的資料時，相對的發生費時費力又無效率的情況。因此在檔案管理上必須規定各類檔案保管的年限，判斷資料取捨的原則，並養成適時清理的習慣。如何保存有用的資料檔案，以下幾點可供參考：

1.清理及淘汰過時或無用的檔案資料：公務處理完畢，無保存價值或過時文件一定要適時清除，不要占用空間，使用時較容易調閱，不致浪費時間在一大堆不必存檔的資料中去尋找有用的資料檔案。

2.更新資料檔案：檔案要提供使用，有些資料須常更新，尤其以知識管理的角度評量，檔案管理就是盡量提供各類專業知識和技術給使用者，提升工作經驗及能力。

3.利用電腦儲存資料檔案：電腦及其周邊附屬產品都能提供儲存大量文件，不僅可使調閱快速方便，也可減少許多保存大量紙張原件資料的空間。

第五節　檔案處理的步驟

專業的檔案管理人員對於檔案管理的每一個過程，都應有相當的了解與熟習，才能管理整個機構的檔案資料。

檔案管理的步驟有下列幾項：

一、點收

檔案室收到總收發之歸檔文件，應即加以清點，檢查文件是否齊全、附件之有無，不必歸檔者即退還。點收後之文件應予以捆紮，此後這些文件即由檔案室負完全責任。

二、整理

文件經清點後，應加以整理，使整齊劃一，同一事由的收發文應將其集為一個單元，破損文件將其修補完善，盡量使文件整理成統一大小。

三、登記

各單位檔案在送到總收發室時都有點收及登記的手續，因此送到檔案室時，此步驟可以簡化，避免重複工作，浪費時間精力。

四、分類

為了使檔案之記憶、檢查、保管及調卷之方便，檔案應有適當的分類。檔案之分類得視各機關之性質而有不同。一般較進步之方法，乃是以文件內容為分類標準，並且配合機關之行政目的、機關組織，以達到機關業務之需要。

五、立案

亦可稱編案，將性質相同、類號相同之文件予以集中，給予適當的名稱，藉以顯示檔案之內容，以便於管理及應用。

六、歸件

將新的性質、類號相同之歸檔文件，歸入前已立案的卷內，使整個案卷便於查考。歸件時應仔細檢查前案及其目錄，不可隨便併入，歸錯卷夾，避免將來須調卷使用時，發生困難。

七、編目

將檔案組成種種目錄，以便隨時查考檔案之內容；檔案之目錄應簡明扼要，周詳齊備。

檔案目錄可以採卡片式和書本式，在目錄卡上應有檔碼、案名、收發文號、事由、附件、立案日期、件數、案名登記號碼、移轉銷毀、備考等項目。

八、裝訂

歸檔整理後之文件應裝訂成冊，以便長久保存及方便管理應用。臨時檔案最好採用活動裝訂，永久檔案則裝訂成書本式，永久保存。

九、調卷

調卷實際上包括查卷、調卷、還卷等三個步驟，檔案管理的目的，就是在於供給應用，因此需要調卷查考時，應達到迅速、正確爲原則，以增加行政工作之效率。

檔案之調閱應訂借檔規則，備有調檔單、延期續借單、催還單、檔卡、限期表，以便調卷人共同遵行。

借調檔案，非本單位主管之業務，借卷時須會主辦單位；非本機構調卷，應以公文方式處理；借調案卷非經簽准，不得複製或影印。

十、清點

檔案之保存隨著時間的增長，數量越積越多，同時由於經常調用，日久難免有遺失損毀等情形。因此檔案應定期按卡片分類目錄對照清點，如果發現有遺失或損毀情形，應立即設法彌補；編目如果發現錯誤，應就此機會更正；時效已過之檔案須抽出，報請核准銷毀。

十一、防護

檔案室最好有專建之房舍，空氣應流通、乾燥，並應達到保密、防霉、防火、防蟲、防污、防敵襲、防破損之目的。

十二、移轉

臨時檔案若已結案，保管年限已過，但仍具有參考價值，應於每年清理後造冊移交為中心檔案保管；若無參證價值，但有史料價值者，則移轉為永久檔案管理。

十三、銷毀

保管年限已屆滿之檔案，又無參證價值者，應在清點時檢出，造具銷毀名冊，報請上級核准銷毀。

現在檔案銷毀方式，多將要銷毀檔案以攝影方式縮於底片，或另存電腦儲存碟，然後將原檔銷毀，如此檔案的保管就方便多了。

專業檔案管理人員需要接受專業的課程及實務歷練，對以上每一步驟都要相當了解，甚至還要取得證照，才能在檔案管理領域工作。至於一般企業的行政工作人員就較無嚴格要求，能配合企業要求管理好應管理的檔案資料即可（**圖4-1**、**圖4-2**）。

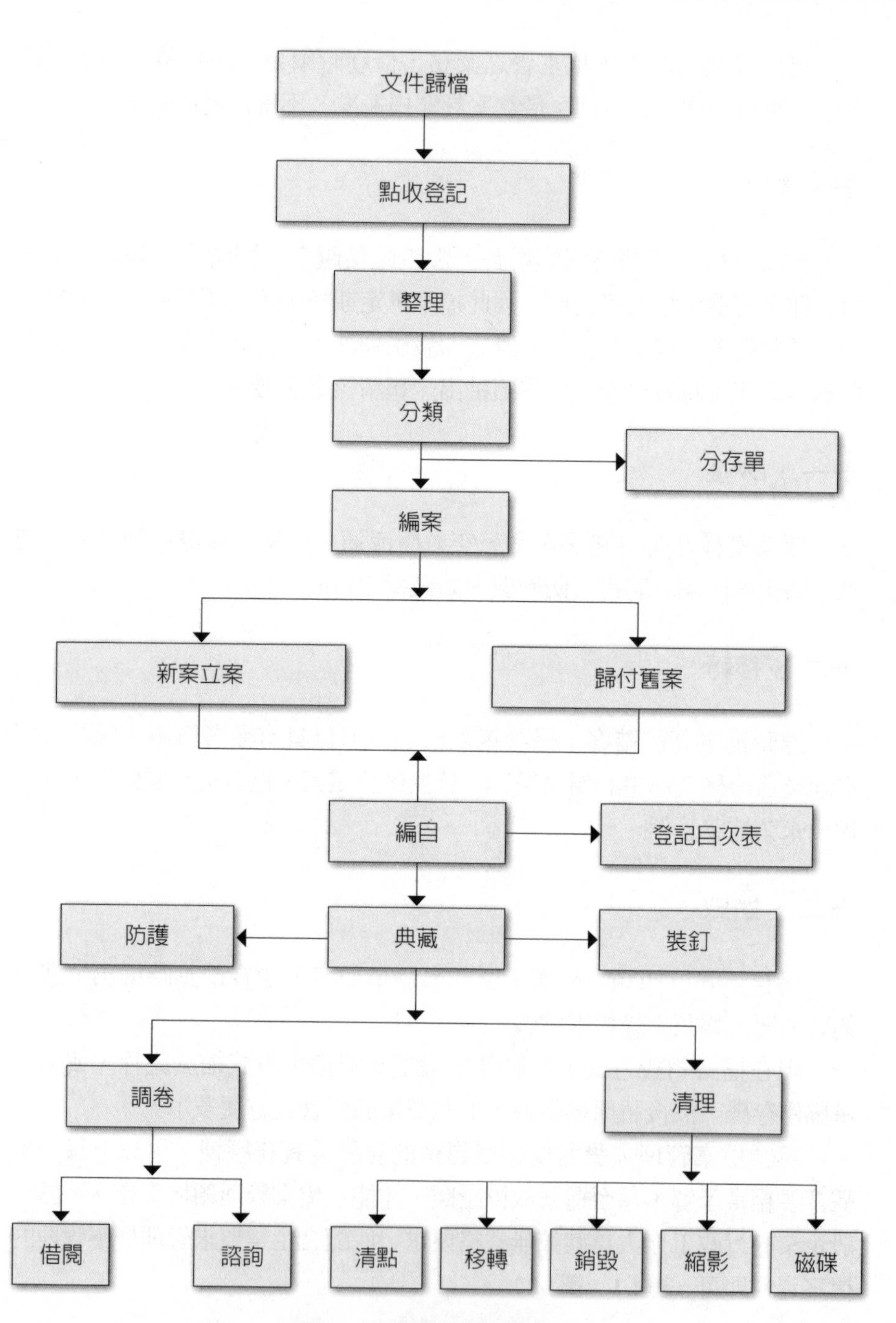

圖4-1 檔案管理流程圖一

圖4-2　檔案管理流程圖二

第六節　檔案管理的原則

不論工作的機構採取哪種檔案管理制度，每位工作人員都應有基本的檔案資料管理觀念，尤其大部分的民營企業沒有專責的檔案管理部門，人員的流動頻繁，新到者是否能找到前者的資料；是否能看得懂其歸檔的方法；是否願意照著前人的歸檔方式繼續做下去，使公司的檔案能以一貫的方法延續，因此與檔案和資料管理有關的人員就更不能不了解檔案管理之方法了。以下僅就一般工作人員對於檔案管理應注意的原則分述如下：

一、集單件資料組成該案件完整的文卷

一件公事很少是一件公文就可以辦完的，公務處理的過程前後一定多次往返，資料也隨著增加，所以處理完畢應將本件往來收發文有關資料蒐集齊全，依序整理，時間先的在下面，時間後的在上面，也就是最後結案的文件應在最上頁，這整份文卷我們就可以歸入同類的檔案夾中，如果

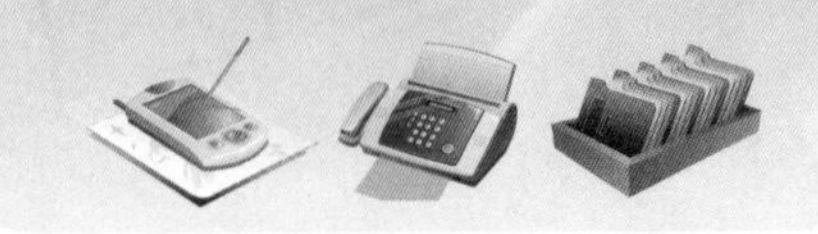

是屬專案文件，則按文件時間從上往下放，並給適當的名稱，稱爲某某案。

二、一文一事，一卷一案

爲了歸檔及主管批示方便，承辦人員在寫公文、簽呈、報告或申請書等文稿時，都應以一事寫一份爲原則，不可將不相關聯之事寫在一份公事上，使歸檔時要做另外的手續增加困擾，將來檢閱時亦不方便。

一個檔案文卷也是一樣，同類型的案件可以放在同一檔案卷中，以編號區分，若是不同類之文件放入同檔案卷中，不但尋找不易，也違反檔案管理的基本原則。

三、文卷之分案與合併

有些案件在初始時非常單純，但是在處理過程中，逐漸演變成數件複雜事件之情形，形成不同之案件，爲了檔案整理調閱方便，可視情形將內容繁雜，涉數事之文卷分案處理，另立案名，以配合管理之需要。

有些文卷來往單純且鮮少附屬資料，若單獨立卷，不但占據空間，且名目衆多，管理查閱不易，因此可將類似的案件合爲一案，節省空間，又易查閱。

四、文件分存單及影印本之存檔利用

有些文卷涉及兩件以上之事件，若歸其中一案，可能將來查閱不易，所以可以利用分存單存另一案卷，註明原件存放處，可以互相查考，分存單上應有日期、案名、事由、原文存放處、本單存放處等。但是若資料簡單，可以利用影本存放，註明原文存放處即可，不失爲方便省時之方法（**表4-1**、**表4-2**、**圖4-3**）。

表4-1　檔案分存單

<table>
<tr><td colspan="6">（全銜）檔案分存單</td></tr>
<tr><td rowspan="2">原　文
存放處</td><td>檔號</td><td></td><td rowspan="2">本　單
存放處</td><td>年度</td><td></td></tr>
<tr><td>案名</td><td></td><td>檔號</td><td></td></tr>
<tr><td>主　旨</td><td colspan="5"></td></tr>
<tr><td colspan="2">來（受）文者</td><td colspan="4"></td></tr>
<tr><td>發文日期</td><td>年　　月　　日</td><td>發文字號</td><td colspan="3">（　）字號</td></tr>
<tr><td>發文日期</td><td>年　　月　　日</td><td>發文字號</td><td colspan="3">（　）字號</td></tr>
<tr><td>發文日期</td><td>年　　月　　日</td><td>發文字號</td><td colspan="3">（　）字號</td></tr>
</table>

表4-2　英文文件互見單一

（全銜）Cross-Reference Sheet

<table>
<tr><td colspan="2">Name or Subject:</td></tr>
<tr><td colspan="2"></td></tr>
<tr><td colspan="2">Date of Item:</td></tr>
<tr><td colspan="2">Regarding:</td></tr>
<tr><td colspan="2"></td></tr>
<tr><td colspan="2"></td></tr>
<tr><td colspan="2"></td></tr>
<tr><td colspan="2">See</td></tr>
<tr><td colspan="2">Name or Subject:</td></tr>
<tr><td>Authorized by:</td><td>Date:</td></tr>
</table>

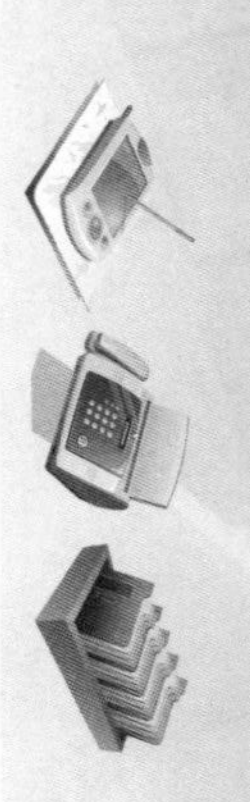

Texas/Light(and)/Power

7391 SOUTH EIGHTH STREET AMARILLO TEXAS 79103

806-861-4548

C.L.

May 6, 19--

MAY 7 19-- P.M.

Mr. Santos Ibera
Security Engineering Co.
4285 East Potter Street
Amarillo, TX 79105

Dear Mr. Ibera

One of our customers, Mr. Sam/Appleman, of Bushland, Texas, has a problem we believe you can help solve.

Mr. Appleman is erecting a new plant and would like to install a new electronic warning device to give an advance signal should one of the plant boilers become overheated. He wishes to have this device sealed into the building when it is being erected, but he requires that it have a sufficient number of inspection outlets so repairs can be made easily. Furthermore, because of the nature of his business, there must be no danger of the electricity igniting the highly combustible gas used in the manufacturing process.

Will you please have one of your engineers arrange an appointment with Mr. Appleman and me to discuss this problem. We should meet within the next week or ten days so that construction can proceed soon thereafter.

Sincerely yours

Carl C. Dawes

Carl C. Dawes
Customer Service

dk

CROSS-REFERENCE SHEET

Name or Subject Texas, Bushland
Sam Appleman

Date of Item May 6, 19--

Regarding Electronic warning device
for overheated plant boilers

SEE

Name or Subject Texas, Amarillo
Texas Light and Power

Authorized by Joan Conrad Date 5/9/--

圖4-3 英文文件互見單二

此外，在各檔案中，性質相同之文件亦可影印另做一輔助檔案，對於查閱檔案及統計資料，都有莫大之便利（**表4-3**）。

五、分類適當

除了整個機構的檔案有專職單位管理，還需要將整個機構的資料按機構組織，適當編列檔案分類表，以便各單位依循；同時使整個機構的案卷做有系統的管理，其方式有如圖書館之圖書分類方法，查閱管理才能迅速有效率。

但是一般民營企業，多半由承辦人員自行管理資料檔案，雖然無公司檔案分類表可依循，但是本身一定要根據業務情況將檔案做適當的分類。分類的原則有四：

1.要有層級：中文檔案按類、綱、目、節分類，西式檔案則按第一索引（first guide）、第二索引（second guide）、第三索引（third guide）等分類。

2.資料多分類細，資料少分類粗：其方式有如公司的組織系統表，公司大，人員多，組織系統分支單位較大；公司小，人員少，組織系統就簡單。資料檔案亦同，文件少，可將類似文件合併一處，給一通用案名；文件多，則應將每類分別立案，給予適當案卷名稱。專案

表4-3　文件分存單

（全銜）文件分存單

檔名（主題）：	
日期：	
摘要（主旨）：	
	查閱
檔名（主題）：	
承辦人：	歸檔日期：

文件則單獨立檔，如此方能在管理查閱時，達到迅速確實之目的。

3.分類要有關聯性、聯想力：分類的名稱要與檔案內容相關，不論用中文、外文，都能讓使用者馬上聯想到應該可從哪個名稱的檔案夾中找到資料。

4.標示要清楚：檔案夾上的檔案名稱要清楚，分類編號要明確，檔案櫃的分類名稱和編號可用不同顏色標示各類檔案，盡可能使檔案容易查閱使用。

一般管理檔案常採用的分類方式有：筆畫、數字、英文字母、注音符號、地區、職務、主題、顏色等數種，工作人員可以根據本身業務選擇一種或數種同時應用。總之，以達到管理和使用方便爲原則（**圖4-4**、**圖4-5**）。

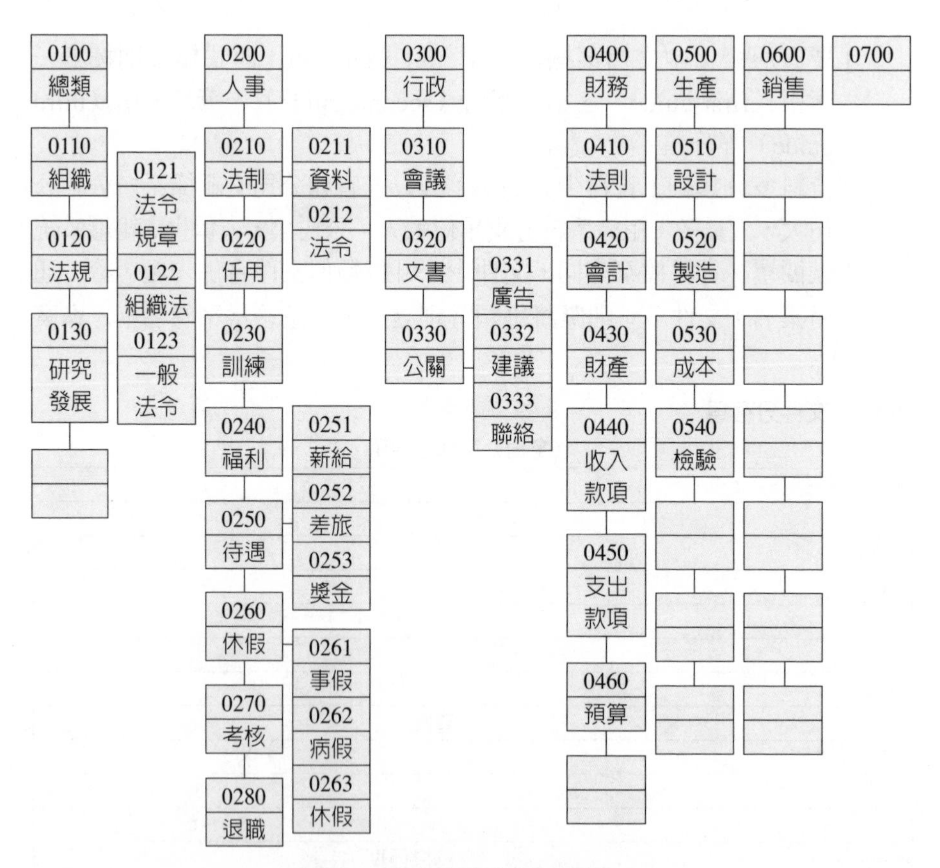

圖4-4　企業檔案分類總表例一

<table>
<tr><td colspan="2">000 總　　類
100 行　　政
200 管　　理
300 人　　事
400 財　　務
500 物　　料
600 設　　施
700 生　　產
800 產品銷售
900 公共關係</td></tr>
<tr><td>300 人事類
310 法制綱
311 政策
312 法令
313 制度
314 手冊
315 書表
316 資料
317 報表
318 服務</td><td>320 任用綱
321 考試
322 分類
323 錄用
324 派職
325 公差
326 調遣
327 交接
328 復用
329 儲備</td></tr>
<tr><td>330 待遇綱
331 薪給
332 公費
333 獎金
334 差旅費
335 津貼
336 伙食
337 房租費
338 服裝費</td><td>340 訓練綱
341 實習
342 進修
343 在職訓練（包含講習）
344 服務、除役、退役</td></tr>
<tr><td>350 休假綱
351 事假
352 病假
353 公假
354 特別假
355 產假
356 婚假
357 喪假
358 例假</td><td>360 福利綱
361 婚喪補助
362 醫藥補助
363 生育補助
364 子女教育補助
365 保險
366 康樂</td></tr>
</table>

圖4-5　企業檔案分類總表例二

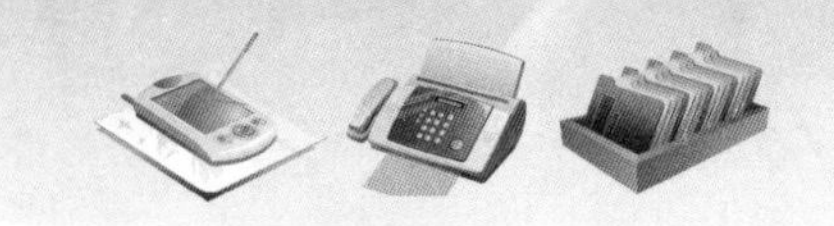

370 退職綱 371 退休（延長服務） 372 養恤（退職金） 373 資遣 374 停薪留職（在家候令） 375 革退（辭退、裁退、解雇） 376 告退（辭職、離職） 377 因公死亡（因病死亡） 378 代扣公恤金（代扣退休金）	380 考核獎懲綱 381 考核紀錄 382 考績甄審 383 獎勵 384 懲罰 385 晉級 386 年資
390 資料紀錄綱 391 員工紀錄 392 證狀 393 職員錄 394 人事調查表 395 身分證明 396 資料查證	

（續）圖4-5　企業檔案分類總表例二

訊息小站

檔案分類方法

筆畫：按往來廠商、公司、檔案名稱之第一個字筆畫排列檔案順序。

數字：檔案以數字編號，設索引對照。保密文件可用之。

日期：按文件日期先後排檔案順序。

英文字母順序：英文檔案的第一字，按其ABCD 字母順序排列檔案。
以檔案英文名稱第一字母縮寫代表分類。

注音符號順序：以檔案名稱第一字注音按ㄅㄆㄇㄈ順序排列。

地區分類：以地區分類檔案，如台灣分北、中、南、外島四區；北區之下再細分為台北市、台北縣、桃竹苗……

行業：按行業分類，如電視業下分台視、中視、華視、民視……

職務：按職務不同來分類，如管理部、總務部、人事部、財務部……

主題分類：以主題為檔案名稱，如人事下有招募、保險、升遷、退休、福利、教育訓練等業務分類。

顏色分類：以不同顏色資料夾或標籤來分類不同的檔案。

六、設計詳細合用的目錄單

每一個案卷都應有卷內文件的目錄單（**表4-4**），其作用有四：

(一)查閱文檔方便

案卷內文件眾多，要查哪一份文件，不必一一翻閱，可自目錄單上立刻查出，就如同一本書，要找某一特定章節，翻開書之目錄，即可知某頁可找到文章內容。

(二)了解案卷之內容

雖然每個案卷各有案名，但是該案卷之所有文檔內容，如無目錄單就須逐件翻閱；反之如有目錄單，則可從目錄單上馬上了解全案卷文件之內容大要。

(三)資料文件遺失可以查考

我們常常發現文案中少了一些資料，不能連貫整個案件之來龍去脈，或是某些文件不在應放置之檔案中，又不知是些什麼資料，如果有目錄單，文件雖不在檔案夾中，但是至少可以查考文件之收發文字號、摘由等，以便補救，或尋找追回。

(四)記錄檔案更新移轉

檔案文件如有更新或是移轉至其他單位保管，都可利用檔案目錄單的移轉欄或是備註欄加以記錄，以為日後查考。

表4-4　檔案目錄單

（全銜）檔案目錄單

編號									
收發文機關									
收發文字號									
摘要									
日期									
備註									

七、定時清理

資料、文件的存檔固然重要，但是若不清理，不但會保存一些沒有價值的資料，更會浪費人力、空間去存放一些無價值的檔案，因此管理檔案，一定要有定期清理的習慣，就如同圖書館每年定時將全部圖書整理清點一次一般。民間企業無法規定固定清理時間，工作人員也要適時清理檔案，達到檔案管理的目的。清理檔案原則有五：

(一)無用資料取出銷毀

例行的公事或是某些文件資料，處理完畢都應歸檔，但是過了一段時間以後，該文件可能就完全無保存價值。因此可藉清理之機會抽出，將其做成銷毀名冊保存；檔案則請主管核示後銷毀，以便挪出空間存放有用之資料。

(二)遺失或借出資料找回

有時文件借出未做紀錄，或是雙方皆因事忙而忘記，日久之後要找回頗為困難。因此如果定時清理，則可發現問題，及早取回，避免檔案文件遺失。

(三)錯誤更正

有時文件隨手存放某些案卷，但卻放錯了位置，如不藉清理時查出，可能永遠也找不到，所以文檔應定期清理可及早更正。

(四)過時之文件移轉或銷毀

某些文件定有保管年限，時限到了，可以抽出銷毀；或是某些文件時間久，公務上又極少使用，則可移轉其他單位或專門地點存放，以減少占用辦公處所之空間。

(五)資料與檔案清理的方法（圖4-6）

1.不常使用資料的清理：有效率的檔案管理，通常以資料檔案一年未曾使用者為一期限，除了歷史資料、法律案件等需要永久保存的檔

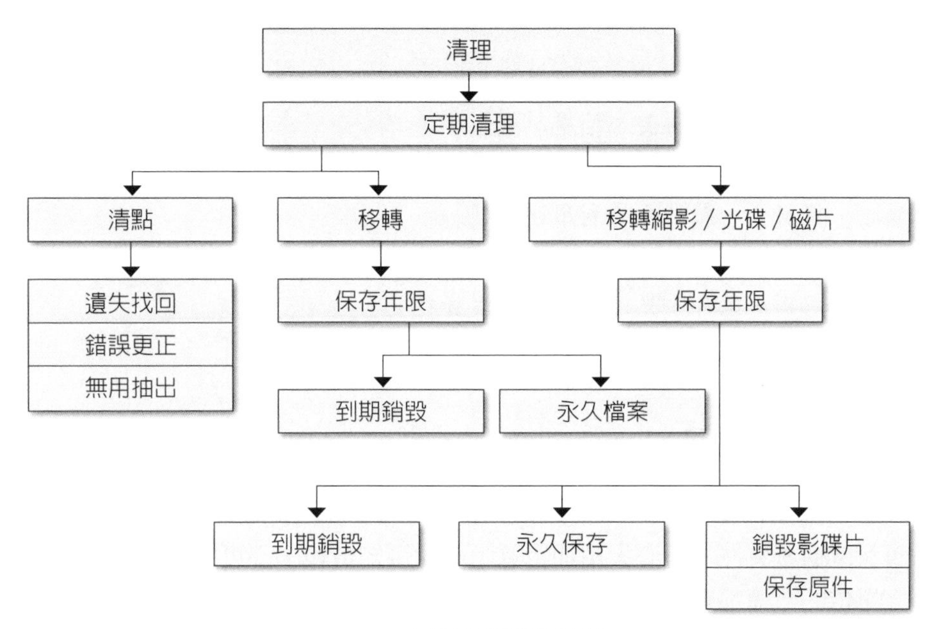

圖4-6　資料與檔案清理法

案外，一般文件處理完畢歸檔後，一年都未曾取出使用過的檔案資料，原則是可以清理不必再保留的。如果認爲一年期限太短，也可以兩年爲限或是改存光碟，節省空間。

2.影本丟棄、副本退回原主辦單位：文件處理完畢，有關文件正本存檔，多餘的影本不必存檔。所有文件的副本，年度結束清理檔案時，也應退還原主辦單位，由主辦單位存檔即可。

3.設計表格謄出資料，原件丟棄：有許多資料可以設計適當的表格，如銷售訂貨單、人事個人年度的各項活動簽呈報告等，可將資料中的數字或資訊謄入表格做好資料，以供查考，原來的紙張文件即可處理銷毀或丟棄。

4.淘汰輔助檔案：爲了查檔方便或是提升工作效率，除了主檔案之外所做的輔助檔案，在使用完畢無保存價値時，應予以淘汰。

5.資料轉存儲存碟、光碟、做成縮影片：某些檔案資料不必存紙張原件，可製作成光碟、縮影片或另存儲存碟保存，既可節省管理成本，又可提供參考資料。

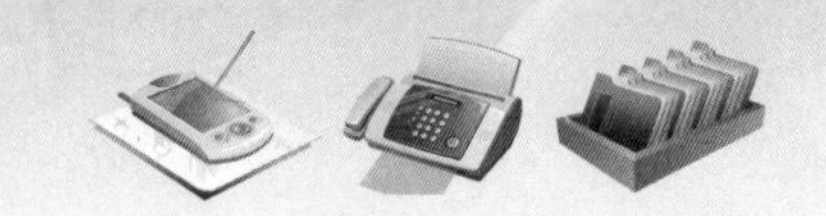

訊息小站

檔案管理工具

檔案櫃、資料架、抽屜、紙箱。

選擇合適資料夾。

資料盒、雜誌盒的利用。

設計合適簡單易懂之表格整理資料。

縮影、磁片、光碟，保存檔案資料。

八、檔案的防護

一般工作上所保管之資料檔案，最重要的就是保密，尤其有關業務資料或機密文件，有心人稍加留意，就能得知情報，不可不小心。設有檔案單位的機構都有專用房舍，適當的溼度、溫度控制。一般單位有關檔案的防護就要看公司的環境，如防水、防火、防蟲（白螞蟻、蟑螂、老鼠等之破壞）等。此外資料檔案不要遺失了，尤其是採用分散制的機構，常因取出資料沒做紀錄，時間一久就找不回來了。至於光碟、縮影片、儲存碟等亦應特別保存，並在有效時限內更新。總之，檔案的保存應注意其安全，以達到保存檔案資料之目的。

九、顏色管理的運用

利用顏色來幫助檔案分類是一個方便且容易管理的方式，因爲資料檔案可以利用不同顏色的檔案夾、雜誌盒，不同顏色的標籤或是卡片，來做資料檔案之分類，如此不但可使自己管理的檔案由顏色就可分辨其類別，也可增加活潑美觀的功效。機構內的小型圖書資料室，對於圖書的分類，亦可採用顏色分類，一則管理方便，二則借閱、查詢亦頗快速，每個人都可以勝任。

十、檔案的利用

保存資料及檔案最大的目的就是供給應用，因此資料檔案難免拿進

拿出，有時借閱人及管理人雙方皆忘記，常常造成日久資料找不回來的情況。因此在無專責機構管理檔案的情況下，沒有調卷的手續，管理者就更應小心，最好做一紀錄，如寫一張卡片說明借出資料的名稱、日期，並請借閱人簽名，將卡片插在取出資料之處。如果資料歸還，可以馬上還原，不必費時去找存入的地方，時久未還時，我們看到檔案上之凸出卡片，也可提醒去要回。如果資料常要借閱，則可設計固定的調案單，以方便使用（**圖4-7**、**表4-5**、**表4-6**）。

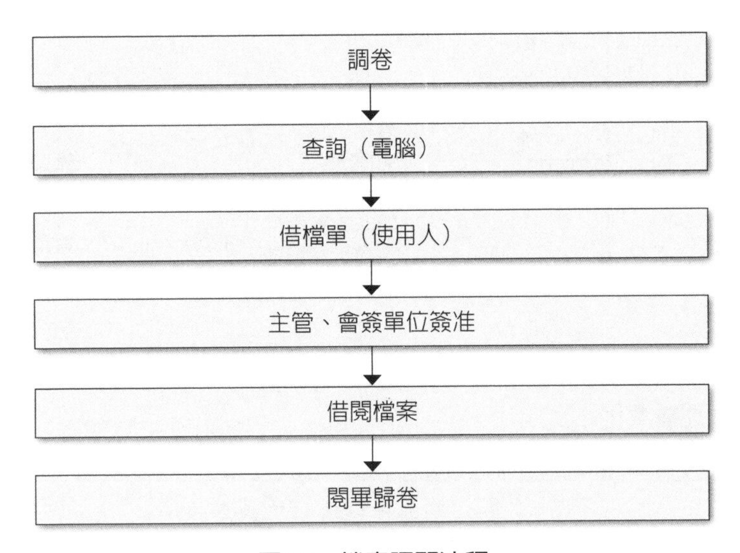

圖4-7　檔案調閱流程

表4-5　檔案借閱卡例

				借閱	
日期	借閱人	檔案名稱	數量	歸還日期	簽名

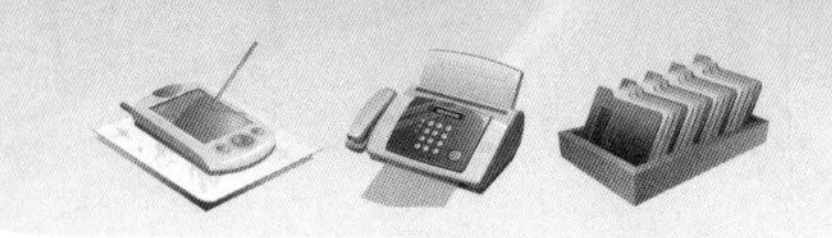

表4-6　調案單

（全銜）調案單		
檔號	來（受）文者	一、每單只限借一案或一卷或一件。 二、借用檔案應於十五日內歸還。 三、本單於還檔時索回以清手續。
收文號		
來文字號	主旨	
發文字號		
備註		
	數量	業務主管：　　　　簽章 借檔人：　　　　簽章 年　　月　　日具借 如非本管案件 應會主辦單位　主管　　簽章

檔案管理標準化

思考方式標準化：制定規則，如分類方法、保存年限、報廢制度、各式表格標示方法等。

行動標準化：流程規定，如借閱、歸還之程序。

用品標準化：文件夾、紙張尺寸等各種用品應有統一規格。

十一、利用電腦管理資料

辦公室進入自動化，是現今社會的趨勢。資料檔案可配合公司的整體文書管理系統，利用電腦程式來做管理。但是大部分的公司皆因主觀、客觀條件無法配合，實施困難，因此可退而求其次，利用個人電腦存儲資料，亦可幫助資料的儲存、查詢、印製。在利用個人電腦存儲資料時應注意以下數點：

(一)分類

存入電腦的資料一定要如檔案管理的方法，將資料按重要性分類，分類可以採用群組的方式，例如同學群組可分大學、高中、國中、小學，將資料分別輸入適當的類別項下，查詢時才能迅速調出；又例如國外產品的進口商資料，可分類爲產品群組、國別群組、公司名稱群組等，如此尋找資料時，打入類別群組分類名稱，即可在螢幕上輕易找到需要的資料。

(二)關鍵字要短、聯想力及多重檢索功效

查詢資料一定要輸入類別名稱或某些關鍵字，如名稱太長，輸入時要打較多字，費時頗多，而且將來類名之後再加字時，亦無位置；此外關鍵字應有聯想力，或多重檢索功效，在尋找資料名稱不明確時，也可幫助資料的查詢。

(三)重要資料拷貝

重要文書資料應拷貝另存，一方面防止電腦使用人之疏忽將資料刪除，或是離職帶走，另一方面是防止萬一電腦病毒入侵，還有備份的資料可用。

(四)隨時不忘儲存

在將資料輸入電腦儲存時，隨時要將輸入資料檔案儲存，否則停電或插頭掉落時，就會造成資料消失，辛苦的工作完全落空。

(五)儲存備份保存

保存資料儲存備份不受潮，不應放置鐵櫃摩擦，標籤亦應先寫好再貼在統一位置上，並避免用硬筆直接寫上字體而損壞內部資料。

(六)清理

電腦內的資料，無用或是過時的都要定期清除。雖然電腦有大的儲存容量，但因爲儲存了過多無用或過時資料，在查閱有用的資料時，就相對費時又費力了。

訊息小站

電腦檔案管理功能

輸入的資料可以多重應用。

存儲資料多、自動排序、查詢方便。

可做各種資料的連結工具。

更新資料簡單方便。

第七節　西文檔案管理

外文檔案多半都是採用立排序列管理方法，也就是將文件放在西式卷宗內，直立的或是卷宗口向上的排列在檔案櫃的各種導卡之後，這種檔案存儲方法，歸檔方便、調卷迅速，併案分案也不致影響其他文件，管理使用起來都頗方便。目前一般企業由於業務多半與外文有關，因此常採用西文檔案管理方式整理檔案。

一、西式檔案管理歸檔方法

(一)字順歸檔法

字順歸檔法（alphabetic filing systems）（**圖4-8**）是最基本的管檔方法，也是最常用的一種歸檔方法，不論公事上、私人業務等百分之九十以上都採用這種歸檔法。字順歸檔法是將歸檔文件以其個人姓名、企業或機關的名稱或地址，根據英文字母的先後順序排列，將文件歸入適當字母順序的檔案夾中。字順歸檔法是一種直接檔案管理方法，文件、資料可以直接、簡單而容易的找到新歸入的檔案夾中存檔，應用時也可以快捷而直接的找到所需的文件或資料，是一種最方便的西式檔案管理法。

(二)數字歸檔法

數字歸檔法（numeric filing systems）是一種間接管檔方法，因為將

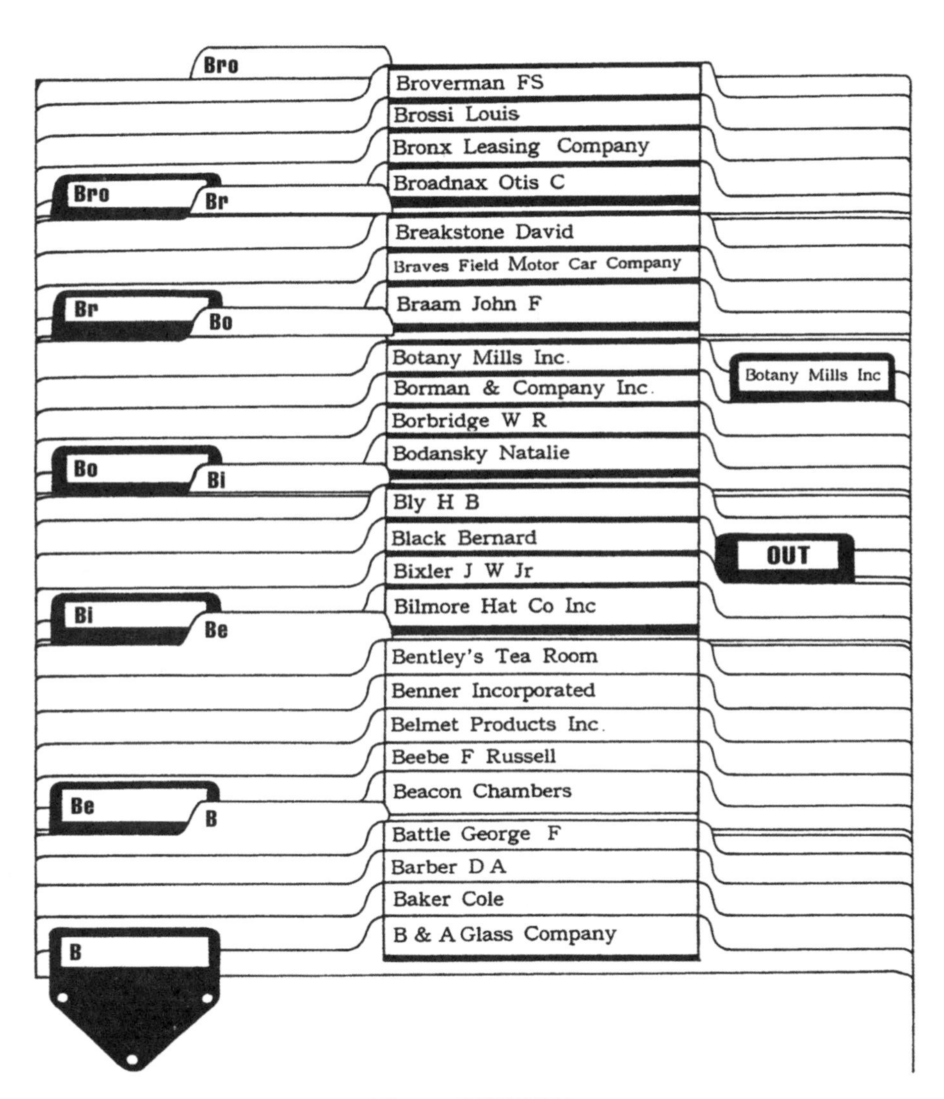

圖4-8　字順歸檔法

文件歸檔前，先要將檔案分類，分別編上數字號碼，然後根據號碼，歸檔時先找到檔案號碼，然後根據號碼找到該號碼之檔案櫃中之檔案夾，再將文件歸入。應用時，亦先查出目錄卡上檔案所歸屬的號碼，再從號碼的檔案櫃中找到所需調用的文件。

數字歸檔法因為歸檔、調卷都要根據檔案分類的目錄卡才能找到應歸或應取的檔案，所以這種歸檔方法多用在須保密或需要信任的文件或資料上，例如醫院及醫師診所的病歷資料、律師事務所的法律檔案、建築公司或建築事務所的建築資料、電腦程式等（**圖4-9**）。

(三)地域歸檔法

地域歸檔法（geographic filing systems） 也是根據英文字母順序來管理資料，只不過是按地域名字的英文字母順序排列，而不是個人或企業名字的字母順序而已。

地域歸檔法多用在銷售業務、郵購商店、公用事業、出版社或是其他公司按地域分布，或是在各地有分公司的機構，用地域歸檔法來管理檔案在業務上會比較方便得多（**圖4-10**）。

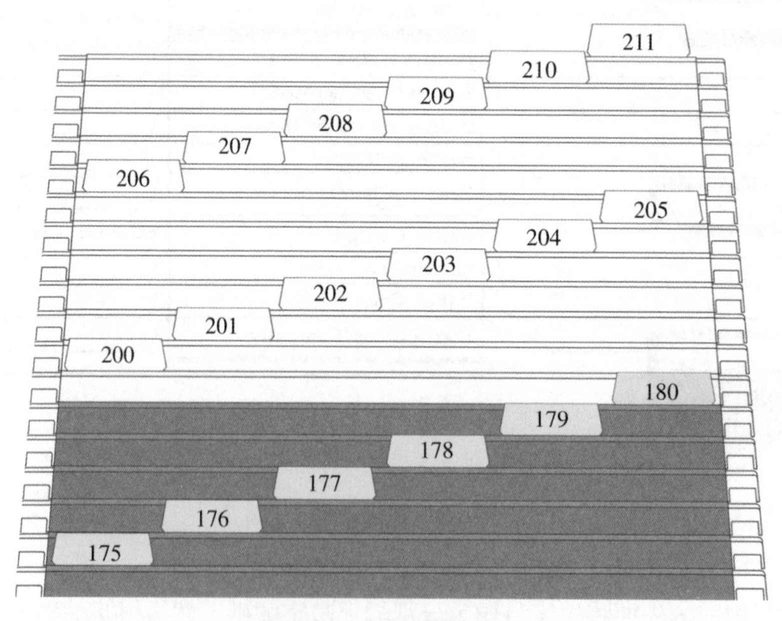

圖4-9　數字歸檔法

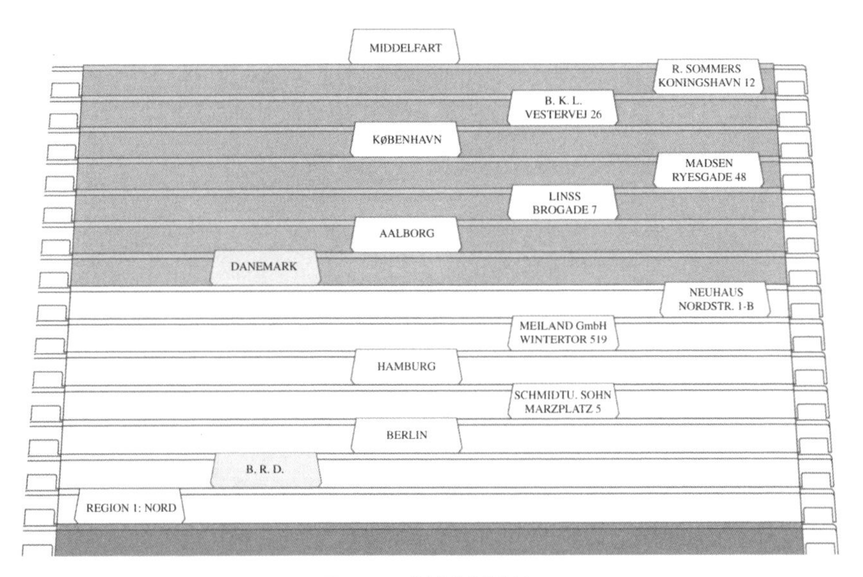

圖4-10　地域歸檔法

(四)主題歸檔法

主題歸檔法（subject filing systems）是以事情主題的名稱歸檔，而不是像字順歸檔法以人或公司的名字，或地域歸檔法以地區的名字來做歸檔的依據。

主題歸檔法多用於經營生產、供銷、原料、廣告等行業，又可分成三類（**圖4-11**）：

1.團體名稱的主題歸檔法：以公司或個人的名字做主題歸檔。
2.主題按字母順序歸檔法：如字順歸檔法，但是歸檔的標題都是東西的名稱而非人名或公司名稱。
3.數字主題歸檔法：將主題分類編上號碼，然後按號碼歸檔，這種方法不像數字歸檔法有新的檔案一定要插入舊的資料當中，而是將新的主題排在號碼後面接下去就可。

西文檔案管理的方法最主要的就是以上四種，到底應該採用哪種方法來管理檔案呢？這就要視公司之大小及其業務的需要來決定。有些公司

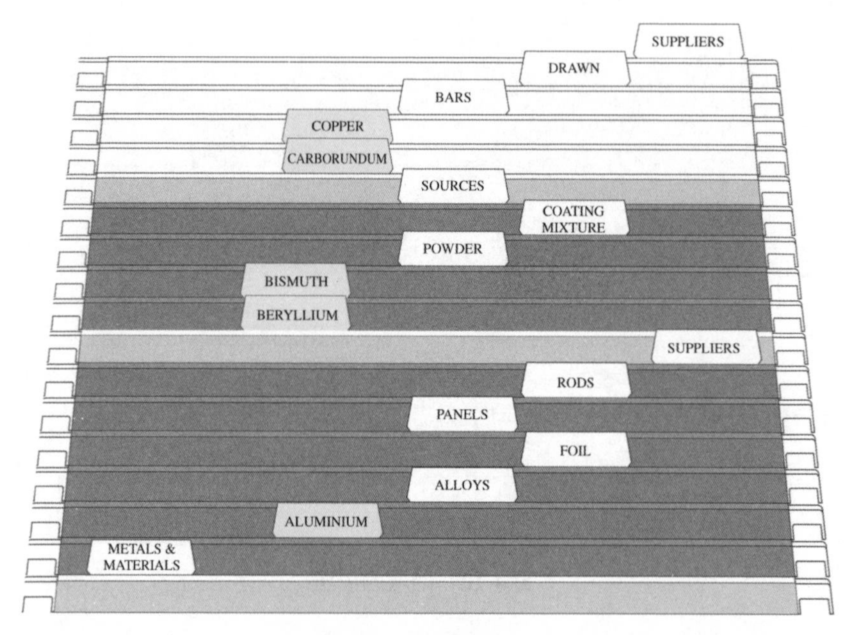

圖4-11　主題歸檔法

檔案全部採用一種字順歸檔法，有些則同時採用字順和地域歸檔兩種方法。總之檔案管理的目的是在資料的保存和應用，不論採用何種方法，都要以達到檔案管理之目的為原則。

二、西文檔案歸檔的步驟

不論中文或西文等歸檔的步驟，都有大致相同的規則，畢竟檔案管理是前人多年的經驗傳承，所以做事的方法，中外都類似。不過西文檔案管理中，有幾項因文字背景不同而略異，特說明如下：

(一)檢查

檢查是歸檔之第一個步驟，也是最重要的工作，特別是大規模檔案之設置，尤須於歸檔前檢查信件是否結案，有無處理完畢的標誌，有處理完畢的標誌才可以有權歸檔，否則應退回原承辦人，處理完畢後才能歸

檔。通常檢查工作僅對收文信件之檢查，發文信件副本可不必檢查，直接歸檔。

(二)索引

索引就是將文件給予適當的名稱、主題或其他標目，以便歸入適當的檔案內，有五種決定標目的方式：

1.來文的頭銜。
2.發文給對方的姓名或機構的名稱、地址。
3.來文的署名人。
4.來文或發文中所討論的主題。
5.來文或發文中機構地域的名字。

文件索引標目之決定要以尋找檔案方便爲原則，若文件涉及數個標目，則應將文件歸入最常用的檔案中，而以影印本或文件互見單放入其他涉及的檔案中，則在利用此文件時，不論查哪個有關的檔案夾，都可知道此文件在何檔案中可以找到。

(三)勾標

索引是決定文件在何標目下歸檔，而勾標是將確定的標目註明或指示出來，因此索引和勾標在歸檔步驟中是一件事。

1.在文件中有索引的標目或名稱，就以彩色筆在下畫一條線。
2.假如決定的標目在文件中沒有，也沒有出現在文件中任何地方，則將標目寫在文件之右上角，作爲勾標。
3.如文件之標目決定，也畫好了線，但是這文件也涉及其他標目，則在文件中有關的標目下，也用彩色筆畫一條線，但是在後面做一「×」記號，則本文件雖歸入頭一個標目下，但是在另一個標目的檔案中放一份影印本或是文件互見單，則尋找檔案時會便利許多。

(四)分類

標目勾出以後，就要將文件按字順或號碼順序排列，整理後放在預

備歸檔的架子上，這個手續一方面可以節省歸檔時間，在將檔案放入檔案架時，可以很快找到應行歸入的檔案；另一方面，假如檔案尚未排入檔案架，但是臨時需要運用，也可以很容易的自分類好的卷中找到所需文件。

(五)歸檔

將所有分類好的文件，找到其應該歸入名稱的檔案夾中，才算完成歸檔的步驟。歸檔時要注意核對新歸入的案件名稱和原來的名稱是否相符，新歸入時間近的應放在檔案夾的前面；同時歸入檔案應注意不要將文件遺失或是弄綯，最重要的是，歸入一件新文件時，一定要在目錄簿中註明歸入的時間和件數，借調文件也要使用調卷單，以免文件遺失。

至於其他的裝訂、調卷、清點、防護、移轉、銷毀等步驟，與中文歸檔同樣有此要求，就不再重複敘述了。

三、字順歸檔法索引規則

所謂字順歸檔法索引規則，也就是英文文件不論按人名、地名、公司名稱、主題、標題等英文字母的順序，排列放在檔案櫃先後的順序。在規則中有些名稱並不是如何寫就按其所寫字母順序排列的，例如“The east side corporation”這家公司的標籤就不能打成“The east side corporation”，排在“T”的字母順序後面，而是要打成“East side corporation (The)”，排在“E”的字母順序後面，因爲有很多的公司都是“The”某某Company的緣故，如果都是“The”開頭就不容易很快找到要用的檔案。現就將美國通用的字順歸檔法規則參考Ernest D. Bassett等所著的*Business Filing and Records Control*中，擇其中較重要之規則舉例如下：

(一)姓名排列的順序

排列個人姓名時，要將姓調列在名之前，名字第二，其他的循原來順序依序殿後。排組時爲求辨認方便，姓的字母全用大寫，或是姓與名之間加一逗點，以示區別。

Names	Key Unit	Unit 2	Unit 3
Henry Wills	Wills,	Henry	
Charies Stephen Wilson	Wilson,	Charies	Stephen
Alton B. Wilton	Wilton,	Alton	B.

(二)職稱與頭銜

職稱與頭銜括入括號，移至姓名最後，不列入排組單位，因爲可能有很多人都有同樣的職稱。

Names	Key Unit	Unit 2	Unit 3
Miss Dale Macario	Macario,	Dale (Miss)	
Rev. Walter John Murphy	Murphy,	Walter	John (Rev.)
Professor Amold Storr	Storr,	Amold (Professor)	

(三)企業公司名稱和地域的名字

凡公司行號或機構的名稱或地名通常都是按其原來名稱的順序排列，但是若名稱中有姓氏名字，則應將姓放在第一位，名其次，姓名以外部分最後。

Names	Key Unit	Unit 2	Unit 3
General Supply Corporation	General	Supply	Corporation
Albert Guzman Company	Guzman	Albert	Company
Guzman Printing Corporation	Guzman	Printing	Corporation

(四)次要的字

公司行號或機構之名稱或地名中之次要的字，如and、the、of、by、to、for、at、on、in等冠詞，前置詞及介系詞，排組時不予排列，僅括號放在後面，或是放在其前面一字的後面。

Names	Key Unit	Unit 2	Unit 3
The Ames and Lane Company	Ames (and)	Lane	Company (The)
Anne of Paris Salon	Anne (of)	Paris	Salon
The Island Company	Island	Company (The)	

(五)縮寫字

公司名稱中有縮寫字如Co、Corp、N.Y.、U.S.、Son、Bro.、Inc.、Ltd.等，排組時應將其拼全後，按秩序排組。

Names	Key Unit	Unit 2	Unit 3
Alaben Bros. Limited	Alaben	Brothers	Limited
Wm. Alamar & Sons	Alamar	William (&)	Sons
Ste. Croix Ltd.	Sainte	Croix	Limited

(六)頭銜

公司行號之名稱包括頭銜，如某某先生公司，某某夫人餐廳，則頭銜應列入排組。

Names	Key Unit	Unit 2	Unit 3	Unit 4
Dr. Pepper Bottling Co.	Doctor	Pepper	Bottling	Company
Mr. Martin Shoe Store	Mr.	Martin	Shoe	Store
St. Louis Gas Co.	Saint	Louis	Gas	Company

(七)分開的單位

當一個字分開爲兩個字寫時，就要看情形決定，如該字的習慣是視爲一個字，如Air-port，則應視爲一個單位，如East-West，則可視爲兩個單位。

Names	Key Unit	Unit 2	Unit 3
Air-port Transit Co.	Air-port	Transit	Company
Di-Line Company	Di-	Line	Company
East-West Club	East-	West	Club

(八)數字

凡公司行號及機關名稱，帶有數字者，應先用英文將數字拼出全字後再順序排組。

Names	Key Unit	Unit 2	Unit 3
K-9 Kennels	K-	Nine	Kennels
The 950 Restaurant	Nine hundred fifty	Restaurant (The)	
92d St. Apartments	Ninety-Second	Street	Apartments

(九)同名公司

當兩個公司或是人名同名時，則以地區分之。

Names	Key Unit	Unit 2	Address
Devox Corporation 96 Kings Pow London England	Devox	Corporation	London
Devox Corporation 12 Rue Richelieu Paris, France	Devox	Corporation	Paris
Devox Corporation Av. Paula 1009 Sao Paulo, Brazil	Devox	Corporation	Sao Paulo

(十)社會團體、俱樂部及服務中心的名稱

社會團體、俱樂部及服務中心等名稱，通常按其原來順序排列，但如有“Society of”或是“Association”則可將其放在最後。

Names	Key Unit	Unit 2	Unit 3
American Broadcasting Company	American	Broadcasting	Company
Association of Engineers	Engineers	Association (of)	
Foundation for Legal Service	Legal	Service	Foundation (for)

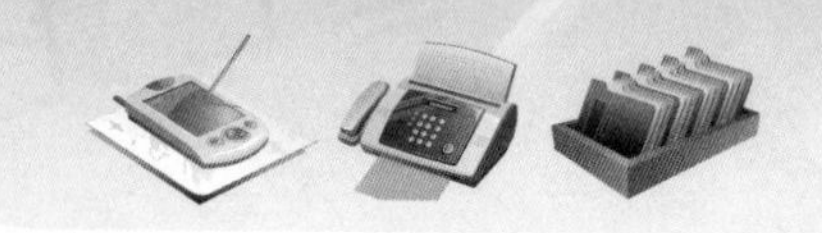

(十一)財政機構

財政機構在各地因有許多分行，所以將機構的地名排在最前面，所在地之州或省名圈以括號，放在最後，例如銀行名稱應先將銀行所在地之地名，排在第一位，其次再按銀行名順序排列。

Names	Key Unit	Unit 2	Unit 3	Unit 4
First National Bank (Boston, Mass.)	Boston	First	National	Bank (Mass.)
First National Bank (Denver, Colo.)	Denver	First	National	Bank (Colo.)
First National Bank (Providence, R. I.)	Providence	First	National	Bank (R.I.)

訊息小站

文件存檔程序

目的

範圍

定義

相關文件

程序內容

- 5.1 檔案管理程序
- 5.1.1 點收
- 5.1.2 登記
- 5.1.3 整理
- 5.1.4 分類
- 5.1.5 立案
- 5.1.6 編目裝訂
- 5.1.7 清點
- 5.1.8 調卷

第八節　電腦與文書管理

檔案是公文處理的最後一個步驟，因此如果利用電腦來管理檔案，其程式設計應該涵蓋整個公文處理系統。雖然有少數軟體問世，但是因爲每個公司的組織系統和工作方式不同，因而使用者並不普遍，最好的方式是機構配合自己的組織和工作，設計適合的程式，這樣應用起來才會有較佳的效果。

運用電腦公文管理系統，可以減輕文書作業之負擔，提供線上查詢，節省時間，同時提供各類稽催及統計報表，減少人工作業的時間及增加正確性。

公文管理系統之設計，應包括收文系統、發文系統、各單位作業系統、密件管理系統及檔案管理系統。每個系統除了作業應有之步驟外，尚應包括查詢、稽催、維護、調閱等項目，如此方能達到利用電腦管理公文的目的。不過在一般機構沒有公文管理系統可資應用時，可以利用個人電腦儲存檔案資料，但是在儲存時應注意分類，如此方能在尋找資料時方便而快速。

第九節　文檔保存年限

文檔保存多久，應視文檔的重要性及各公司的規定來規範。但大體上文檔的保存年限都有一客觀的依據，可爲各機構參考：

一、永久保存的文檔

1.公司的歷史資料：如公司的沿革、登記證件、章程及各種刊物。
2.法律徵信資料：如各類契約、規章、專利案件、訴訟文件等。
3.董事、股東資料：董事、股東名冊、印鑑、董事股東會議紀錄、公司債票等。
4.重要統計資料、財務報表、人事資料等。

5.各種重要計畫、設計圖或其他重要文件。

二、定期保存的文檔

1.行政及管理之文件：可供參考之行政及管理文件，如會議紀錄、機密文件、各種報告等，可視重要性保管十年。
2.會計帳冊：會計之帳簿可視類別之重要程度，訂定十至三十年不等之保管年限。至於各種日、月報表及會計憑證等只須保管五年。
3.一般文件：市場調查、廣告企劃文件，與主管機關及一般機構來往文件等，則可視情況保存三年。

三、不必保存之文檔

1.各類應酬文件：如就任、離職、邀請、各種社交信函等，可暫時保存，適當時間清理取出即可，不必存檔。
2.索取資料函件：各界索取資料函件，處理完畢即可不必存檔。
3.影印備存及汰舊換新文件：有些影印備存文件或是正本會簽返回後，影本即可不必再存。有些資料如產品目錄、客戶資料等新資料來時，亦可將舊資料抽出換新，不必再占空間。

第十節　企業資料存檔的範圍

企業的檔案管理是針對企業機構的大小及需要來決定存檔資料的範圍，何種資料有存檔的價值和保存的必要，何者無存證價值可以銷毀，各種資料的保管年限，都要以企業之情況及對企業有全盤了解才能取捨。一般企業存檔資料的範圍大致如下：

1.有關商業交易往來的文書，如來文、發文副本、內部公文、電報等。
2.支票、帳簿、財產目錄、報價單、統計及會計資料等有關財務的存檔資料。

3.售貨發票、購貨訂單、運費帳單、裝載收據等單據類。
4.法律文件及商業交易或契約等有保存價值之資料。
5.各種設計圖及地圖等。
6.與本企業有關且隨時可以利用參考的概況及貿易雜誌。
7.與本企業有關之報章、雜誌之剪報資料。
8.股票紀錄、銷貨紀錄、人事檔案、圖書目錄及郵件目錄等。
9.會議紀錄、會議報告、企業之各種活動報告或方案，對企業有存證價值者。
10.電腦磁帶、磁碟、光碟、縮印之膠片等。

第十一節　檔案管理的態度

1.了解業務情況：管理檔案首重對業務的全盤了解，否則最基本的分類工作就做不好，一定會影響將來查檔的不便。
2.目標不要太大：剛開始做檔案時不要急，應一步步進行，尤其在工作正常運行時，不要將全部檔案一起動作，免得查不到資料影響工作。整理檔案首先可以將某一類檔案集中規劃，按類、綱、目做好分類，設計目錄單，配合顏色管理，以合適的檔案夾將有用資料歸檔；其次再整理另一大類的資料，如此才不致欲速則不達，還影響正常工作的進行。
3.全員檔案觀念的建立：檔案管理不僅是文書行政人員的工作，任何工作者都要有資料管理的概念，否則造成非主辦人員還要存取其他人員的資料檔案，不僅增加文件管理者的負擔，也使得文件重複存檔，造成浪費。
4.文件不可私藏：沒有完善文書檔案管理制度或是專責檔案管理單位，常常無法嚴格管制機構文件外流，民營企業人員流動頻仍，離職時常將有關資料帶出公司，不僅無法保存完整的檔案，文件也毫無機密可言，影響甚鉅。公司可建立文檔管理規範，共同檔案要有周詳的移交制度，防範文檔的流失。

5.養成隨時歸檔的習慣：文件處理完畢應隨時歸檔，否則時間久了，不是遺忘就是不了了之，這也是人之常情。

6.固定各類檔案的位置：檔案櫃分類的位置盡量不要常更動，使用時可憑記憶很快找到資料。

7.檔案架或檔案櫃的標示要清楚：目標明確，節省尋找時間。

8.建立檔案管理標準化制度：企業爲了整體檔案管理能上軌道，應制定一致的規則以爲工作人員遵循，諸如檔案保管年限、分類方法、各類檔案管理用品表格規格、清理銷毀辦法、借閱歸還規定等。

第十二節　秘書與檔案管理

任何一個單位的工作人員，處理一般行政工作，都有許多資料需要保管，秘書也不例外，在未將文件送入檔案室集中管理前，個人應該負責將本身職務所涉及的資料妥爲管理。

在公司裡，收文都有一定的手續，大的機構設有總收發部門，小的機構也有專人負責收發文，其責任是將所有收文函件分類，並分送各有關的部門或個人。寫了個人姓名的信件，收發單位是不能拆閱的，作爲主管的秘書，當收發負責人將主管有關信件送達後，除了公事信件或印刷品秘書可以馬上拆閱外，其他寫了主管姓名的信件，若是秘書已獲得主管信任或授權，則可以拆閱；但若是主管親啓函（personal），則絕對應由主管親自拆閱。

秘書對於一般的文件應如何處理及歸檔，舉一例說明之：當某公司收到一封以公司爲收信人的信函，收發單位拆閱後，馬上蓋上收信日期章，並了解這是一封應屆大學畢業生王大成的求職信，因此將信分給人事部門主管李主任處理。李主任的秘書張小姐先看到這信，就將其夾在來信的卷宗內送到李主任辦公室桌上，請李主任批示；李主任交代張小姐回信請王大成某月某日幾時來公司約談，等簽好字的回信發出去後，李主任就在王大成的來信上做一個記號，表示這封信已處理完畢。通常這記號是以主管的起首字母寫在信件的左上角，或是蓋個做好的字母橡皮章也可以，

並最好加上日期，以示完案的時間。經過李主任處理完畢的信，張小姐就將王大成的來信和李主任的回信一起放在「歸檔」的卷宗裡，若是在王大成約談後，還有關於他的約談資料也可以一併夾入，等這件事全部結束，就可將其放到檔案櫃人事資料的求職人檔案夾中保存。絕對不可因這件公文已處理完畢，而隨手丟在抽屜裡或是夾在不相干的卷宗中，短時間也許還可以依稀記得公文在哪裡，但是時間久了，可能就不容易找到這份公文了。所以文件處理完畢，一定要歸入有關的檔案夾中，應用時，才能迅速而正確的調出公文。

保管文件，經常還會遭遇到一個困難問題，就是資料越放越多，不但浪費空間存放，也花費人力整理，所以秘書在處理平時信件時，對於許多不必要存檔的印刷品或通知、宣傳品，及一般不必保存的回函信件，都可以不必存檔，馬上予以處理，不要隨手丟在桌上或抽屜，積壓下來，也是一種負擔。對於存在檔案卷內的文件，也要定期整理，通常是一年一次，將一年內的文件逐一核對整理，需要保留的繼續保存，沒有保存價值的，可以請示主管後予以銷毀，這樣的資料保存，才能使資料文件的管理和運用達到檔案管理的目標。

訊息小站

ISO

ISO（International Standard Organization）是國際標準化組織的簡稱。

目的：推動國際性標準，作為各項制度明確的依據。

ISO - 9000（品質管理）

ISO - 14000（環境管理）

ISO 9000 文件管制

文件與資料管制目的範圍

文件製作核發修訂廢棄管理

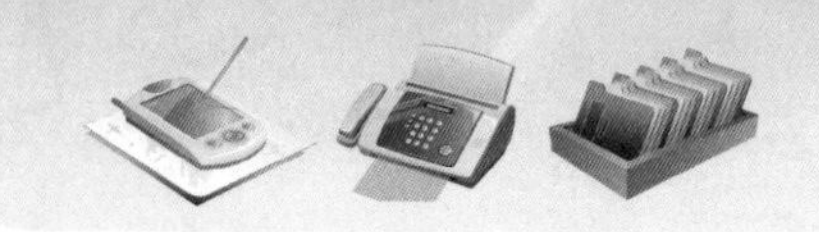

文件管理系統制度化合理化

文件存檔

文件管制程序一：1.目的（purpose）
2.範圍（scope）
3.參考資料（references）
4.定義（definitions）
5.作業程序（procedure）
6.附件（documentation）

文件管制程序二：1.目的（purpose）
2.範圍（scope）
3.文件識別（identification）
4.文件審核（review approval）
5.文件發行（issue）
6.文件修訂（modification）
7.文件變更修訂（change record）
8.文件保管（filing）
9.參考資料（references）

第五章

會議籌備安排與管理

- 會議的意義和目的
- 會議性質
- 會議地點
- 會議通知
- 會議通知、議程、提案單的製作
- 會議的準備事項
- 會議後的工作
- 會議時秘書的工作
- 會議記錄工作
- 會議管理注意事項

「會議」是現代社會中溝通最主要的工具，也是意見交換、吸收資訊及增進了解的利器。但是對大多數人來說，提到參加「會議」，一方面覺得可以表現自己的重要性，需要參加的會議越多，表示職位越重要，似乎每個地方都少不了它；但是另一方面，「開會」也使人們自覺地認爲，多半的會議是無效率的、浪費時間，是很無聊的事情。因此「會議」要開得有意義和目的，才不致浪費了企業人力及時間的成本。

第一節　會議的意義和目的

一、會議的意義

許多會議的召開確實浪費了參與者寶貴的時間，甚至一些每週例行的會議，更是代表了一個星期又過去了的信號。可是話又說回來，處在現在如此複雜的工業社會中，要使各個工作單位能夠協調、溝通，增進彼此的了解，順利推展業務，達成共同的目標，還非得要靠「會議」這種工具不可。因此如何召開成功的會議，如何使會議達到預期效果，如何使會議開得有意義，甚至開會祕訣等等關於會議的題目，不斷的出現在行政管理的文章裡面，談得最多的多半是會議主持人領導會議的技巧，與會人士如何開好會議，如何達到溝通交換意見的效果，凡此種種固然是會議成功重要的因素，但是會議前的規劃、準備，會議的流程，會議中臨時事故的應變，會後之工作，會議決議的追蹤和執行等，不可否認的，都對會議的成敗有著密不可分的關聯性。一個成功的會議絕不可能僅僅是主持人或與會者在短短時間內協調就可以達成的，會議當時的成功，須靠準備會議的工作人員，事先費盡思量努力籌劃，有多少瑣碎細節的周詳考慮，才能使與會者在最好的條件和情況中，圓滿完成會議所交付的任務。

二、會議的目的

舉行會議要有明確的目的，否則徒然浪費眾多參與者的時間。會議的目的不外乎下列幾種：

(一)溝通的目的

1.討論問題、取得共識：企業或部門的問題提到會議中討論，藉著意見交流，取得共識或決議，以利工作的進行。

2.發布政令、執行政策：公司重要決策宣導、命令推動執行，在會議時宣布，容易直接傳送，貫徹政令的執行。

3.宣導及推行政策：管理階層制定的政策要靠員工執行，因此要經過適當的宣導，才不致因不了解政策的意義而不配合或反對，會議是個很有效的管道。

4.聯誼促進人際關係：許多聯誼會、餐會皆可促進人際的交流，達到聯誼的目的。

(二)解決問題

1.問題討論、議決處理方案：提案藉著共同討論，議決處理方式，以民主方式解決問題。

2.會議決議，共同擔負決議的責任：不要由一個主管或個人承擔事件責任，也可避免某些事務因人情壓力，使主管人員不易執行。

3.會議討論事項，對需要整體合作案件，在會議中之工作分派，較能取得公平合理的安排。

(三)學習新知

1.學習新知技術：許多研討會，聘請專家學者發表專業學問、知識及技術，提供學習機會。

2.拓展國際觀：國際會議不但增長見識，也可廣結世界各國業者拓展商機。

會議的籌備工作非常繁複，會議前要有周詳的籌劃、與各有關單位及與會者協調、準備會議場地、提交書面文件，開會時現場的管理、接待，會議後的善後工作，鉅細靡遺，稍有疏忽，不僅達不到開會的目的，也浪費了與會者的時間，這對會議籌劃者是嚴重的管理缺失。現將籌備會議的簡要工作流程歸納於「訊息小站」專欄。

訊息小站

會議工作流程

了解會議性質
決定參與人士
決定時間
安排場地
發放會議通知
準備會議資料
設計議程
準備器材
協調工作人員
會場布置準備
餐點安排
報到接待
舉行會議
會場復原
器材歸還
會議紀錄
申報費用
決議追蹤執行
資料歸檔

第二節　會議性質

每種會議都有其性質，由於性質不同，參加人員不同，會議準備和地點選擇亦因會議需要而互異，因此籌備會議首先就是要了解會議的性質。一般會議的形式大約有下列數種：

一、非正式行政會議

由辦公單位二至六人舉行之非正式小型會議，地點可以選在主管的辦公室舉行。這種性質的會議常常是臨時性的，可以電話通知，準備工作亦較簡單。假如是臨時性會議而人數較多，則可以電話、電子郵件或電傳通知；同時應盡速徵調人員協助籌劃有關事項，做到正式會議應有的準備。

二、行政會議

也可稱爲行政會報，是規模較大之單位同仁的會議，通常在單位之會議室中舉行。這類會議事先應發會議通知並備提案紙，準備會議資料，以便會議有效進行。

三、研討會

研討會（seminars）一般多爲研討某項專題而安排，會中都將請一兩位專家演講與會議有關的題目；舉辦研討會多有研討發展的意義，學術性質較爲濃厚，與會專家多半會爲參加會議者解答或剖析某些有關問題。

研習會（workshop）則是請專家就某一主題介紹並示範操作，偏重實務經驗之交流。

四、演講會

會議的範圍可大可小，視主辦單位而決定；演講會通常會正式邀請一位主講人演講某些專題。

五、記者招待會

爲某些目的或事實之需要而舉行，通常包括一位或數位發言人，並安排回答問題的時間。企業界爲新產品，或是重大事件或計畫，也會召開

記者會，以達到宣傳效果。

六、股東會議

是一種商業性的會議，其方式有些像記者招待會，先報告後發問；現在有些股東會議之規模多半很龐大，所以事前的準備工作應盡早妥善規劃。

七、勞工協商會議

這種會議由工會召開，討論勞工或勞資問題。

八、視訊會議

這種利用網路視訊舉行的會議，打破了時空限制，對不同地區需要參加會議者，有莫大的方便。先決條件是必須設備齊全，並要有妥善可靠的安排，現今科技的進步，爲了節省與會者交通旅途時間，對於各地都設有分公司的大型公司，尤其減少許多開會成本。

九、宴會

英文稱banquet，如婚禮、慶祝會等規模大而熱鬧，富有娛樂性之聚會，這種宴會的準備工作相當煩雜，現場氣氛甚爲重要，所以最好由專門人員來籌備。

十、常年大會

一般機構每年定期都舉行這種例行會議，因此可以參照過去的經驗籌劃舉行。

第三節　會議地點

會議性質決定以後，接下來就該選擇開會地點，要在本公司的會議室或是在公司以外尋找合適的場地？選擇地點最重要的是根據會議的大小以及參加會議的成員來決定，參加會議的人少，也沒有午、晚餐招待，這種會議就可以選擇在公司內某一會議室舉行，甚至向其他機構商借會議廳。假如需要一個較大的場地、優雅的布置、方便的地理位置、周到的服務，而機構本身無法提供，就應及早安排一個合適的場所，以便會議如期舉行。

選擇會議地點，除了注意內部的設備、布置及各種效果外，對於外在環境千萬不可疏忽，諸如會議所在地是否在飛機起落的航道上，是否在鐵路附近，廚房的味道是否外洩入會議室，房間的使用是否須另付費等等。

關於會議地點，謹列舉以下數種供參考：

一、公司的會議室

一般內部的會議都是在公司會議室舉行，所以準備比較簡單，對與會人士也頗方便，應該要注意的是會議室使用時間的安排，不要因協調不當，而發生數單位同時間在同會議室舉行會議的問題。

二、旅館會議廳

會議有外賓參加或人數較多，而公司無合適場地或周到的服務時，選擇旅館會議廳作爲會議場所是最理想的，特別是國際性的會議，更可同時解決住宿及餐飲問題。旅館地方寬敞，地點多在都市中心，交通方便，有停車場設施，還有最周到的各項服務，更有佳餚美酒以及多采多姿的各種娛樂節目，使與會人士除了開會之外，亦有調劑身心的附加功能。

此外，如產品展示會、記者招待會等，亦因旅館交通及停車方便，

地點寬敞美觀，服務周到，容易吸引人士參加光臨，所以也是公司選擇的理想場所。

三、俱樂部

許多屬於私人或某團體的俱樂部或招待所，亦常借給外人開會，藉以收取租金，增加收入。這種俱樂部或招待所地點許多是在郊區，風景優美、戶外娛樂活動設備完善，除了可達到開會的目的，又可達到娛樂的效果。在都市的俱樂部，亦因交通方便，設備完善，成爲會議的熱門場地。

四、飯店房間

會議如果包括用餐，則可利用飯店的個別房間先行開會而後聚餐，通常除茶水飲料外，房間應爲免費使用。

五、大會堂、宴會廳

如各種大禮堂、紀念堂、視聽間等，可以舉行大規模而且具動態性的會議。企業舉辦的股東大會或年終聯誼活動等大活動，可租借這類場地。不過都會區這類大場地有限，應及早預訂。

六、室外會議

如動土典禮、獻屋典禮、揭幕典禮等大多假室外舉行，所以會場布置亦在室外，爲了預防天公不作美，最好事先有晴雨兩方面的妥善準備，免得因氣候變遷須臨時變更而手忙腳亂。

七、特殊地點之會議

如調查、考察或室外聯誼，在目的地或預定地點舉行會議，以便討論考察之專題。由於性質是非常動態的，設備不易攜帶或準備，但是非常必要的簡便用具，還是應該設想周到。

第四節　會議通知

會議的性質、地點、時間決定後，應整理參加會議者的名單，以便及早發出開會通知，大型及重要會議在兩星期前應發開會通知，公司內部會議至少也要一星期前通知。會議通知內容應包括會議地點、會議日期及時間、會議性質及所應攜帶的資料，若為準備方便可附上回條，以便統計人數。會議除正式參加者外，是否有列席者或觀察員？有沒有邀請特別來賓？特別來賓務必須在通知發放前確定，以便隨函註明。開會通知應及早發出，若有提案單或論文發表之規定，亦應給予充分時間準備，外賓更應給予辦理出國手續的時間。如果是公司內部的會議可用電子郵件發開會通知，並要設定回覆功能，以確定收到。

會議是否供給飲料或食物，應在通知或邀請卡上註明，如午餐、晚餐或酒會等。正式會議應註明著何種服裝。通知內亦可將本地地圖、旅館、交通、遊樂場、名勝、餐館等資料附入，以便遠道與會人士及其家屬參考。

會議程序應事先擬定，如果會議程序中不只一位演講人，則應及早核對演講人之姓名、講題、演講時間，如果講題重複，務必及早協調。

有些簡單或例行的會議，其程序可以確定，可以附入通知內寄給參加開會者及演講人，議程若有變動也應通知演講人。如果議程取決於議案的蒐集，那麼就須規定會議綱要，蒐集各與會者事先送來之提議，然後整理議案，經上級核准後，將整個會議程序印製成冊，開會時盡量依照程序進行，如此才能控制會場情勢，把握會議時間，同時也可避免意外事件發生。

第五節　會議通知、議程、提案單的製作

一、會議通知的格式

會議通知可以採用書函式或是表格式來製作，不過在公司裡因經常舉行各種會議，所以採用表格式較爲方便，可以先設計好會議通知的表格，或是鍵入電腦，製作時加入會議名稱、時間、地點、參加人員、主持人、議題資料，仔細檢查沒有錯誤後，即可印出發放給與會人員，既方便亦不容易遺漏某些項目，造成文書上之錯誤。

開會通知均具有時間性，爲提示收文單位之注意，應於信封上加蓋「開會通知，提前拆閱」戳記，以免收信人延誤開會時間。有些重要會議章程明訂會議通知應於規定日期前發出，要特別注意。此外，會議前一日最好以電話再次提醒與會者準時出席。

(一)表格式會議通知

表格式會議通知實例請參見**表5-1**。

(二)書函式會議通知

書函式的開會通知請參見**圖5-1**。

(三)其他會議通知

1.開會公告，實例請參見**圖5-2**。
2.條列式會議通知，實例請參見**圖5-3**。
3.公文式會議通知，實例請參見**圖5-4**。
4.大學開會通知單，實例請參見**圖5-5**。
5.簡式開會通知，實例請參見**圖5-6**。

二、會議議程的設計

大型會議或國際性會議議程可以及早確定，因此在寄發開會通知

時，就可將會議通知、議程、上次會議紀錄、各類報告資料、附件、討論事項等裝訂成冊，加上封面，先行寄給與會人員，及早做準備，以便開會時可按照議程進行，更能發揮會議的功能。

會議議程中文及英文格式範例，詳列如**表5-2**、**表5-3**、**表5-4**、**表5-5**。

表5-1　開會通知單

（全　　銜）
開會通知單

受文者		發文日期	
		附　件	
會議名稱			
時　間	年　月　日（星期　）　午　時　分		
地　點			
主持人		聯絡單位（人）	
		電　話	
出席人員			
討論事項			
註　備			
發文單位			

台灣區□□□□業同業公會開會通知　　民國□□□年□月□日
□□字第□□□□□□號
茲定於□月□日□午□時，在本市□□路□□號□□大樓□樓召開本會第□次理事會議，檢附議事日程一份，務請撥冗準時出席，如有提案請於□月□日前送本會秘書室，以便彙印。　此致
□理事□□
理事長　□□□

圖5-1　書函式開會通知

□□□□公司董事會公告　　　　　　　　　　□□□年□月□日
□□字□□□□號

主旨：公告本公司□□年度股東大會開會時間及地點，請準時出席。
依據：本公司章程第□章第□節第□條
公告事項：
一、開會時間：□年□月□日（星期□）□午□時□分
二、開會地點：□□□□□
三、提案辦法：依照本公司章程規定，股東大會提案應有股東三人以上附署，於開會前二日以書面送交本會秘書室。

董事長　□□□

圖5-2　開會公告

□立□□高商校友會通知　　　　　　　　□□□年□月□日
□□字第□□□號
附件：□□□□□

受文者：□理事□□
一、茲定於□□年□月□日（星期□）□午□時假母校會議室召開理監事聯席會議，商討母校創校五十週年慶祝事宜，敬請　準時出席
二、檢附議程暨有關資料三件。

會長　□□□

圖5-3　條列式會議通知

□立□□高商校友會通知　　　　　　　　□□□年□月□日
□□字第□□□號
附件：□□□□□

受文者：□理事□□
主旨：請準時出席本會理監事聯席會議。
說明：
一、時間：□□年□月□日（星期□）□午□時。
二、地點：母校會議室。
三、討論事項：母校創校五十週年慶祝事宜。
四、檢附議程暨有關資料三件。

會長　□□□

圖5-4　公文式會議通知

□□大學　開會通知單
聯絡人及電話：
人事室□主任
受文者：□□□老師
密等及解密條件：普通
發文日期：中華民國□□□年□月□日
發文字號：□□字第□□□□號
附件：□□□資料五件
開會事由：□□□□委員會
開會時間：中華民國□□年□月□日□午□時□分
開會地點：□□大樓□□會議室
主持人：□□□校長
出席者：
列席者：
副本：
備註：

圖5-5　大學開會通知單

（全　　銜）
○○會議第○次開會通知單

聯絡人：○○○助理
聯絡電話：

受文者：○○○
開會時間：○○年○月○日（星期○）○午○時○分
開會地點：○○○會議室
議案：
一、○○○○
二、○○○○○
三、○○○○○
出席人員：○○○、○○○、○○○、○○○、○○○、○○○、○○○、○○○
列席人員：○○○助理

發文單位章

圖5-6　簡式開會通知單

表5-2　會議議程中文實例一

〇〇大會議事日程

<table>
<tr><td colspan="2" rowspan="2">日期
星期
項目
時間</td><td>〇月〇日</td><td>〇月〇日</td><td>〇月〇日</td><td>附錄</td></tr>
<tr><td>一</td><td>二</td><td>三</td><td rowspan="10">二、本表如有變更由大會秘書處承大會主席團決定之。
一、本日程表由大會預備會議通過實施之。</td></tr>
<tr><td rowspan="4">上午</td><td>8:00-8:50</td><td rowspan="2">報到</td><td rowspan="2">討論章程</td><td rowspan="2">首長講話</td></tr>
<tr><td>9:00-9:50</td></tr>
<tr><td>10:00-10:50</td><td rowspan="2">開幕典禮</td><td rowspan="2">分組審查提案</td><td rowspan="2">選舉</td></tr>
<tr><td>11:00-11:50</td></tr>
<tr><td rowspan="4">下午</td><td>2:00-2:50</td><td rowspan="4">預備會議</td><td rowspan="2">討論提案</td><td>討論大會宣言</td></tr>
<tr><td>3:00-3:50</td><td rowspan="3">閉幕典禮</td></tr>
<tr><td>4:00-4:50</td><td rowspan="2">討論提案</td></tr>
<tr><td>5:00-5:50</td></tr>
<tr><td>晚間</td><td>7:00-8:50</td><td>討論章程</td><td>討論提案</td><td>晚會</td></tr>
</table>

表5-3　會議議程中文實例二

20○○ 觀光資訊產學論壇
主辦單位：眞理大學觀光數位知識學系
會議日期：20○○年○月○日（星期○）
會議地點：眞理大學財經大樓一樓310演講廳

議　　程

時　間	活　動	說　明
08:30-09:00	報到 （財經學院一樓）	報到／資料領取
09:00-09:20	開幕典禮 （310演講廳）	主持人：○○○主任（真理大學觀光數位知識學系） 校長致詞：○○○校長（真理大學） 院長致詞：○○○院長（真理大學觀光學院） 貴賓致詞：
09:20-10:30	專題演講一 （310演講廳）	空間資訊科技在觀光旅遊之應用 主持人：○○○主任（真理大學觀光數位知識學系） 主講人：○○○教授（台灣大學地理環境資源學系）
10:30-10:50	茶　敘	
10:50-12:00	專題演講二 （310演講廳）	空間資訊科技應用於文化創意與農村旅遊行銷 主持人：○○○教授（真理大學觀光數位知識學系） 主講人：○○○主任（逢甲大學地理資訊系統研究中心）
12:00-13:00	（紅樓餐廳二樓）	午餐休息
13:00-14:30	專題座談一 （310演講廳）	空間資訊科技在觀光與旅遊產業之應用及發展 主持人：○○○教授（真理大學觀光數位知識學系） 引言人：○○○教授（台灣大學地理環境資源學系） 與談人（按姓氏筆劃排列）： ·○○○總經理（崧旭資訊股份有限公司） ·○○○主任（逢甲大學地理資訊系統研究中心） ·○○○技正（北海岸及觀音山國家風景區管理處） ·○○○經理（宏遠儀器有限公司） 討論題綱： ·空間資訊科技的發展趨勢 ·新興科技對於觀光旅遊業的影響 ·如何應用空間資訊科技提升觀光產業服務品質
14:30-14:50	茶　敘	

(續)表5-3　會議議程中文實例二

14:50-16:20	專題座談二 (310演講廳)	資訊科技在餐旅與會展產業之應用及發展 主持人:○○○主任(真理大學觀光數位知識學系) 引言人:○○○主任(國立高雄餐旅學院) 與談人(按姓氏筆劃排列): ·○○○總經理(飛訊資訊科技) ·○○○總經理(裕宸資訊) ·○○○總工程師(雲朗觀光) ·○○○處長(台灣經濟研究院) ·○○○執行長(集思國際會議顧問公司) 討論題綱: ·資訊科技於餐旅、會展產業之應用 ·如何應用資訊科技提升餐旅、會展產業之服務品質與顧客滿意 ·科技創新與餐旅、會展業之服務創新
16:20	賦　歸	

三、提案單設計

提案單設計的範例見**表5-6**。

表5-4　會議議程英文實例一

One-Day Meeting Agenda Planning Sheet			
Number	Time	Activity	Location
1	8:30 a.m.	Registration	Lobby
2	9:00 a.m.	Opening/Welcome	Caribou Room
3	9:30 a.m.	General Session	Caribou Room
4	10:30 a.m.	Break	Lobby
5	11:00 a.m.	Concurrent Sessions	See Figure 1-2
6	12:00 noon	Lunch	Bison Room
7	1:00 p.m.	General Session	Caribou Room
8	2:00 p.m.	Workshop	See Figure 1-3
9	3:00 p.m.	Break	Lobby
10	3:30 p.m.	Workshop	See Figure 1-4
11	4:30 p.m.	General Sessions	Caribou Room
12	5:30 p.m.	Close	Caribou Room

（續）表5-4　會議議程英文實例一

Figure 1-2 Concurrent Sessions Planning Sheet Activity No:5　Time: 11:00 a.m. Number　Title　Presenter　Location 5.1 5.2 5.3 5.4 Comments:
Figure 1-3 Workshop Session Planning Sheet Activity No:8　Time: 2:00 p.m. Number　Topic　Presenter　Location 8.1 8.2 8.3 8.4 8.5 Comments:
Figure 1-4 Workshop Session Planning Sheet Activity No:10　Time: 3:30 p.m. Number　Topic　Presenter　Location 10.1 10.2 10.3 10.4 10.5 Comments:

表5-5　會議議程英文實例二

Meeting Agenda	
Meeting Called By:	Scribe(Secretary):
Date:	Starting Time:
Location:	
Attendees:	
Meeting Objective(Scope):	
Time:	Topic:
9:00-9:10	-------------
9:10-10:00	-------------
10:00-10:20	Break
10:20-11:30	--------------
11:30	Wrap-up

表5-6 會議提案單

（全 銜）

○○○○○會議提案單　　　年　月　日	
案　由	
說　明	
辦　法	
提案人（單位）	
備　註	如有提案請於○月○日前送○○單位以便彙編

第六節 會議的準備事項

一、會議資料的準備

機構內部小型或例行會議，僅備簡單的報告或議案即可；規模大而正式的會議，資料的準備務必完善，如會議有特別演講人，應事先爲其準備充分之資料，諸如演講人傳略、經歷、照片等個人資料，一方面可以使與會者事先有所認識，另一方面也可提供印製宣傳、海報等資料。其他會議報告，如主講人講稿、論文宣讀之文稿，也盡可能裝訂成冊，如有紀念品、餐券或其他有關資料，亦應以封袋一併裝妥，配以參加會議者名牌，開會報到時逐位分送。資料準備充分者，往往僅看資料就可得知會議大概，使與會者得到莫大的方便。

二、會場設備及現場管理

會場準備是開會前極重要的工作，準備周到的會場，不但使與會者覺得受到尊重與榮耀，也使與會者感覺處處周到與方便，更能使得會議達到成功與圓滿的要求。會場設備除了固定需要準備的項目外，對於開會時可能的需要，亦應事先考慮，預爲準備，以便隨時提供支援與服務。

訊息小站

會議規範

第二十四條　請求發言地位

（一）舉手請求

（二）以書面請求

無須取得發言地位，並得間斷他人發言：

（一）權宜問題

（二）秩序問題

（三）會議詢問

（四）申訴動議

第二十五條　聲明發言性質

贊成、反對、修正或其他有關動議

第二十六條　發言先後之指定

主席指定發言人次序

（一）原提案有所補充或解釋者

（二）就討論之議案，發言最少，或尚未發言者

（三）距離主席較遠者

第二十七條　發言禮貌

就題論事，不涉私人私事，超出範圍，主席制止，或其他出席人請主席制止之

第二十八條　發言次數及時間

同一議案，每人發言不超過兩次，每次不超過五分鐘

提案之說明、質疑之應答、事實資料之補充、工作或重要事項之報告，經主席許可者，不在此限

出席人須延長或增加發言次數，應請求主席許可，或主席徵詢會眾意見後為之

第二十九條　書面發言

書面將發言要點提請主席交記錄或秘書宣讀之

資料來源：內政部。

會場準備應注意的項目如下：

(一)桌椅座次之安排

根據參加會議的人數來安排會議桌椅排置的方式，座次安排妥當與否，影響會議成功至鉅，因爲開會重要的是溝通，如果與會者座位安排的方式不能使與會者達到溝通的效果，當然會議不容易成功。討論式的會議桌椅應使每位與會者能見到及聽到發言者的表情和聲音；演講式的會議桌椅安排與會者面向主講人；研討會桌椅則安排成教室型面向主持人。因此準備會場者一定要視會議的性質來決定場地的大小與座次的排列，這是會場準備的第一要項。

一般常見的會場座次安排如下：

1.小型會議座次：如**圖5-7**。

2.大型會議座次：如**圖5-8**。

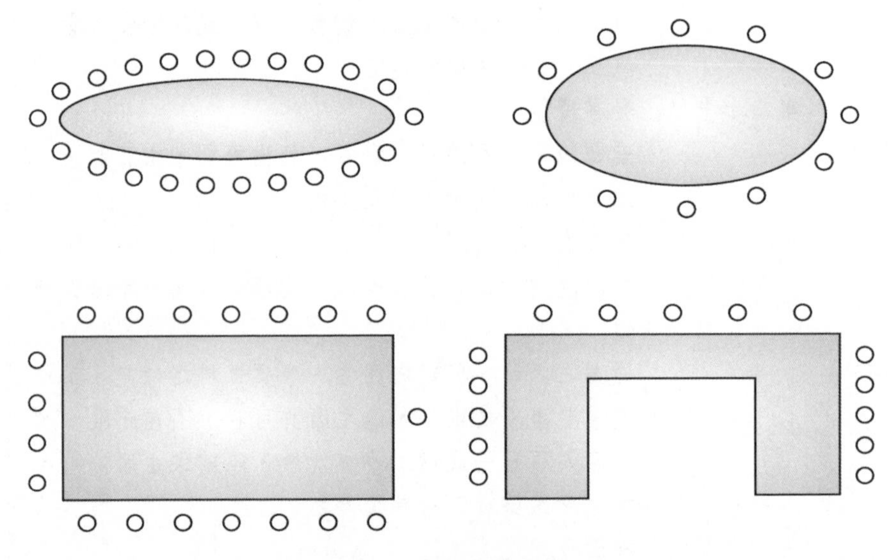

圖5-7　小型會議座次

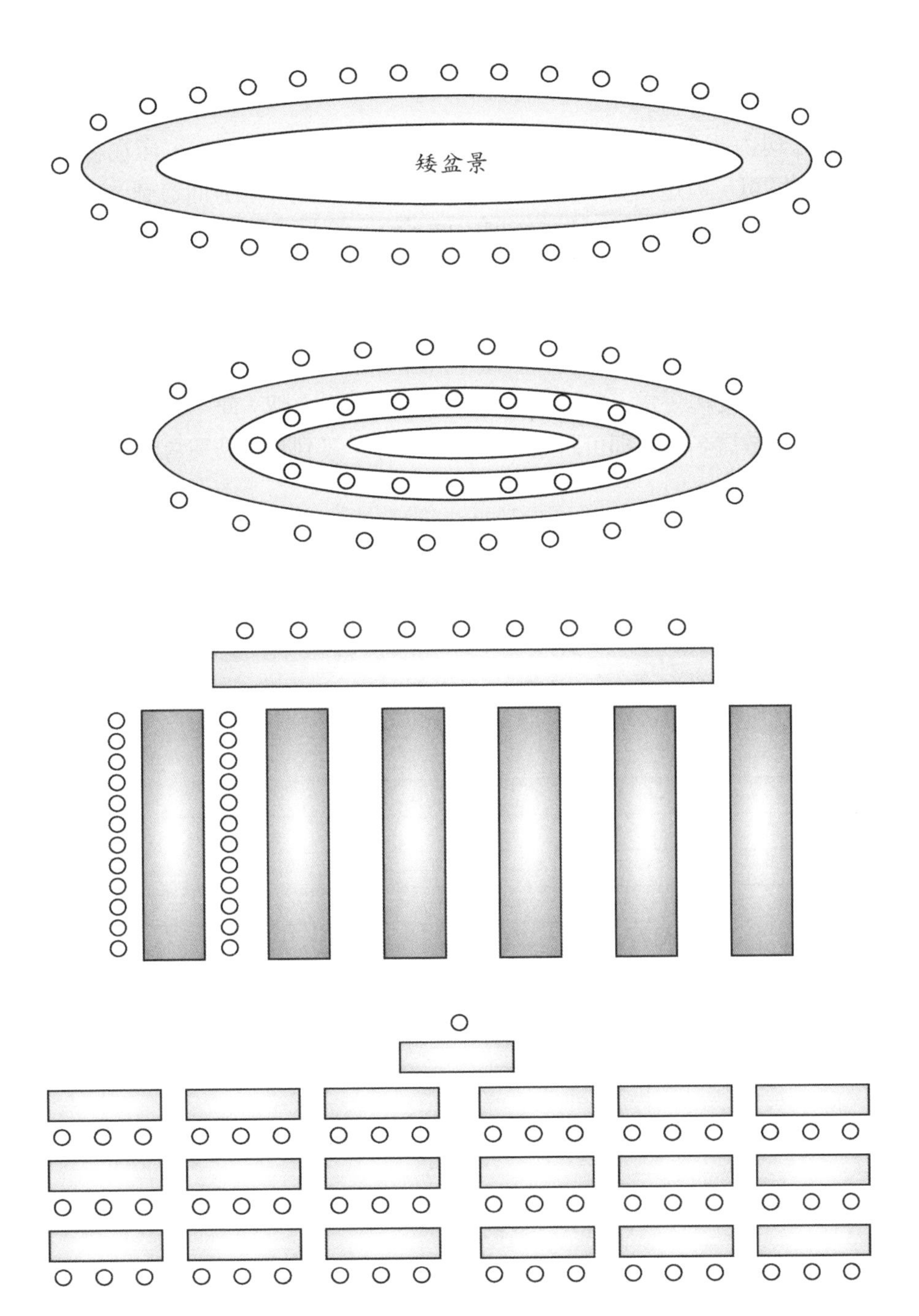

圖5-8　大型會議座次

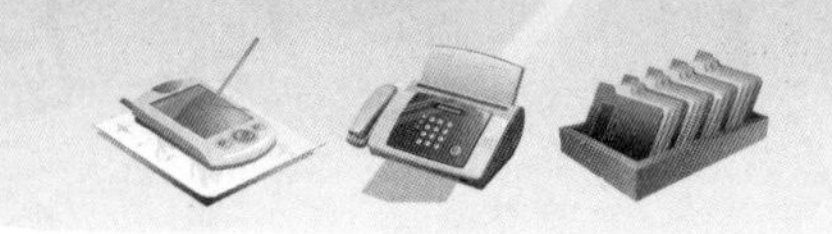

(二)簽到處布置

公司內部會議或是小型會議，都不必特別設置簽到處，僅在會議桌上簽到即可。但是大型或重要集會都應設置簽到處，一方面簽到，一方面可以提供接待等服務（會議簽到單如**表5-7**）。

簽到處通常應有桌子，方便簽名及放置資料，桌子的位置放在會場入口附近行走方便的地方，桌面盡可能清爽，除簽名簿外，也許有與會者名牌、胸花等放置桌上，資料袋或紀念品等則應放桌下或後面。有時會議座次已事先安排妥當，與會者進入會場可按桌上名牌入座，有些大型會議無法每人放置名牌，則可將座次表事先印好，簽到時可請與會者按所持座位表自行入座。

表5-7　會議簽到單

（全　　銜）
○○○　單位　會議簽到單

會議名稱：○○○○會議第○次會議
時間：○年○月○日（星期○）○午○時○分
地點：○○○會議室

參加人員		
職　　稱	姓　　名	簽　　名
總 經 理	○○○	
	○○○	
	○○○	請　　假
	○○○	
	○○○	
	○○○	
	○○○	
	○○○	
	○○○	
	○○○	
列席人員		
助　　理	○○○	

(三)飲料、點心之提供

中國人開會多半喝茶，有些也喝咖啡，因此杯子應與所用飲料配合，現在開會常用礦泉水，減少準備的麻煩，西方人有些特別的飲水習慣則可配合其習慣準備。現在免洗杯衛生又方便，所以許多公司開會都改用紙杯，也是一種變通的方式，現在提倡環保觀念，珍惜資源，使用可清洗杯具，也是時代的趨勢。不過罐頭及鋁箔包裝飲料，除非在外不方便，否則應盡可能不上桌面，以免破壞整體美感。

點心的選擇要精緻，而且要方便食用；如果準備水果，亦應處理妥當，食用時衛生與便利都要兼顧。

如果會議的時間稍長，最好的方式是在會議中間安排休息時間，在會場近處另行安排茶點，一方面大家可以休息一下，用些茶點，也可讓彼此交談，交換意見，場外溝通一番，再入會場又是一種新氣氛了。

(四)文具的準備

會議時最好每人前面備便條紙及筆，大型會議尚有發言單，以便發言記錄用，需要選舉的會議，選票、投票箱、開票記錄板等設備應及早備妥。對於需要講解的會議，應事先聯絡應否準備所需的設備。

(五)電器用品

除了一般會議需要的電器設備外，若有邀請演講人，則應打聽其演講時所需設備，最好附一份表格，請其在表格內勾出所需設備項目，更可得到確實答覆，以便準備。

表格內容可包括如電腦、單槍投影機、一般或實務投影機、白板、講台、黑板架、錄音機、電視、電影放映機（規格）、幻燈機、有線無線麥克風（幾支）、操作人員、其他設備等等。最重要的是，開會前一定要檢查所備電器用品是否靈敏，大小尺寸是否配合，絕對不可造成使用時發生故障情形。

(六)指標的設置

會議場所應有明確的指標，特別是有外賓參加的會議，各項指標一定要安放在合適的位置，以節省尋找的困擾，同時也可減少服務人員的人數。如果會場過大，座次分區安排時，則可適當安排帶位人員負責帶位及做其他服務工作。

(七)會場布置

機構舉行內部會議時，只要將會議室整理清潔，溫度、燈光調整適當，桌椅按會議人數排列好，需要器具準備妥當，就可以開會了。但是某些重要的簽約、結盟，或是大型會議，應有會議主題的大標示牌，會場的精神布置，盆景、盆花的裝飾；此外，尙應配合國際禮儀，放置國旗、肖像等。總之應把握會議的性質，使會場能達到應有之氣氛。

(八)人員的支援

許多會議需要記錄、攝影、照相或是錄音，會場各種電器的操作最好事先安排由專人負責，並安排照相或其他活動時間，以免影響議程的進行。大型會議更應安排接待人員，負責簽到，發送資料、名牌，帶位引導就座等，會議前應給予適當訓練，並事先排練，才能有最好的臨場表現。

(九)交通問題

都市停車問題，常是影響會議無法準時的重大因素，因此應及早顧慮到，交通繁忙時間塞車也是個大困擾，考慮改用大型交通工具集中接送，也許可以減少問題。

訊息小站

會議指標及標籤

會議場地指標、餐飲場地指標、洗手間、各類出席者出席證、服務工作證、報到處、歡迎牌、主持人及主講人等桌牌、主講人海報、感謝狀、座次表、餐券等。

如有主賓或演講人，更應告知會議詳細地點，或是派人接送，務必使其有充分時間抵達會場。

(十)其他準備事項

會場應考慮放置衣帽或其他物品的場所，以免占用旁邊座椅，或堆置地上造成不便，雨天亦應裝設傘桶放置雨具。

會議人數多，地方大，最好有小型活動餐車，以便運送飲料、茶點，較爲方便與安全。

三、餐食供應

會議常有用餐的情況，如是中午準備便當餐盒，則要確實統計人數及個人飲食習慣，及是否要準備水果等，並可準備一些餐墊紙、餐巾紙方便使用。會議飲料之供應種類，各人嗜好不同，如爲熟悉之人，可以事先預知，若事先無法知悉，在得知後也最好能盡速更換。要到餐廳用餐的會議，會議地點與餐廳不應距離太遠，同時要注意停車問題，進餐人數及菜單與座次的安排，也要事先做好聯繫。中餐多爲圓桌，至少十人一桌，人數要能配合。西餐主菜的式樣有數種，最好事先打聽各人喜好，若是以自助餐的方式則應注意秩序的維持。赴外用餐的會議應注意下列事項：

1.進餐人數要與餐館做最後核對。
2.食物的準備是否適合當地的季節、賓客的好惡、習俗或宗教因素。
3.使用哪些餐具、盤子、餐巾紙、餐巾、各種杯子，盡量準備充分，最好同一花色。
4.會議中場休息時間是否與餐飲時間配合。
5.會場附近是否有合適的地點可以作爲茶點場地或餐會地點。
6.餐桌之布置，是否需要鮮花，檯布或其他裝飾。
7.休息時間場地之安排布置，休息後之清理恢復。
8.席次安排（中西式宴席座次安排如**圖5-9**，**圖5-10**）。

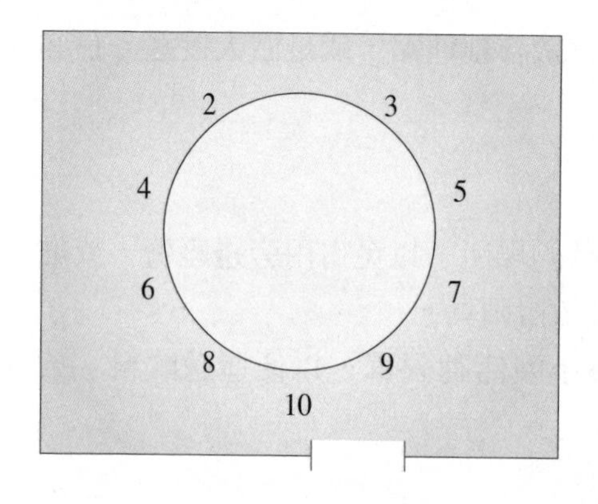

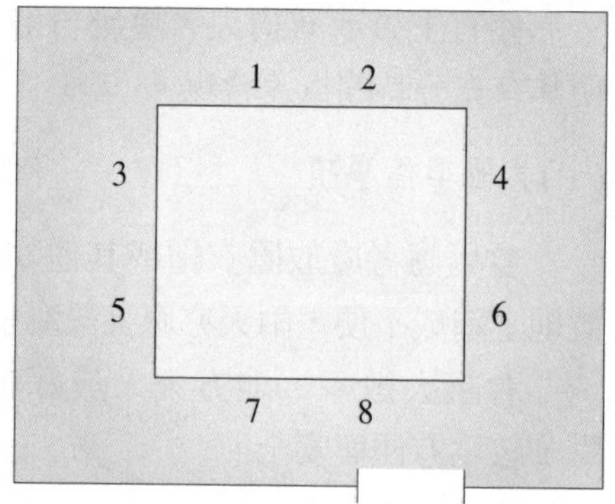

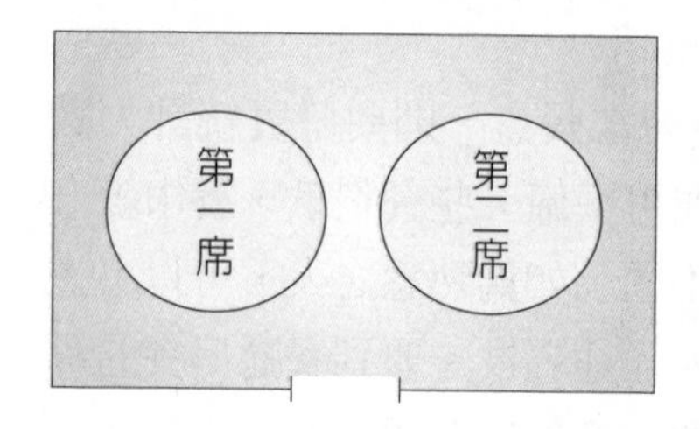

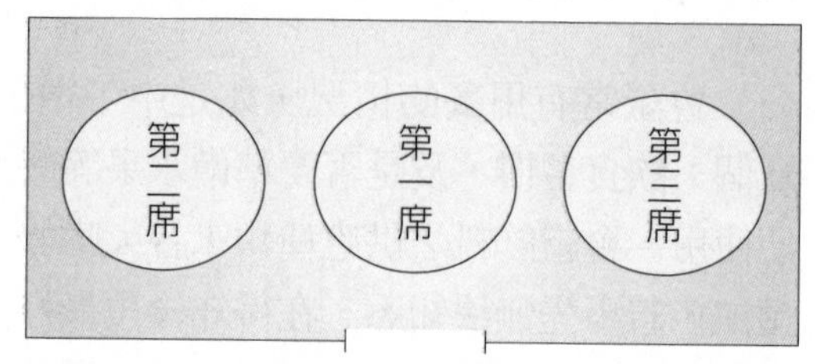

圖5-9　中式宴席座次安排

> **訊息小站**
>
> **會議討論過程**
>
> 導論──►引導進入議題情況
>
> 發表意見──►誘導出席人發表意見討論議題
>
> 獲得結論──►獲得多數人共識達成結論
>
> 議案執行──►決議案之執行

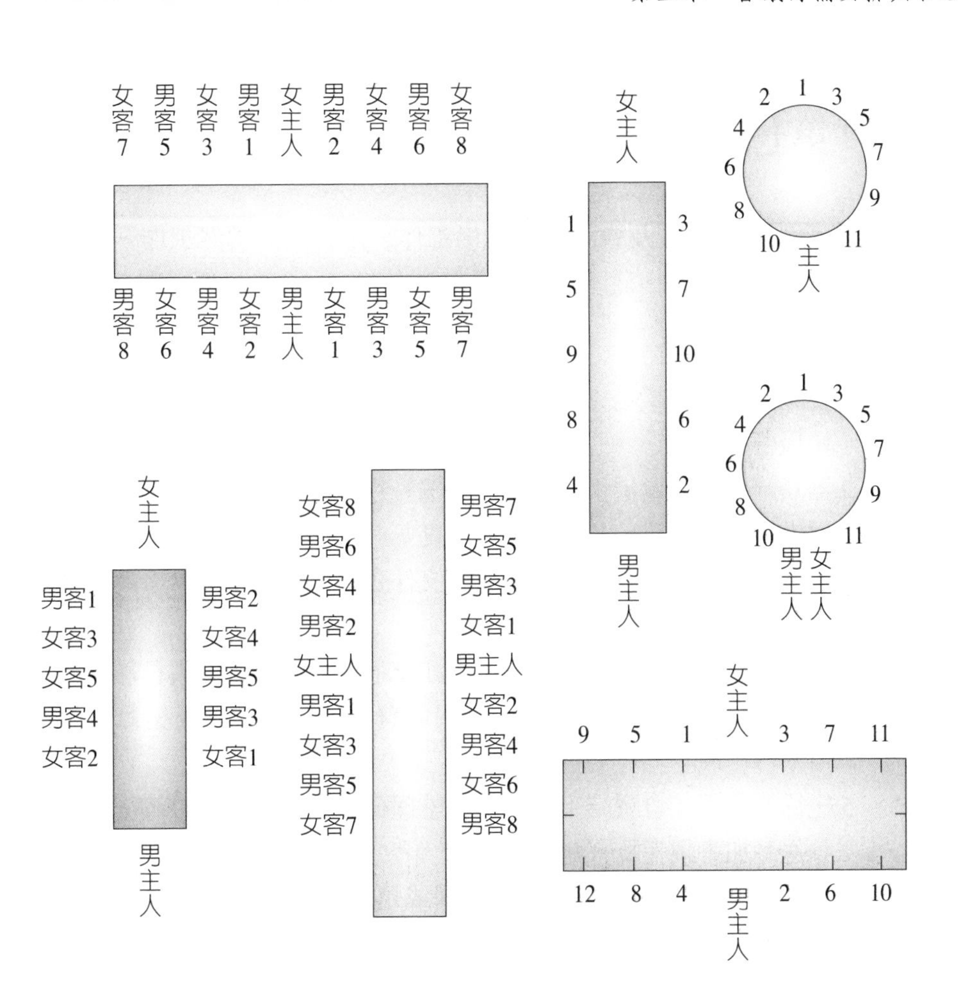

圖5-10　西式宴席座次安排

第七節　會議後的工作

會前的準備工作及會議時的現場工作，是會議的當然工作，但是會後的工作若有所疏忽，就不能算是全部工作完成。會後主要工作有以下幾項：

1.會場清理：會議結束後要將會場桌椅恢復原狀，會議室清理乾淨，垃圾帶走。

2.器具歸還：開會借用的用具、電器、視聽設備等會後應盡快歸還，以方便他人借用，並免去保管之責。

3.會議有關資料收回：會議時有些文件資料僅在會議時參考用，會議後要記得收回，以免外流或遺失。

4.結算費用：會議如有費用支出，如交通費、出席費、人員加班費、資料準備，以及茶水、點心、餐飲費等開支，會後應結算報銷費用。

5.紀錄的整理：會議結束後應盡快整理紀錄，呈閱主管核可後，印刷分送參加會議者及有關單位。

6.致謝：某些會議邀請演講者演講或是會議有貴賓參加，應另函致謝。若是有贈送禮物、致贈花籃等，也應去函致謝。

7.檢討會：如果會議規模大、牽涉廣、性質複雜，應於會後開檢討會，檢討本次會議得失，以爲下次會議之借鏡。

8.決議案之執行和追蹤：會議溝通的結果、決議案件的執行，是開會主要的目的，應保持聯繫，落實開會的成果和價值。

9.會議資料歸檔結案：會議的所有資料應蒐集齊全，按順序歸入該會議檔案夾中，這是整個會議管理最後的工作，不可疏忽。

訊息小站

發言技巧

有系統、簡潔地歸納重點：會前瀏覽會議資料，了解議題，整理自己意見大綱。

◆明確聲明發言性質：

1.贊成、反對、修正或是清楚表達自己的意見。

2.尊重他人發言的權利和意見。

◆發言切題：

1.不偏離議題，就題論事。

2.引用實例、數據，加強意見的可信性及可行性。

3.同意贊成他人的觀點，激發自己的意見或給予補充說明。

◆說明具體、充滿信心：

1.先說出結論和重點，再闡述內容。

2.表達流利、有權威。

◆掌握發言時機：

1.早發言：拋磚引玉，引起注意。

2.常發言：發言頻率高，影響大。

3.控制發言長度：至少三十秒以上，五分鐘以內。

◆態度、眼神、肢體語言的配合。

第八節　會議時秘書的工作

會議進行時秘書的工作主要有以下幾項：

1.大部分的會議，特別是機構內部會議，秘書都要與主管一同參加，同時負責分送資料、安排座位、檢查設備等任務，並擔任招待及記錄的工作。

2.會議開始，秘書通常坐在主管附近或後面，最好選擇靠近門的位

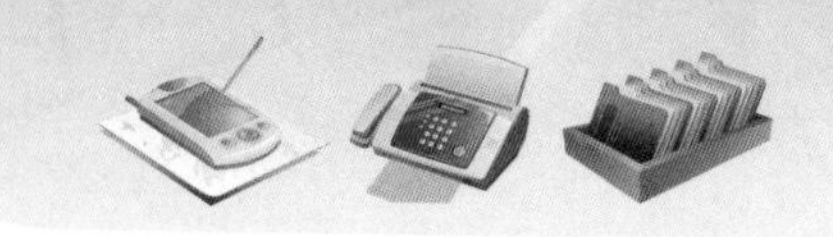

置，以便進出或接聽電話，並可阻止不必要之騷擾；會議時資料或樣品傳遞，也由秘書來做，以免影響會場秩序。

3.會議時間過長，中間可安排休息時間，使與會者抽煙、用點心或到洗手間；為便於來賓尋找方便，應有充分的指示牌，秘書亦應盡可能給予協助。

4.董事會、股東大會，秘書可不必出席或擔任記錄，除非小公司人手不足，秘書必須幫忙分擔工作。

5.電腦、電器、視聽設備、攝影器材等操作，如非秘書本身非常熟練，最好請專人負責，免得臨時故障，影響會議之進行。

6.會議前至少半小時應至會場檢查各項準備是否完善。

7.會議若要發布新聞，除事先應發邀請帖外，同時應將資料袋、新聞照片、演講詞、新聞稿等準備齊全，與公共關係部門配合，將資料送給新聞界發布。

8.會議開始，應站立門口妥為招呼，主持報到手續，安置衣帽，介紹彼此認識。但是不可代表公司與人談生意，損及主管之權利。

9.安排旅遊及交通工具調配，並處理會議時臨時事故。

10.會議結束後，特別是有晚餐之會議，應先送客人離去，除非與客人熟識，否則不應一起乘車離去。

11.會議紀錄應特別注意主題和討論結果，紀錄時有重要字句或決議未聽清楚，應請主席重複一次，避免錯誤，紀錄最好在會議結束後趁記憶猶新時加以整理，重要會議為免遺漏，可事前準備錄音設備幫助記錄。某些機構紀錄格式固定，可依規定標準製作會議紀錄。

訊息小站

會議參與者的責任

會前準備
參與討論，提出意見
傾聽他人的意見想法
客觀思考問題
維持會場秩序
回應並協助主持人完成會議
提出大家都能同意之結論及行動

美國威爾遜總統：
「若是一小時演講我可以馬上登台；若是二十分鐘演講要準備兩小時；若是五分鐘演講非要準備一天一夜不可。」

第九節　會議記錄工作

會議時需要一位記錄將會議報告和討論記錄下來，以爲執行之依據。會議時可以用草稿將開會時的談話詳細記錄，但是整理成正式會議紀錄時，不能像記流水帳般每個字都記下來，而是將報告及議題、討論要點和決議記清楚就可。如果能跟得上速度，用電腦打字記錄也可，不過要注意打字機器的聲音不應妨礙會議進行。重要會議除了用筆記錄外，也可用錄音機協助，避免失誤。

一、中、英文會議紀錄應包括的項目

(一)中文會議紀錄應包含項目

1.會議名稱及會次。
2.會議日期、時間。

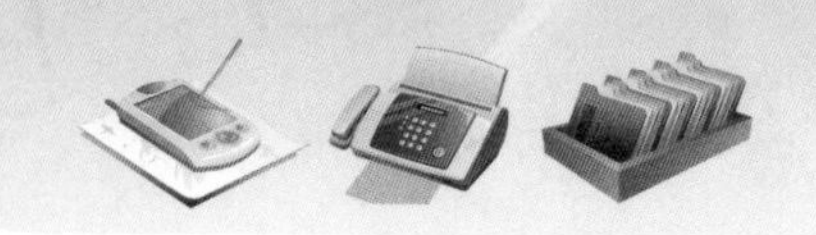

3.會議地點。

4.主席及記錄。

5.出席人及列席人。

6.請假人姓名。

7.上次會議紀錄之承認（無則略）。

8.報告事項。

9.選舉事項（無此項目者從略）。

10.討論事項。

11.其他重要事項。

12.臨時動議。

13.散會（應註明時間）。

14.下次會議時間（無則略）。

15.主席、記錄分別簽署。

(二)英文會議紀錄應包含項目

1.name of organization

2.name of body conduction of meeting

3.date, hour, location of meeting

4.present and absent

5.reading of previous minutes, approval or amendment

6.unfinished business

7.new business

8.date of next meeting

9.time of adjournment

10.signature of recorder

二、中、英文會議紀錄範例

(一)中文會議紀錄範例

中文會議記錄實例請參見**圖5-11**至**圖5-14**。

□□同業公會第□次理事會紀錄
時間：民國□□年□□月□□日（星期□）□午□時
地點：□□公司交誼廳
主席：□□□　　　　　　　　　　　　記錄：□□□
出席：□□□、□□□、□□□、□□□、□□□、□□□、□□□、
　　　□□□、□□□、□□□、□□□
列席：□□□、□□□
請假：□□□、□□□
一、宣布開會：本日出席理事□□位，已達法定人數，宣布開會。
二、主席致詞：略。
三、來賓致詞：□□部□次長致詞。
四、宣讀上次會議紀錄：全體出席理事對本紀錄皆無異議，本紀錄確認（有更正時，應先行修訂再確認）。
五、報告事項：
　1.報告前次會議執行情形：（無則略）。
　2.主席報告：…………………………。
　3.□理事報告：……………………………………………。
　4.□□公司□經理□□報告：（如附件一）
　　（1）……………………………………………………。
　　（2）……………………………………………………。
六、討論事項：
　1.提案一：
　　案由：………………………………案（□理事提案）。
　　決議：本案暫予保留。
　2.提案二：
　　案由：……………………………………………案。
　　說明：（1）……………………………………………。
　　　　　（2）……………………………………………。
　　決議：通過。
　3.提案三：
　　案由：……………………………案（主席交議）。
　　說明：（1）……………………………………………。
　　　　　（2）……………………………………………。
　　辦法：（1）……………………………………………。
　　　　　（2）……………………………………………。
決議：原則通過，推請□理事□□擬具詳細辦法，提下次會議討論。
　4.提案四：
　　案由：……………………………………………案。
　　說明：（1）……………………………………………。

圖5-11　中文會議紀錄一

（2）……………………………………………………。
辦法：（1）……………………………………………………。
（2）……………………………………………………。
討論要點：
（1）……………………………………………………。
（2）……………………………………………………。
（3）……………………………………………………。
決議：（1）……………………………………………………。
（2）……………………………………………………。
七、選舉事項：
推選本會出席全國商業聯合會代表。
票選結果：□理事□□得票□張當選代表。
八、臨時動議：
案由：建議青年節舉辦登山活動，增進同仁及眷屬聯誼案。
決議：推請□□□、□□□籌辦。
九、散會：□午□時□分。
主席：□□□（簽名）
記錄：□□□（簽名）

（續）圖5-11　中文會議紀錄一

（全銜）○○第○次工作會報紀錄
時間：○○年○月○日○午○時○分
地點：○○會議室
出席：各組室主管以上人員（簽名）
主席：○○○　記錄：○○○
甲、報告事項（略）
乙、裁決事項
一、本年度○○預算餘款○○○元，希按計劃從速採購。（○○組）
二、○○出入口道路拓寬案，希繪圖函○○洽辦。（○○組）
三、直接定貨方式採購○○原料試辦情形，希從速檢討，報請上級核定。（○○組、○○室）
四、○○通知購買○○○○，希在年度超盈部分調度認購。（○○組）
五、○○原料採購數量較多者，每年可分兩次標購，至事前應否送樣化驗，抑俟交貨時再行化驗，希與使用工廠研究。（○○工廠、○○組、○○組）
六、散會：○午○時○分

主席：○○○
記錄：○○○

圖5-12　中文會議紀錄二

□□□□□會議紀錄
一、時間：□□年□月□日□午□時□分
二、地點：□□□□
三、主席：□□□　記錄：□□□
四、出席：
　　列席：
　　請假：
五、宣讀及通過上次會議記錄：
六、報告事項：
　　1.□□□□報告
　　2.□□□□報告
七、討論及決議事項：
　　1.……………………………………………………………。
　　2.……………………………………………………………。
　　3.……………………………………………………………。
八、其他事項：
九、主席結論：
　　1.……………………………………………………………。
　　2.……………………………………………………………。
十、散會：□午□時□分
主席：（簽名）
記錄：（簽名）

圖5-13　中文會議紀錄三

□□問題座談會紀錄
時間：□□年□月□日□午□時□分
地點：□□大樓□樓□□室
出席者：
主席：　　記錄：
一、主席致詞：
二、發言紀要：
　　1.□先生□□：……………………………………………。
　　2.□先生□□：（1）………………………………………。
　　　　　　　　　（2）………………………………………。
　　3.□先生□□：……………………………………………。
三、主席結論：
　　1.……………………………………………。
　　2.……………………………………………。
　　3.……………………………………………。
四、散會：□時□分

主席：（簽名）
記錄：（簽名）

圖5-14　中文會議紀錄四

(二)英文會議紀錄範例

英文會議紀錄實例請參見**圖5-15**。

□□□□□會議紀錄：(Name of Meeting)
一、開會日期：(Date)
二、時間：(Time)
三、地點：(Location)
四、出席者：(Present)
Absent (Apology)
英文紀錄一至三項可以此方式表示(A meeting of the Executive Committee of the ○○○ Association was held in the board room at ○○ road, on Friday, February ○○, 20__ at 10 a.m.)
五、列席者：(In attendance)
六、宣讀及通過上次會議紀錄：
The minutes of the meeting of Executive Committee held on Friday, ○○, 20__ were read and approved.
如有修正則接下列：
Subject to the following amendment: minute 4 should read "..".
七、上次會議交辦事項：
Matters arising from the minutes:
八、主要討論或決議事項：(New business)
1.某人提出意見：
Mr. .... proposed that ....
It was suggested that..
....
2.某人提出報告：
Mr. John Wan reported that ....
It was noted (heard) that..
3.提議討論而後同意：
After a detailed discussion, it was agreed that ....
It was unanimously agreed that ....
表決決議案如下：
Manager, Production Department: On the recommendation of the Chairman, it was ....
Office Renovation: Five quotations were tabled for discussion..........
4.會議決定交某人執行
董事 Mr. Hwang was requested to ....
秘書 The secretary was instructed to...............................
5.蒐集資料下次再討論
The decision was deferred to the next meeting, pending further information.

圖5-15　英文會議紀錄

九、其他事項：(Any other business)
十、下次會議日期：
Date and place of the next meeting
十一、散會：(Adjourn)
There being no other business to discuss, the meeting was closed (adjourned) at 11:30 p.m.
十二、簽名：（Signature of recorder）

（續）圖5-15　英文會議紀錄

(三)會議紀錄表格

會議紀錄表格請參見**表5-8**、**表5-9**。

訊息小站

會議時做記錄工作

可以了解機構的要事
學習與會者的發言溝通技巧，主持會議長處
紀錄做得好，可表現自己的能力
會議時表現稱職，容易獲得與會者的肯定，建立良好人際關係

為什麼會議紀錄不能只用錄音？

有失記錄職守
容易疏忽討論中的不確定問題及決議
機器會有故障
錄音帶中不易分辨出發言者之聲音
換帶時會漏錄會議內容
可用錄音機協助筆錄之不足

表5-8　會議紀錄表格一

（全　　銜）

<table>
<tr><td colspan="2">會議名稱</td><td colspan="3"></td></tr>
<tr><td colspan="2">會議時間</td><td colspan="3">年　　月　　日（星期　）　午　時　分</td></tr>
<tr><td colspan="2">會議地點</td><td colspan="3"></td></tr>
<tr><td colspan="2">主　　席</td><td colspan="1"></td><td>記錄</td><td></td></tr>
<tr><td colspan="2" rowspan="3">出　　席</td><td colspan="3"></td></tr>
<tr><td colspan="3"></td></tr>
<tr><td colspan="3"></td></tr>
<tr><td colspan="2">列　　席</td><td colspan="3"></td></tr>
<tr><td colspan="2">請　　假</td><td colspan="3"></td></tr>
<tr><td>項次</td><td colspan="2">內容摘要</td><td colspan="2">決議事項</td></tr>
<tr><td></td><td colspan="2"></td><td colspan="2"></td></tr>
<tr><td></td><td colspan="2"></td><td colspan="2"></td></tr>
<tr><td></td><td colspan="2"></td><td colspan="2"></td></tr>
<tr><td></td><td colspan="2"></td><td colspan="2"></td></tr>
<tr><td></td><td colspan="2"></td><td colspan="2"></td></tr>
<tr><td></td><td colspan="2"></td><td colspan="2"></td></tr>
<tr><td></td><td colspan="2"></td><td colspan="2"></td></tr>
<tr><td></td><td colspan="2"></td><td colspan="2"></td></tr>
<tr><td></td><td colspan="2"></td><td colspan="2"></td></tr>
<tr><td></td><td colspan="2"></td><td colspan="2"></td></tr>
<tr><td></td><td colspan="2"></td><td colspan="2"></td></tr>
<tr><td></td><td colspan="2"></td><td colspan="2"></td></tr>
<tr><td></td><td colspan="2"></td><td colspan="2"></td></tr>
<tr><td></td><td colspan="2"></td><td colspan="2"></td></tr>
<tr><td></td><td colspan="2"></td><td colspan="2"></td></tr>
<tr><td></td><td colspan="2"></td><td colspan="2"></td></tr>
<tr><td>主席</td><td colspan="2"></td><td>記錄</td><td></td></tr>
</table>

表5-9　會議紀錄表格二

（全　　銜）

會議名稱			
會議時間	年　月　日（星期　）　午　時　分		
會議地點			
主　　席		記錄	
出　　席			
列　　席			
請　　假			

項次	內　　容		
一	報告事項		
二	討論及決議事項		
主席		記錄	

第十節　會議管理注意事項

1.假日不宜安排會議。

2.文書資料須事先準備齊全（**表5-10**）。

3.會議秩序單、議程、紀錄三者的內容、項目應盡量一致。

4.會議資料數量較多，可裝入資料袋發給參加會議者。

5.用簽到卡應設卡箱，有選舉應設投票箱及開票板。

6.發出席費之會議事先應簽准，並備妥領取名冊或收據。

7.場地先洽妥並布置周到。

8.記錄文字力求簡潔，敘述扼要，不要參與個人意見。

9.會議完畢盡快整理紀錄，寄發與會及請假人士。

10.英文會議紀錄習慣用第三人稱，以被動語態或間接引述方式及過去式語態記錄。

11.如以視訊會議方式開會，則各項準備工作應盡早配合，技術部門的支援最為重要，應事先測試，以求達到科技文明的效果。

12.會議結束後，有關決議事項的執行，應保持追蹤、聯繫，以達到開會的目的。

表5-10　會議（報）會前準備工作檢查表

（全　　　　銜）

（　　　　）會議（報）會前準備工作檢查表

會議名稱			主持人	
			主辦單位	
舉行地點			參加人數	
會議時間	年　月　日　午　時　分			

檢查項目	檢查情形			管理人員	備註
	狀況	檢查時間	簽　名		
1.燈光					
2.空氣調節					
3.擴音設備					
4.錄音設備					
5.視聽器材					
6.標 示 牌					
7.便條鉛筆					紅黑鉛筆各1支
8.桌椅排列					
9.座 次 卡					
10.桌花盆花					
11.計 時 鈴					
12.掛鐘對時					
13.茶水點心					
14.室內整潔					
15.環境整潔					
16.簽 名 處					
17.會議資料					
18.紀 念 品					

說明：1.狀況區分「∨」好，「△」尚可，「×」否。
　　　2.管理人員由承辦單位會前填寫。
　　　3.檢查人員由會議主辦單位派遣。

訊息小站

學術研討會現場工作

◆接待組：

1.服裝、儀容：

(1)男士：淺素色襯衫、深色西褲、打領帶、深色皮鞋、深色襪子。

(2)女士：深色長褲（及膝窄裙）、白色上衣、不露腳趾有跟淑女鞋。

(3)儀容：頭髮（梳理整潔）、化妝（女士稍著淡妝）、笑容、手勢、指甲（不可塗上鮮豔顏色）。

2.行進間之禮節：站姿、手勢、鞠躬、行進前尊、右大、左前方引導。

3.工作內容：

(1)報到處：簽名表、出席證（名牌）、餐飲、收據（現場報到、花籃）、資料袋（手冊／光碟／論文／簡介／便條／原子筆／餐券）。

(2)帶位：講台、貴賓席、一般席。

(3)主席台：座位、茶水。

(4)座位席次安排。

(5)新聞稿、媒體聯絡。

4.貴賓名單：

(1)節目單中之主持人、須上台者。

(2)參加人員：名牌按編號排列。

(3)貴賓接送、停車。

◆場地組：

1.海報：紅布條、主講人、講題之海報。

2.設備：螢幕、電腦、單槍投影機、麥克風、雷射指示筆、錄音機。

3.主席台布置：桌巾、盆花。

4.指標設置：報到處、主持人、主講人、評論人、洗手間、茶

水處、茶敘餐飲場地、名牌回收桶、貴賓席、師長席、學生席、指標座、地上指標。

◆議事組：

各項節目主持人聯絡。

錄音、記錄、電腦操作、燈光控制、麥克風。

控制時間（時間提示牌）、攝影。

名牌更換、茶水更換、議程螢幕更換。

◆餐飲組：

協助茶水、餐飲安排、接待工作。

◆司儀：

講稿準備。

第六章

訪客安排、接待與禮儀

- 主管約會之安排
- 訪客之類型與接待
- 訪客接待的禮儀
- 介紹的禮儀

作爲主管秘書，有關主管的日程管理、訪客的安排與接待，是秘書常態性的工作，如何與主管的時間配合，不要耽誤日常工作，又能滿足訪客的期望，是這項工作必須注意的要點。

訪客不論是公務拜訪、私事請託，或是禮貌友誼來訪，總是要有待客之道，因此接待訪客的禮儀不可不知，好的待客之道可以塑造自己及公司的形象，建立和諧的人際關係。工作的要點分別說明如下。

第一節　主管約會之安排

身爲某一單位主管，各種類型的約會必定很多，做秘書者必須妥爲安排，使約會的時間不致互相衝突，不致影響工作之進行，如此才能使主管作息有定，獲得應有的休息。通常約會大致有會議、餐會、個人約會三種形式，現分述如下：

一、會議

此類約會比較正式，而且時間較長，如果會議性質是機構內部會議，可以盡量安排每星期或每月的固定時間，使機構內造成一種固定會議的印象。如果會議牽涉外界機構，或是主管參加外界會議，則應選擇適當時間，給予他人方便。

有時如有兩個會議要舉行，而參加會議者大多相同，議程也不複雜，不需太多時間討論，則可視情形安排兩個會議連續舉行，可以節省與會人員參加會議的往來時間。

會議日期確定後，應立刻記入記事簿，會議開始前提醒主管準時赴會，需要準備之資料亦應及早備妥，裝好封袋，交給主管於會議時使用。參加外部的會議，應聯絡司機準備好車輛，不要耽誤了行程。

參加遠程地區的會議，應將旅程、交通及住宿等安排妥當，需要辦理的手續要備齊，務必使主管及時參加會議。

二、餐會

餐會類的約會，大體指午餐約會或晚餐、宴會等，也有早餐會或下午茶的約會，普通午餐約會時間較短也容易控制，但是晚餐或宴會時間常常拖得很長，也不容易控制，因此絕不能將兩個餐會安排在同一天晚上，主客都不方便。此外，宴會大多關係著許多賓客，而各人有各人的事務，所以宴會時間一經決定，非不得已不可改變。

宴會如有注意事項，應於請帖中註明，諸如時間、地點、宴會性質、服裝等等，及早使賓客了解，以免到時賓客失禮，主人亦覺尷尬。

餐會之約會，如主管爲賓客，則秘書僅須將約會之時間、地點、性質記下，留意需不需要準備禮物，到時提醒主管準時參加即可；如果主管本身爲餐會之主人，則身爲秘書，應將餐會應行準備事項，請各單位協助準備妥善，務必使賓主盡歡，使餐會成爲一個成功的聚會。

有些主管活動頻繁，可設計「行程準備作業表」（**圖6-1**）以爲每日行程之依據，部屬也可預先準備安排。

三、個人約會

一般來說，主管每天的約會，最多就是接見訪客，因此時間的分配就靠秘書妥爲安排。個人訪客的拜訪，最好能在事前安排，最少也應在拜

首長行程準備作業表　　承辦人：○○○　聯絡電話：○○○

時間	主題	活動地點	活動性質	對象及人數	配合事項
年月日（星期○）午時分	○○晚宴	圓山大飯店12樓	○○之夜	○○會長 行政院長 ○○理事長 ○全體會員	○時○分入席 ○時晚宴 ○時表演 ○時結束 請著正式服裝

圖6-1　行程準備作業表

訪以前先行電話約定，這樣訪客可以按預定時間見到主管，所需資料也可早做準備，使接見時輕易了解訪客之性質、目的，並選擇有利的條件解決問題，決定事項。

安排主管個人的約會，如果是訪客要來拜訪，應將姓名、時間登入記事簿，並留下聯絡電話及地址，以便萬一不能按時會見時，可以盡早通知。對於臨時來訪賓客，應盡量妥爲安排接見時間，如實在有困難，應徵求訪客之意見，另訂妥善時間。若是主管要拜訪他人，應先徵求對方同意之時間，登記下來，到時提醒主管赴約。

安排個人約會的原則，應以主管個人的習慣，公事處理之原則，每星期固定數時段爲接見訪客的時間，這樣才不致影響正常工作之進行。主管每日的日程表可以一星期爲單位設計表格，將約會或活動列入，一份給主管參考，一份秘書留存，並隨時察看或更新。茲舉一英文日程表例如**圖6-2**。

○○○○COMPANY ○○○○ Mr. ○○○

WORK SCHEDULE　　OCTOBER 10-17, YEAR 20__

TIME	10/10（Mon.）	10/11（Tue.）	10/12（Wed.）
7:00	Breakfast		
8:00			
9:00	Meeting		
10:00	To meet Dr. Yeh	Speech to ○○University	
11:00			
12:00	Lunch with Mayor Mar		
13:00			
14:00			
15:00	Meeting with Sales Dept.		
16:00			
17:00			
18:00	Dp. For Dinner		
19:00	Weeding Dinner		
20:00	（Imperial Hotel）		

圖6-2　英文日程表

第二節　訪客之類型與接待

送往迎來是企業每天都有的工作，因此訪客接待不僅是公關部門要有的專業素養，也是一般工作人員應該學習的辦公室基本禮儀。秘書的工作中，訪客的接見和主管行程約會的安排，更是每日少不了的重要工作之一。而這兩者之間有著相輔相成的作用，因有約會之安排，才有訪客之接見，所以對於訪客接待的禮儀更應有專業的認知。

訪客依約定時間來到辦公室，未見到主管前，先與秘書聯絡，如果公司有接待員，則到公司詢問處，由接待員帶至所要見主管之辦公室，由主管之秘書接待，或是秘書至接待處迎接訪客至主管辦公室。

訪客的接待是辦公室經常的工作，它不僅是個人禮儀的表現，也是公司管理和形象的展示。訪客的拜訪，應該要在事前安排，所需資料也應及早做準備。對於臨時來訪賓客，應盡量妥爲安排接見時間，如實在有困難應徵求訪客之意見，另訂妥善時間。

訪客來到辦公室時，秘書應主動起身相迎，盡速了解訪客的身分和性質。秘書的儀態、衣著都要合宜，辦公桌整潔、有秩序，招待親切有禮，這樣才算是合格的秘書。

公司有專職接待人員，則賓客到公司詢問處，即由接待員帶至受訪人之辦公室，由受訪人或相關人員接待。因此不論專職或非專職接待人員，必須在這段時間留給訪客一個深刻、良好的印象。從說話、動作、待人的態度中，就可以表現出一個人的工作能力及機構的組織管理是否有一定的要求和水準，能有禮儀的修養又親切誠懇，這樣才算是合格的接待人員。

訪客之種類很多，因此接待訪客的各種情況也不同，但是不論如何，待客的基本禮儀是一定要知道的。

一、訪客的種類

(一)公務上的訪客

此類訪客通常占最多數，如因公務需要而來拜訪或商場上往來的商人、推銷員等，來訪前大多與受訪人約好了日期和時間，經過櫃台登記聯絡後，由各有關單位人員負責接待。

某些商業上的訪客，如商場上往來的商人、推銷員等，最好能安排在特定的日期和時間會見，可以使主管在商品的比較上更爲容易，減少主管下決定的時間。

秘書對此類訪客，千萬不可視爲不受歡迎的人物而因此有所怠慢，仍應遵守待客禮儀，以合理的態度對待來訪賓客。

(二)未經約定的訪客

在各種訪客中，難免有許多未經約定的訪客，特別在我國，一般訪客常常都是臨時來訪，頂多來訪前打個電話，對於這類訪客，櫃台負責登記聯絡，由受訪人或有關人員決定接待的方式，雖然並未事先約定，不過受訪單位人員對於這類訪客，仍應禮貌招呼，盡量安排接見。如爲來見主管的客人，秘書應禮貌招呼，盡可能安排見到主管，若是問題並不必主管親自解決時，則可代爲解決或轉由有關部門處理。主管不在應據實以告，若主管不久將回，可徵求訪客意見，是稍等或另約他日見面。

如果訪客爲主管所不方便見面之賓客，秘書更應特別禮貌、機智的用委婉的方法，解釋主管今日不能見他的原因，可否以後再約見面時間，或是留下電話號碼，再行聯絡。

(三)公司內部職員之接見

某些公司對內部職員是不限制其見主管時間的，有些則規定一段適當時間，作爲與職員談話的時間。對於職員因公事見主管，通常都是盡可能的隨到隨辦，但是有些職員請求見主管，往往是對主管有所要求，有所述說，所以秘書應謹慎安排，了解職員要見主管之目的，使主管心理稍有

準備，並使雙方能在合適的情況下見面。如果主管因要事或外出不能接見時，秘書可做初步的了解，給予同情，待主管返回後轉告再處理。

(四)國際訪客

隨著交通工具的進展，世界的範圍似乎越來越小，國與國、地區與地區，或民間團體公司行號之間的往來更是頻繁。因此一般機關免不了會有外國訪客，企業除了公務上的國外訪客外，也常接待政府機關安排之貴賓參觀訪問。他們也許穿著其本國的服裝，以其不同的習慣與禮貌來到辦公室，如果彼此可以通用一種共同的語言，則意見的交流非常方便，否則就要靠翻譯來傳達意見了。外國訪客來訪的時間，一般事先都會以電子郵件或傳真聯繫安排（如**圖6-3**、**圖6-4**），所以應該早就有所準備了。

收電者（TO）：
電傳（FAX）：
電話（TEL）：
發電者（FROM）：
電傳（FAX）：
電話（TEL）：
e-mail：
日期（DATE）：
頁數：含本頁共　頁
Number of pages（Including this cover page）：
聯絡事項（MESSAGE）：

圖6-3　外交部國賓來訪以e-mail或傳真聯絡參觀訪問之企業聯絡單

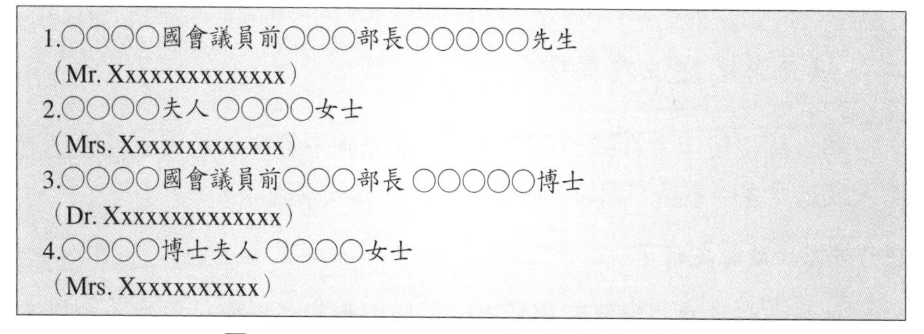

1.○○○○國會議員前○○○部長○○○○○先生
（Mr. Xxxxxxxxxxxxxx）
2.○○○○夫人 ○○○○女士
（Mrs. Xxxxxxxxxxxxx）
3.○○○○國會議員前○○○部長 ○○○○○博士
（Dr. Xxxxxxxxxxxxxx）
4.○○○○博士夫人 ○○○○女士
（Mrs. Xxxxxxxxxxx）

圖6-4　Xxxxxxxxxxxxx（國名）訪問團名單

爲了讓遠道來訪之外賓有親切感，接待人員應事先將來訪國家之國情，來訪賓客個人及隨行人員之資料、風俗習慣、嗜好等有關資訊查閱清楚，談話時可以找到適當的題材，也使訪客因對方的關注而感到愉快。

國際人士往來爲了溝通方便，避免誤會，應有基本國際禮儀的認識，如果不甚了解，可多蒐集資料，多觀察學習。與外國訪客接觸應注意以下幾點：

1.了解客人的宗教習俗與禁忌：例如中國人不能將筷子插在飯碗的飯上；到印度廟宇或住宅要脫鞋，要用右手拿食物或敬茶，不用牛皮製品；泰國人不能用手去觸摸別人頭部，不能將鞋底對著別人；西洋人忌十三這個數字。

2.共同語言使用：有外賓場合宜使用共同語言。如要使用自己的語言也要向外賓致歉，講完最好簡單向其解釋說明。

3.謹慎談話內容：不要說些攻訐本國政府的言論或不宜外洩之機密，或是發表對該國不當的批評及言論。

4.形象風度：注意自己的儀態，說話時遣詞用字文雅，速度不要太快，以免對方聽得吃力或是產生誤解。

5.尊重隱私：避免談及隱私，不揭人之短，不炫耀自己之長，注意國際禮儀。

6.貴賓特定人士：如外國人係貴賓或特定人士，則應事先了解其身分，妥善準備會談之資料內容，接待時方不致有所怠慢。

7.自尊自信：雖然接待外賓要特別愼重，但態度還是要不卑不亢、自尊自愛、彼此尊重。

二、接見訪客應注意事項

訪客經接待至會客室，有時不能馬上見到主管，或是與主管談話過時，或是見客中電話的處理，秘書都應有經驗妥善處理。

(一)訪客談話時之暗示

有些訪客常並非需要而談話過時，秘書應設法提醒，以中止會見，

在這種情況下，如何暗示絕對需要技巧，例如提醒主管開會時間已到，又如有重要電話，或是下一位約定訪客已到，等待接見，使原先之賓客了解主管之忙碌，而告辭離開。

(二)賓客等待中之安排

賓客來到辦公室時，要注意桌上文件是否收妥，特別是機密文件更應避免外人看見。

訪客到辦公室等候的時間，可安排至會客室，應使其舒適。若約定時間已到，而仍未見到受訪人，接待人應代爲道歉，不可任意將訪客留在會客室不理不睬，若耽誤的時間較長，約十五分鐘就要去打個招呼，如受訪人因要事或在外趕不回來，可徵求對方意見可否再稍候，或另約時間詳談。

當訪客在會客室等待時，接待人員送上茶水，態度和藹，通情達理，表情愉快、友善，但不必表現得非常熟識，不要喋喋不休，更不應一言不發，板著面孔、冷落客人，談話也絕對不可洩漏本單位之某些機密。如果需要與訪客聊天，應該是一些平常話題，談一些一般人知道的或是有趣的事。

如本身工作很忙，可以致歉不能作陪，準備一些書報、雜誌供訪客排遣等待的時間。

(三)準備訪客資料及記錄談話的約定

不論事先預定或臨時來訪賓客，在得知來訪的目的後，都應迅速準備訪客要談事情的資料及相關資訊，以便主管或受訪人與其談話時之參考。

訪客來訪談話的內容或有任何約定，訪客離去後應立即記錄，以作爲日後處理時之依據，不致遺漏主管與訪客約定之事項。

(四)見客中電話之處理

主管或受訪人正在接見賓客時，若有必須親自接聽之重要電話，應記下來電者之姓名、公司、討論事項，請對方稍後，並將便條立即交由主管或受訪人，不可在訪客面前大聲傳達受訪人電話。但若非絕對重要或情況不許可，可留下電話或留言，待主管或受訪人稍後回覆。

若有來訪賓客之電話，可轉知情況，由其本身之意願來決定處理方式。

(五)訪客之鑑定

任何來訪之賓客，事前有約定或是臨時來訪的，都應盡快將訪客的背景資料組織一下，如訪客之姓名、相貌、與公司之關係、來訪目的等迅速予以了解。若不認識訪客，或不記得姓名之訪客，應先行禮貌的問清楚，對於堅不洩漏來訪目的之訪客，可憑經驗與直覺判斷其來訪之目的，以提供主管或受訪人接見時之參考。

三、代理主管接見訪客時注意事項

接待訪客時，常有已約定之訪客因主管臨時有事而無法通知訪客改期的情況，或訪客事先未約定即來訪，主管有時會交代秘書代為接待處理事件，即使沒有交代，遇到這種情形秘書也要知道如何處理。下面提供數點參考：

(一)正確轉達主管之意見

主管平時做人做事一定有其原則與看法，所以主管不在，如其有交代，應按其指示行事，如未交代，也應按主管平時處事原則轉達其意見，不能確定者，則待主管回來請示後再行回電向訪客說明。

(二)根據機構的規章處理問題

每個機構都有自己制定的規章制度，不可因其他機構的規定而比照辦理，或是以自己的看法誤導他人行事，許多誤會和爭執因此而發生，主管不在，更應按規定處理事情。

(三)確定答案再行答覆

許多訪客所提問題，並非自己清楚或負責的事項，絕不可憑常識和猜測，認為可以如此，應該不成問題，而使得他人多次奔波，浪費時間，或是根本提供錯誤的方向，造成他人莫大的損失。所以主管不在，不清楚的問題或是當時不能回答的問題，一定要問清楚了才予以回覆。

(四)重要的約見，事後應報告主管

許多訪客來訪時主管不在，也許訪客未說什麼，但是對主管或公司來說，可能是一項很重要的情報來源，所以訪客來訪，除了問題的解決之外，亦應報告主管哪些賓客來訪，以免影響處理事情的時機。

第三節　訪客接待的禮儀

不論是主管平時業務上的訪客、重要貴賓或是接待團體訪客，秘書要針對不同情況做好接待安排。接待應注意事項分述如下：

一、接待前之準備

(一)會客室的準備

賓客來訪大多會在會客室等待或見面，因此會客室是賓客對公司行政管理的第一個印象，整齊、清潔、舒適、美觀是基本的要求。此外，燈光、照明、溫度、溼度是否調整在適當的狀況，窗戶、窗簾是否拉開在合適的位置，有無破損掉落，植物、盆栽保持生意盎然，日曆的日期、壁鐘的時間正確，肖像、旗幟懸掛是否正確，凡此種種，都可看出平時管理的要求以及人員的訓練是否有專業的水準。

會客室的桌椅、數量及排列擺設要事先布置妥當，主、客、尊、卑的位置要分清楚，原則上面對門的位置最尊，右邊又比左邊爲大。如果訪客是來參加會議，則會議室的桌椅排列、茶水飲料準備、會議資料都要及早備妥。關於會議的籌備可參閱本書第五章「會議籌備安排與管理」之內容。

(二)資料準備

來訪者個人資料背景的了解，來訪所談事項資料之準備，陪同會見人員之通知及應準備之資料，公司簡介、名片、禮品、紀念品之準備及包裝，甚至等待時書報雜誌的提供，都要考慮及早備妥。

(三)餐飲準備

茶具、杯盤備妥並保持清潔，飲料事先備置妥當，如有特殊飲品之要求應及早準備。如果準備點心水果，要方便食用並符合訪客習慣。水果要注意衛生，盤、叉、餐巾紙都是要考慮準備的。

如果要招待餐食，飯盒是最簡單方便的，要注意衛生，用餐地點要準備用餐墊紙、餐巾紙、茶水，如能再準備一份水果就更周到了。如是在外用餐就要事先預訂餐廳，最好選擇公司附近的餐廳，可節省交通時間，又可避免停車的困擾。

接待訪客時若有正式餐會安排，宴客禮儀要注意以下數點：

1. 宴客名單：主客陪客應關係和諧，考慮客人宗教信仰、飲食習慣因素。
2. 時間地點的選擇：食物品質佳、環境衛生優良，交通、停車方便。
3. 請帖發放：請帖寫好後，最好兩星期前發出，宴客前一天再以電話邀請或提醒賓客赴宴。
4. 席次安排：通常對著門的位置爲大位，中餐夫婦不分座、西餐夫婦分座爲原則。正式宴客席次安排原則上以主客爲尊，職位高者坐上位，年長者坐上座，女士上座，再就是與主人之間的個人關係程度安排座位尊卑了（**圖6-5**、**圖6-6**）。

第一式　圓桌排法（單一主人）

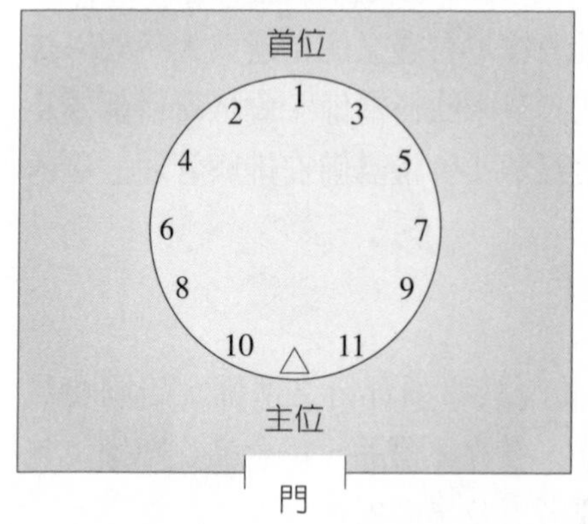

第二式　圓桌排法（男女主人）

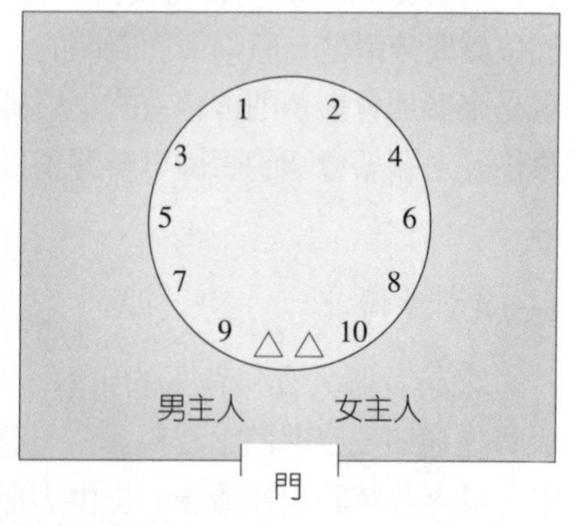

圖6-5　中式餐座次安排

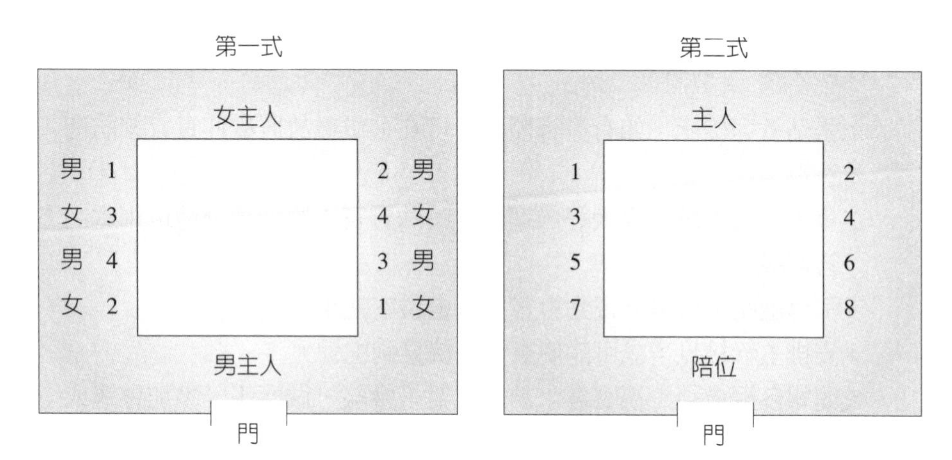

圖6-6　西式餐座次安排

(四)服裝儀容

接待人員爲了使訪客對自己及公司有良好印象，本身的服裝儀容應有一定的要求，穿衣的基本要求就是整齊、清潔、美觀。如果公司有規定的制服，當然是穿著制服，如無規定，則男士可穿西裝，以深藍色、灰色系列較爲適當，襯衫白色最爲愼重，其他則可著素色或細條紋襯衫；領帶選擇務必小心，否則會破壞了整體效果，皮鞋及襪子都應爲深色。

女士可穿整套套裝，亦可穿上下不同色套裝，只要搭配適當、美觀就好，如穿連身洋裝，應配一件外套較爲正式，現在長褲套裝亦可上班穿著，牛仔褲是不適宜在辦公室穿著的。如果接待的是團體賓客，可穿較鮮艷服裝，使訪客容易辨認。此外穿著要適合工作場合，例如又長又寬的裙子會影響到工作的方便和安全的。至於皮鞋應穿有跟船形淑女鞋，腳指頭露出的涼鞋是不適宜在正式場合穿著的，絲襪的顏色要適當，鮮艷複雜花色都不適合上班穿著。

合宜的化妝是一種禮貌，同時也能增加自己的美麗與自信，表現專業的服務精神。除了服裝之外，頭髮要清潔，梳理整齊，指甲保持乾淨，修剪合適，不要塗鮮艷的指甲油，可配戴合適耳環及其他簡單飾物，增加整體的美觀。

(五)接待步驟

1.張貼歡迎標示：如有貴賓蒞臨，可在入口處放置歡迎貴賓來訪海報看板。

2.專人迎接：應派專人等候迎接，特殊貴賓更應請身分地位相當的主管迎接。

3.引導就座：引導來賓到會客室或會議室就座。

4.安排主管接見：盡可能使賓客很快見到主管。

5.簡報參觀會談：視賓客來訪之性質是會談、做簡報、參加會議或是參觀訪問等，做好接待之準備。

6.茶點餐宴準備：視賓客來訪性質安排茶點或是酒會、餐會等。

7.紀念品、禮品準備：如需要贈送禮品、紀念品，應及早準備並包裝妥當，附上贈送者之名片，安排適當場合贈送。

8.送客離去：視賓客的情況，送客到辦公室門口或電梯旁或是大門口。一般重要賓客受訪人都會親自送客離去。

二、接待禮儀

(一)建立良好形象

整潔、親切、誠懇的態度，建立良好的第一印象。不要因自己的情緒而露出疲倦及不耐煩的表情。接待訪客要主動積極，訪客一進入大門就要先打招呼、詢問來訪目的，以便掌握賓客之情況。如有名片，接受時右手齊胸左手並跟上接過，盡快記住訪客姓名和職務。

(二)注意行進間的禮節

1.前爲尊，右爲大，三人行，中爲尊，男女同行，女士優先。但是在引導來賓向前時，應走在前面數步，並以方便行走之方向讓客人行走。

2.上下樓梯有扶手之一邊讓客人使用，上樓女士及客人優先，男士或接待人員在後數步，下樓則反之，以防賓客、女士踩滑跌倒，前、後樓梯有人有保護之效。電梯則先行進入控制按鈕，客人後進，出時則客人先出，自己跟進，電梯靠裡位置爲大。

3.如為陪同者，應在被陪同者之後方，兩人陪同則以右邊為尊。

4.坐車的禮節：轎車有司機則以右後為最大；主人自己開車，則其旁邊位子為大；火車順方向窗邊為大；飛機則窗邊第一，走道第二，中間最小（如圖6-7）。

(三)會客室

進入會客室，門向裡開，則先推門入內，站門旁迎客人入內；門向外開，則拉開門，站在門外，先請訪客入內；自動門則客人先入。

會客室的座位，原則上是離門越遠對著門的位置越尊，桌椅的擺設應座內朝外；一般來說，長沙發位置大，主牆前座位為大，面對窗戶可看風景者座位為上位（如圖6-8）。如在會議場所則正面牆壁那一面為尊位。安排座位時，客人位高於主人、職位高者在上位、女士優於男士、年長者在上位。如為國際會議場合，大多按國名之英文字母順序排列座位。

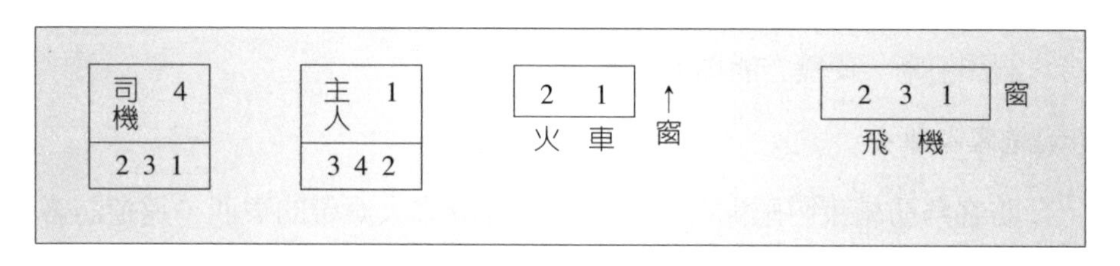

圖6-7　坐車的禮儀

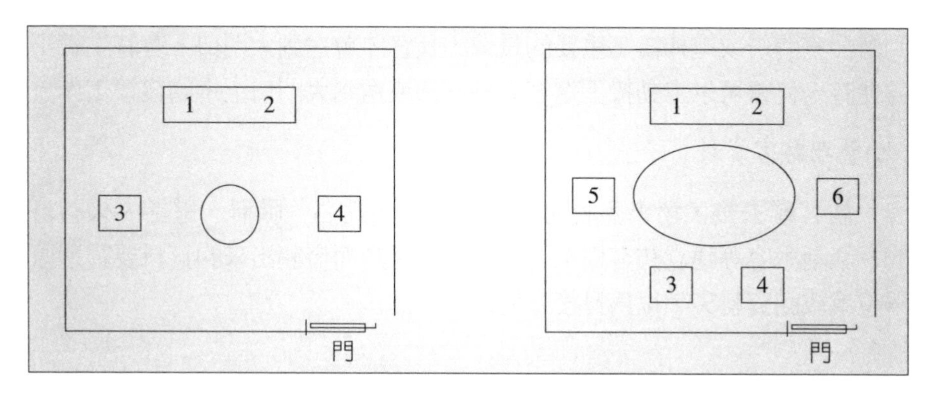

圖6-8　會客室座位排列的禮節

(四)茶水之準備

1.平時茶水飲料準備周全，茶具應保持清潔，無破損。

2.倒茶或咖啡不要太滿，七分或八分滿，溫度適當，杯盤可分開放在大托盤上，敲門進入，先將托盤放在附近桌上，再依次上茶。

3.上茶客人優先，再按公司人員職位高低。送茶水時不要用手端著茶杯杯口，上茶應自客人正面或右斜面輕輕放在其面前桌上。

4.若備有點心水果可先送點心，接著送茶水，點心水果準備應以方便食用爲原則。不要忘了備紙巾，以便食完清理用。

5.客人走後，會客室應立刻清理，以免下次使用時造成不便。

(五)盡量遵守介紹的禮節

把握介紹的時機，一般介紹男士給女士，但是職位高、年長者則不在此限。介紹低職位給高職位，年輕給年長的，賓客給主人，如不能分辨情況，則以年齡來判斷介紹的順序。介紹時態度誠懇、尊敬、和藹，聲音、語調清晰，使雙方能馬上了解情況。

(六)送客人離去

訪客拜訪結束將離開時，不要忘了提醒客人應帶的東西，遠道訪客可指示回程路線，送客時要等客人離開視線再轉身，搭電梯等電梯門關才離開，坐車離去應幫忙開車門，等車開後才離去。這是接待訪客的最後一項工作，不要因最後一個步驟疏忽而前功盡棄。一般主管對普通訪客僅送到辦公室門口或電梯口，重要的長輩、長官才會送到大門口，有時主管不方便時，秘書可以主動接下送客人搭電梯或送到大門口上車的後續工作。

(七)整理訪客資料

訪客離去後，秘書應將訪客的資料，如姓名、職稱、電話、來訪目的、談話內容等建立訪客檔案；因爲訪客來訪而借調出來的資料要歸還原單位或放回資料夾，以爲日後方便使用。

第四節　介紹的禮儀

一、介紹的原則

1.將男士介紹給女士，介紹的一般原則。例如：
張女士，這位是我的同事王○○先生。
Mrs. Curtis, May I present Mr. Pratt?
Mrs. Chen, I'd like you to meet my son, Walt.
Dr. Pratt, may I introduce you to Mrs. Curtis?

2.將位低者介紹給位高者，這是最常遵循的方式。
張總經理，這位是○○公司業務部李○○先生。

3.將年少者介紹給年長者，尤其是在不容易判斷雙方背景情況的時候，就以年齡爲依據。
王經理，這位是我的學生李大偉，請您多多指教。
Professor Yeh, I'd like you to meet my niece Linda.
Aunt Mary, this is Bob Jones.

4.將未婚者介紹給已婚者，當然有時也要將年齡及職位因素列入考慮。
Mrs. Curtis, may I present Miss Brown?

5.將賓客介紹給主人。
Mr. Wang, this is Mr. Lee.
Mr. Lee, this is our manager, David Wang.

6.將個人介紹給團體。
Miss Hsu, I'd like you to meet the class "2A".

7.將較不有名或較不重要者介紹給較重要者。
Bishop Ku, may I present Miss Collinton?

二、介紹的方式

介紹有自我介紹、介紹一般人、介紹團體等不同的情況，分別說明如下：

(一)自我介紹

不相識的兩人自我介紹時：

1.自道姓名，聲音清楚，大小適中。
2.男士起立握手爲禮，女士點頭爲禮。
3.握手快速、握緊、誠懇、注視對方、面帶微笑。
4.女士被介紹給年長、高職位者、年長女士或主賓應起立。
5.女士亦可與男士握手爲禮，但是男士應輕握女士指尖隨即放開。
6.有些地區擁抱親頰爲禮，可入境隨俗。
7.交換名片時字的方向應朝著接受名片者。

以下爲實例：

1.中文實例：
我是○○公司○○○，這是我的名片，請多指教。
我是○○○，○○公司○○部門，請問貴姓大名？
2.英文實例：
May I introduce myself? My name is David Wang.
My name is Mike Johnson, the hostess Mrs. Smith's son-in-law. May I have your name?
I am Mrs. John Kendricks.
How do you do? Mrs. Kendricks, I am James Smith.
It's my pleasure to meet you. My name is John Wang, Chinese Consul General. May I know your name?
3.有關介紹的英文語句：
I am so glad to meet you.

I've heard so much about you, Mrs. Cater.

My brother has so often talked of you.

It's been a great pleasure to meet you.

I enjoyed our talk very much.

I am glad to have met you.

(二)介紹一般人

以第三者身分，介紹不相識者彼此認識時：

1.賓客介紹給主人。
2.在一般社交環境做介紹，先稱呼有名的人、分量較重的人、貴賓、女士、年長者。
3.男士介紹給女士，如果對方男士是教會高僧、皇室成員、總統等，則將女士介紹給他們。
4.聲音要雙方都聽得清楚。
5.姓名、公司、職務要弄清楚，重點要掌握。

以下是實例：

1.中文實例：
校長，這位是○○公司王○○總經理；王總經理，這位是本校校長葉○○博士。
2.英文實例：

Mr. President, I have the honor to present Mr. Ching.

Your Royal Highness, may I present Mrs. Kent?

Mr. Lee, I have the pleasure to introduce to you Mr. Wang.

Mr. Chang, I want you to meet my wife Linda.

Mr. Thomas, may I present you to my wife?

Mr. Thomas, I'd like to introduce you to my wife.

Mary, this is Ted Barrett (Mr. Barrett).

(三)介紹團體

將團體介紹給主人時：

1.要先做自我介紹，使大家都認識介紹人。
2.聲音要使大家都聽得到。
3.接待團體時，最好穿制服或穿鮮艷明亮一點的衣服，使目標顯眼。
4.考慮要周到，男女老少都要兼顧。
5.團體過大時，將團體的主要人士或負責人介紹給主人。
6.對團員不甚熟悉時，請領隊或是負責人擔任介紹團員的工作。

訊息小站

訪客登記表

時間			來賓		訪問對象			離開時間		備註	登記
月/日	時	分	姓名	公司	單位	姓名	事由	時	分		

第七章

秘書的禮儀修養

- 辦公室禮儀
- 生活禮儀修養
- 公共場所的禮儀
- 秘書行政工作有關禮儀事項

一個機構的形象表現、管理是否上軌道，除了壯觀的辦公大樓、齊全新穎的設備外，最重要的還是企業員工的表現。員工的表現絕不僅是指與外界接觸的少數有關業務工作人員，如主管、公關人員、秘書等，企業的整體形象是每個工作人員平時的自然表現，除了專業知識、能力、技術外，員工的工作態度、服務理念也是良好形象的重要因素之一，所以辦公室禮儀就成了上班人的必修課程了。而秘書通常是公司對外接觸的第一線，是公司對內對外溝通的橋梁，對於禮儀的要求及修養較一般工作人員更形重要。本章就辦公室禮儀與生活禮儀修養分別敘述如下。

第一節　辦公室禮儀

辦公室禮儀包括個人的儀容儀態、工作態度與服務理念、工作禮儀等。

一、儀容儀態

上班除了表現工作能力之外，樹立自己的形象也是一項重要的課題，形象包括外表、行爲、態度及內涵。外表的修飾是一種禮貌，裝扮合度，不但可表現飽滿精神，增加自信，也可使別人產生好感和信任。儀態之修養可增加人際關係、產生自信，更應多加注意，以下提供數點參考：

(一)外表方面

1.服裝整齊、清潔，適合辦公室之工作環境。

2.衣服配件不要太多，適合上班配戴，皮包、腰帶的式樣與顏色適合服裝搭配。

3.襪子顏色適中，不可破損，平時多備一雙以備不時之需。

4.鞋子選用配合服裝之包頭船形鞋，跟不宜太高，應保持清潔。

5.涼鞋、休閒鞋不適合搭配正式上班服。

6.頭髮應選擇適合自己臉型、個性之式樣，並保持整潔，梳理平順。

7.化妝合宜，指甲保持清潔，長短適中。

8.下班後之穿著選擇可稍改變，表現另一種美感。

(二)行爲態度方面

1.工作態度負責認眞、眞誠自信，表現專業形象。

2.謙虛、殷勤、專注的態度服務人群。

3.培養良好的人際關係。

4.塑造表裡合一的形象。

二、工作態度與服務理念

(一)建立工作的價值觀念

工作的意義除了獲取經濟效益之外，也能肯定人生價值，滿足個人的成就感。接受一個工作就要有權利和義務的觀念，雖然目前的工作不一定是自己所期望的，但是仍然要對自己的工作負責，盡量從工作中找尋樂趣，以誠心、用心、愛心及平常心的態度來面對目前的工作，或許因爲對工作的努力而產生了興趣，也同時學到了專業技術。如果眞的無法適應這份工作，可以利用現在工作的機會，充實自己其他工作的技巧，等待機會轉換其他適合的工作。

(二)服務的理念

不論從事哪種工作，都要抱著是爲人群服務的觀念，能爲別人做點什麼，不僅肯定自己的價值，也表現了公司的管理精神，留下一個良好形象。待人處事尊重工作倫理，多包容對方，不要給對方太大的壓力。做事服務熱誠積極快速敏捷，適時、適地、適人，愉快的扮演好自己的角色。

(三)培養樂觀的人生觀

愁眉苦臉、自怨自艾、驕傲自大，這些都是不受歡迎的個性，當然事業和做人都不可能成功。想要改變個性不是一件容易的事，但是如果不去做，則更無成功之日。所以後天的努力是必須的過程，培養樂觀的人生觀，改變做人處事的態度，才能達到成功的境界。如何增進個人服務理念，可自以下數點努力：

1.修飾外表，行爲適當：保持優良的態度和儀表，增加自信。
2.充實自己，擴大經驗：工作上精益求精，累積自己的經驗，學習他人的經驗。保持進修學習的觀念，使工作和生活都能擴大知識的範圍。
3.發揮自己的優點：不論是知識的、技能的、個性的、外表的，都能發揮潛力，產生力量和勇氣。
4.把握機會勇於表現：謙虛固然是美德，但適時的表現自己，才有機會得到賞識，展現自己的才華。
5.學習人際關係的技巧：誠實、熱心、積極、務實、仁慈、忍耐。「助人爲快樂之本」、「點燃自己照亮別人」、「己所不欲勿施於人」，都是人際關係最高的境界。

三、工作禮儀

每一職場都有其文化背景、工作倫理、專業要求，如果不能尊重這種規範或行爲模式，一定無法融入辦公室文化中。所以應該遵守辦公室的工作禮儀要求，諸如：

1.上班不可遲到，應五分鐘或十分鐘前抵達辦公室。
2.上班途中遇意外事件不能準時，應電話聯絡。
3.進入公司時注意雨具和鞋子的清潔，也別忘了與同事打招呼。
4.公用物品用後放回原處，借他人東西應記得歸還。
5.不應隨便翻閱他人東西，任意打斷別人工作。
6.尊重公司倫理，保持辦公室的公共秩序。
7.不要在辦公室做私人事情，看不相干的書籍。
8.應對進退合宜，在樓梯或走廊遇見主管或客人應請其先過。
9.化妝室不要隨便聊天，洩漏公司機密，或是道人長短。
10.下班前應清理自己的辦公桌後再離去。

第二節　生活禮儀修養

一、食的禮儀

從一個人吃東西的態度可以很容易看出其個人的教養，而吃也是每天不可少的活動，不論個人家庭用餐，或是外出作客吃飯應酬，都免不了將自己的「吃相」表露出來，因此就不能不在乎平時養成良好的飲食習慣了。

飲食除了講究營養及充飢之外，還要注意清潔、美觀、衛生、愉快，不論中外，餐飲的規矩應該著重平時的訓練，養成習慣，使成爲生活的一部分，方能在吃的時候，儀態自然。

(一)中餐禮儀

中式餐食是我們所習慣的方式，家庭用餐菜色簡單，配幾道菜也無限制。如果是請客宴席則有一定的配菜原則，由前菜（多半是冷盤）、主菜和點心組成，通常至少十道菜，另加點心、水果，當然有些大排場會更豐富。但有些用餐禮儀常爲人所疏忽，而成爲餐桌上不受歡迎的人物。以下舉出幾項中餐飲食應該注意的禮貌提供參考：

1.吃飯端碗，喝湯不出聲，盡量閉嘴嚼食。
2.不要用筷子敲著碗盤叮噹響。
3.每道菜由主客開始取菜，然後以順時鐘方向輪流取菜。自己取完菜應轉向下一位。
4.不要在菜盤中挑揀而有所謂「撥草尋蛇」的舉動。
5.遠處夾菜要恰當，不要有「飛象過河」的動作。
6.坐著不要抖腳，吃時不可有挖耳、挖鼻等不雅的動作。
7.飯後殘渣收拾好，不要弄得到處都是剩餘菜渣。
8.坐姿不要妨礙他人，習慣使用左手的人更要當心，不要與鄰坐使用右手的人碰撞。

9.在餐桌上盡量少用牙籤，不得已也要用手遮住，更不可用筷子剔牙。

10.公共場合盡量使用公筷母匙，外國人士可視情況準備刀叉，方便飲食。

11.中式餐宴通常是一酒到底，近年來國際宴客也會有餐前酒、席上酒、飯後酒的安排。

12.中式宴會致詞多半在宴會開始時爲之。

(二)西餐禮儀

西餐和中餐的用餐方式大不相同，但是既然是吃西餐，就應該對西餐禮儀有一些基本的認識，不論自己用餐或是在工作場合、與人交往或是出國旅遊用餐等，都能表現應有的禮儀修養。良好的餐桌禮節，可以多做練習養成習慣，成爲生活習慣後即變成品格的一部分，是一種本能自然的表現。以下針對西餐的基本禮儀說明如下：

■就座離席

1.就座時從椅子左邊進入就座，離座亦同，如此可避免大家同時入座時相互碰撞。不要只坐在椅子邊緣，坐姿較不穩重。

2.女士、年長者坐定後，男士才入座。或是等主人請就座時再坐下。習慣上男士爲右手邊的女士服務。

3.女士的皮包，可放在自己背部與椅背座位中間；皮包大時放於椅子腳邊，不可掛於椅背上，影響上菜時通道流通。

4.小型宴會應等大家的餐點都到齊後，才開始使用；大型宴會或自助餐則可不必等大家，食物到了可先行食用。

5.用餐速度要與同桌用餐者配合，太快太慢都會造成主人的不便。離席不必清理桌上東西，離開就好。但是家庭用餐，則應協助收拾善後。

■餐巾使用禮節

1.餐巾太大時，對摺成三角形或長方形，摺角向外置放於腿上，不要插在衣褲腰帶上。

2.餐巾除用來抹口或是擦拭手上之汁液外，不可用來擦拭餐具、擦汗，或做其他不雅用途；擦嘴時用餐巾的四個角落爲之。
3.遇到容易潑灑之食物，可用餐巾撐起遮擋，但是不要插在襯衫領口上。
4.用餐中暫時離席，餐巾放在椅子上或椅背上。用完餐後，將餐巾稍摺一下，放在桌上左手邊或餐巾碟上，有污漬部分摺在裡面。

■用餐禮節

1.自餐盤最外之餐具開始使用，亦即從盤子兩邊最遠者開始使用，用完後放在盤子上，以待取走，另上一道菜時，再用最外邊之餐具。如無把握，可跟隨女主人之步驟使用（**圖7-1**、**圖7-2**）。
2.餐具根據上菜的順序排列，一般稍正式的西餐有開胃菜（appetizer）、湯及麵包（soup & bread）、生菜沙拉（salad）、魚或海鮮主菜（sea food）、肉類主菜（meats）、甜點（dessert）、水果、咖啡或茶（coffee or tea）。餐具放置右邊爲刀、匙，左邊爲叉，前方爲飯後甜點叉、匙。

圖7-1　餐具擺置相片

資料來源：蘇芳基編著（2007）。《餐旅服務技術Ⅲ》。台北：揚智文化。

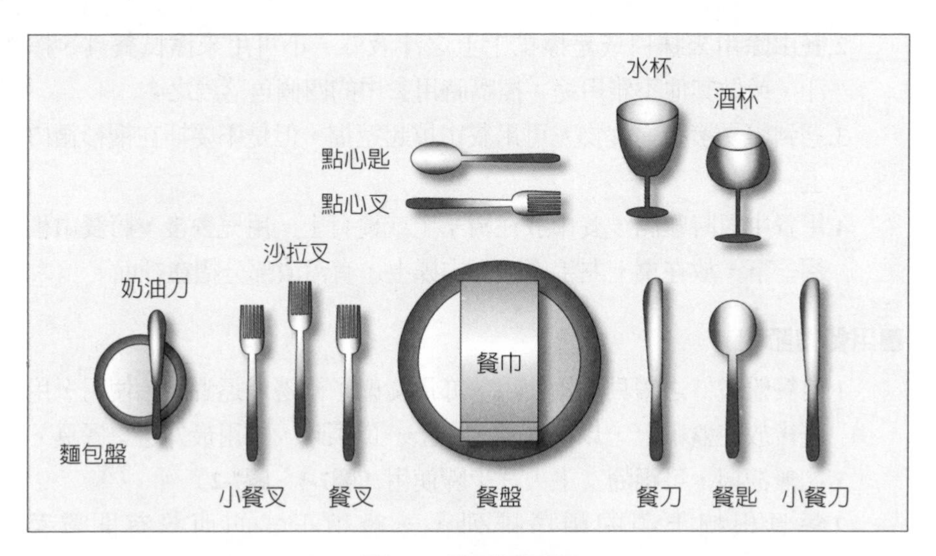

圖7-2　餐具擺置圖

資料來源：蘇芳基編著（2007）。《餐旅服務技術Ⅲ》。台北：揚智文化。

3.右邊爲飲料杯、酒杯，左邊的麵包盤是自己的，切記不要弄錯了。右邊的杯子，靠中間最大的杯子是水杯，其次配合上菜向右邊依次放置白酒杯、紅酒杯等；不喝飯前酒可點用礦泉水等不含酒精的飲料。

4.用餐時，不要拿著刀、叉、匙在桌前飛舞，強調你的談話。

5.以右手持刀，左手持叉，叉齒朝下，用刀切割食物，然後用叉將食物送入口中，切記不可用刀叉食物放入口中。食物宜切一塊吃一塊，每塊不宜太大，以一口之量爲原則。

6.用餐中，如要將刀叉暫時放下，有數種方式。最常用的方式是：將刀叉放置餐盤前緣上，成八字形，另一種方式是將刀叉架在餐盤和桌子上成八字形（**圖7-3**）。

7.用過之餐具要放在盤子上，一般採用之方式爲：刀、叉平行以四十五度置於餐盤上，也就是刀叉把手對準四點鐘方向，握把向下，刀在右，叉在左，刀口向內，叉尖向上；或是刀右叉左交叉置於盤上，用過之餐具不可置於餐巾上（**圖7-4**）。

圖7-3　中途休息刀叉放法

圖7-4　用完該道菜刀叉放法

資料來源：蘇芳基編著（2007）。《餐旅服務技術II》。台北：揚智文化。

8.任何用過之匙不要置於杯、碗或蛋杯內，要放在盤上或托碟上，除非托碟太小，才將匙放在杯中。

9.吃肉類，如牛排有很嫩（rare）、五分熟（medium rare）、七分熟（medium）、全熟（well done），可根據個人喜好定餐。吃時由左向右切一塊吃一塊，不要一口氣將食物全都切成小塊堆滿餐盤，顯得雜亂且肉類容易冷掉。

10.不要用茶匙一匙一匙喝咖啡、巧克力和茶。如要放方糖，應先將方糖放在匙上再放杯內，避免直接放入咖啡濺出杯外，奶精糖粉則可直接加入。茶匙攪拌完畢應放在托碟上，拿起杯子喝即可。

11.一般來說，西餐的清湯及熱湯多用淺盤，濃湯則多用帶耳的湯杯盛置。喝湯用匙，由湯盤靠自己這邊向外舀湯，自匙邊喝之，不要將匙全放入口中。

12.不要彎著身子靠近湯盤去喝湯，西餐應以食物就口，而非口就食物。

13.除非在家中，否則不要將麵包或餅乾弄碎放在湯裡食用。

14.湯快喝完時，可將盤由內向外稍豎起將湯喝完。

15.用杯裝的湯，可用匙或直接單手端杯喝之。

16.法式起司酥皮湯可用匙自碗面取少許起司先食，再自洞中喝湯。此外，亦可用刀或叉順著碗邊將起司切入湯碗，再用湯匙食之。

17.湯喝完了，將匙放在盤中，把手在右。如為湯杯，則匙放在托碟上。
18.麵包自邊撕成小塊塗奶油食之。如為硬麵包則用刀切塊塗奶油食之。

二、衣的禮儀

服裝穿著可以顯出一個人的身分、地位，也可看出一個人的教養，甚至可以代表一個國家的文化傳統，及反映其經濟能力。在職場工作時，不同的工作環境、公司背景和工作性質決定穿著的服裝，以適合身分及符合工作安全為最重要。穿著也代表專業能力，不當的衣著不但形象不佳，更可能影響升遷的機會。秘書工作者職場的穿衣學問不能不注意。

衣服的整潔得體，常令人興起歡愉的感覺，可以增加自己的自信；服裝要配合自己的身分和年齡穿著，在不同的場合應穿合適的服裝，要衡量自己穿得漂亮，基本的原則應該講求整齊、清潔、合身、合時、美觀為宜。職場中辦公衣著大多有所要求，尤其與外界接觸較多的公共關係人員、秘書、業務人員等，高階主管更是隨時保持上班的正式穿著。上班穿著注意事項說明如下：

(一)男士上班服

男士上班穿著有正式西裝、半正式西裝、外套、西褲、襯衫、領帶、襪子、皮鞋、飾品等，分別說明如下：

1.西裝（black suit）：以深色為主，是屬於很正式（formal）的上班服，深灰、深藍、棕色都是適當的選擇，全黑色西裝配黑色領帶是特別場合的穿著。西裝材質不要太顯眼，淺色較不莊重，不適合重要場合。西裝有雙排釦和單排釦，坐下時西裝釦是可打開的，但站立時，特別在講台上或是照相場合，單排者則扣上面一或兩個釦子即可，不要全扣上顯得呆板，但是雙排釦則應全扣上，否則前緣會拖長，影響整齊美觀。口袋蓋應放出來，也不要在口袋裡放東西，影響衣服外觀。
2.半正式西裝（semiformal）：有時在平常上班場合，西裝上衣和褲

子可搭配不同顏色，稱爲上班便服（lounge suit）。這種穿法較輕鬆舒適，但並非隨便，如非公司有特別重大慶典舉行、重要貴賓蒞臨，或是自己是上台演講報告者等事項，平時都可這麼穿著。

3.襯衫：穿西裝盡量搭配長袖襯衫，尤其是主管階層，如因氣候因素，一般職員可穿短袖襯衫打領帶。襯衫以白色最爲正式，其次爲素雅的淺色系列，或是條紋或是細小花紋；深色襯衫爲普通場合穿著，須配合西裝的顏色和打合適的領帶。

4.領帶：領帶是男士服飾中較多變化的配件，也能展現搭配風格及個人品味，是男士在服裝投資上不可節省的一環。每天打領帶是男士要修的學分，領帶長度應到褲腰帶，太長或太短都不適合。

5.襪子：應搭配深色襪子，長度應穿至小腿一半，原則上坐下時不可露出小腿。襪頭鬆了就別再穿，因爲和別人邊談話邊拉襪子是相當不禮貌的行爲。

6.鞋子：與整套西服搭配，穿著深色皮鞋，鞋子應擦乾淨。

7.飾品：除了公事包、手錶、皮帶、結婚戒指等必需品外，首飾應盡量少帶。

(二)女士上班服

女士上班服包含套裝、洋裝、長褲、鞋子、襪子、飾品等。職業婦女上班服，首要條件是清潔、合身、大方、高雅、耐看，卻不惹人注目爲不變的原則；避免穿常要整頓的服裝，選擇可以相互搭配的色系，將不必要的配飾除去，可以減少因穿著而浪費許多時間。

1.套裝、洋裝、旗袍：上班服可選擇端莊樸素大方的成套套裝，可以上裝和裙子同色，也可以上裝和裙子不同色，搭配合適美觀即可。女士上班服最好不露肩、避免無袖，穿洋裝最好準備一件外套，外出或與人談事情時可顯得正式一些。現在對於質料合適、剪裁得體的長褲套裝也可在上班穿著。中式旗袍也是很正式的上班服，不過因爲個人身材因素或是行動的限制，普遍不爲女士上班族所接受。牛仔褲除週末外，還是不適合上班穿著。此外，裙子不宜太短，視個人年齡身材調整，以膝蓋上下兩寸爲原則，長裙要以不妨礙工作

爲原則，過於緊身的衣服也要少穿。

2.鞋襪：選穿樸實的皮鞋，不要穿休閒鞋配正式上班服裝，涼鞋在熱帶地方可以穿著，拖鞋絕不應該穿到辦公室。不過在正式場合應該穿前面不鏤空的船形有跟包頭皮鞋。女士的襪子顏色式樣應與服裝及場合配合，過於凸顯及花俏之襪子不適合平常上班時候穿著。隨時多準備一雙以備不時之需。

3.配件：女士服裝的配件如皮包、皮帶、飾品等搭配得體，才能發揮服裝的功效，不當的配件使人看起來庸俗不堪，破壞了服裝整體美感。不論皮包、腰帶、髮飾、耳環、胸花、項鍊、戒指、手環等之佩帶，都要配合時間、地點、場合。酒會、宴會等大型場合，可以搭配花俏大型耳環或閃亮飾品外，一般的原則，身上所有的配件最好不超過七件。合適的服裝儀容是絕對可以爲自己的形象加分的。

4.禮服（dinner dress, dinner gown, evening gown, full dress）：女士在盛大活動場合應著小禮服，禮服有長到腳背、短到膝蓋上的裙裝，小禮服質料應選絲質、緞質、雪紡紗、蕾絲、絲絨等質料柔軟的布料來製作。白天和晚上所著禮服，其華麗程度和配飾應有所區別。

晚間化妝可比白天濃厚，可選用有點亮度的化妝品，配件可豪華亮麗，皮包與皮鞋可選用金色或銀色。鞋子應著有跟之高跟鞋，除非要與服裝配合，否則應穿前面不露腳指的高跟鞋。不要用毛衣當晚禮服外套，可用披肩或質料好的短外套做外衣。

我國女士可著代表中國傳統的旗袍，在隆重盛大的場合可著長旗袍。長旗袍宜長及足踝，袖長及肘，兩邊開衩不宜過高，衣料以綢緞、織錦或繡花者爲出色，綴亮片亦能吸引人。長旗袍的穿著可配短外套或披肩，晚近改良式的長旗袍亦漸流行，因捨棄高領，衣服也較寬鬆，較爲舒適，同時不失美感。中國仕女在參加國際性場合時最好穿著旗袍，表現中式禮服的特色。

三、住的禮儀

居住的環境要保持清潔衛生，住處要安全、舒適及便利，注意公共

道德，不應妨害他人，與街坊鄰居亦應和睦相處，互相幫助。

在他人家中作客，應配合主人之生活習慣，更不可未經允許隨便使用電話、汽車等主人之財物。出外旅遊住宿旅館，最好先預訂房間，在旅館不應大聲喧鬧或穿著睡衣進出房間，更不能有拿取房間用品等不受尊重的舉止行為，損害個人、團體，甚至國家的名譽。

至於工作上住的禮節應表現在辦公室環境維護中，如個人辦公桌的清理、辦公室清潔、辦公室公務用品的使用與維護等。

四、行的禮儀——搭乘交通工具的禮儀

行走不只是個人的禮貌問題，也關係到整個秩序和安全問題。舉凡與長官、長輩行走間的禮節，乘車、乘電梯、介紹、拜訪等，都關係到個人的禮儀修養與社會倫理之維繫，所謂應對進退合宜合度，就是行最好的表現了。

不論自行駕駛或是搭乘各種交通工具，對於遵守交通規則，以及行駛中的禮貌，乘坐時的車位尊卑等，都要有所認識，以提升「行」的素質。

(一)使用交通工具的一般禮貌

1.街道有人行道和快車道之分，交叉路口有紅綠燈和斑馬線的設置，無論行人或駕駛，應遵守交通規則。
2.駕車者應尊重公共安寧，少按喇叭，尤其路經醫院學校，應減速慢行，不按喇叭。
3.坐車時，男士應禮讓女士，上車時先開門讓女士上車，下車時，先下車開門，協助女士下車。對長輩的禮讓，亦應如此。
4.不要占用殘障專用車位（handicap）、座位（priority seat）。

(二)車位尊卑

坐車時，各種車的車位尊卑不同，座位的大小有一定的基本原則，但是實際運作時，會因為當時的情況而有所調整，有時又會因為主人的安排而「客隨主便」。以下僅就座位的基本原則說明如下：

■小轎車

1.有司機情況：不論駕駛方向在左或在右，均以司機右後方為最大，左邊第二，中間第三，司機旁座為最小。如只有三人坐車，第三的位子最好不坐，使後座寬敞些（**圖7-5**）。夫婦同乘車時，女性先上車坐左方，夫坐右側。

2.主人自己開車：主人旁位子最大，後座右邊第二，左邊第三，中間最小。因此如主人旁座者中途先下車，後座者應到前座補位，否則視同主人為司機，甚為失禮。不過如在交通繁忙的街道或是後座之人不久也要下車時，則可向主人道聲抱歉不必換位子，以免大馬路上換座位危險又會影響車流。如友人開車配偶同行，應禮讓其配偶坐前座，左側行車，後座夫婦可對換座位女右男左，不過客人都以主人的意思為主（**圖7-5**）。

■吉普車

不論有司機或是主人自己開車，都是駕駛座旁位置最大，右後次之，左後再次之（如**圖7-6**）。

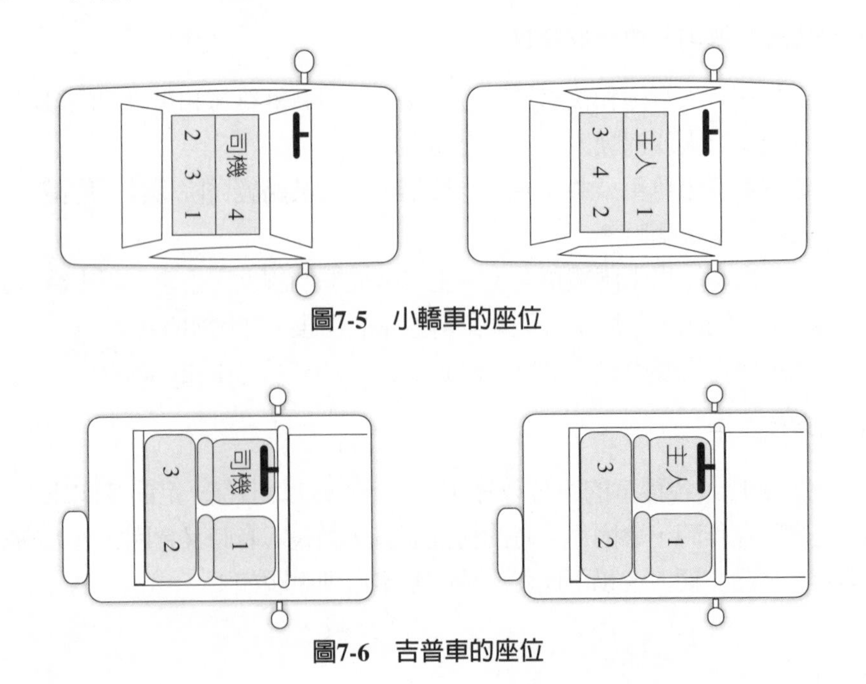

圖7-5　小轎車的座位

圖7-6　吉普車的座位

■九人座小巴士

司機後排位置爲最大，再後排次之，右邊又比左邊大，司機旁位置最小（**圖7-7**）。

■計程車

前座位小，後座位大，右邊比左邊大。但是因計程車在街上行駛，座位的大小是以安全及方便爲最優先考量（**圖7-8**）。

■大巴士

司機後面最前排位子爲大，右邊比左邊大，窗邊又比走道爲大，不過一般大巴士編排座位以單雙編號，右邊爲1、3，5、7……，左邊爲2、4，6、8……（如**圖7-9**）。

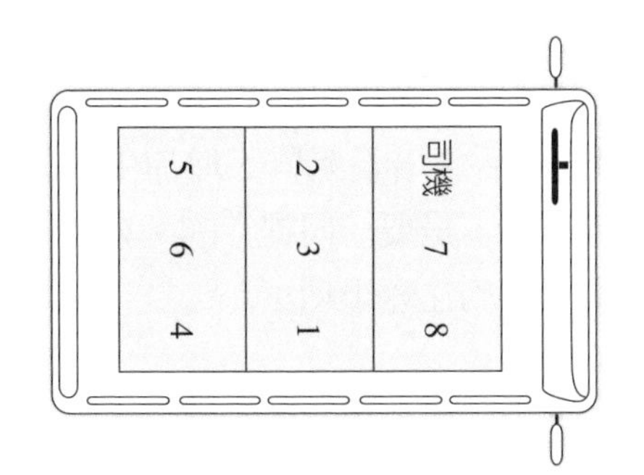

圖7-7　九人座小巴士座位

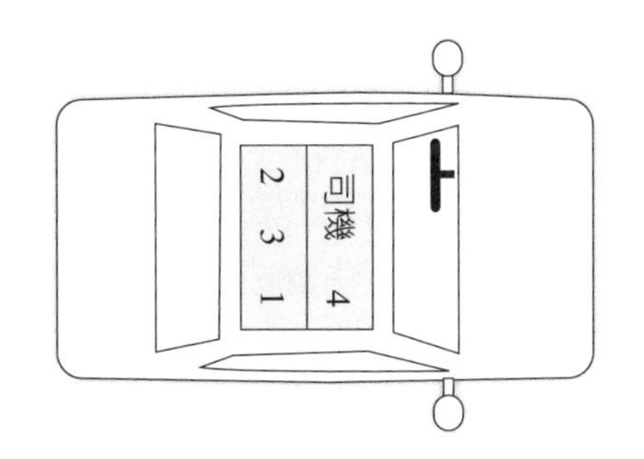

圖7-8　計程車座位

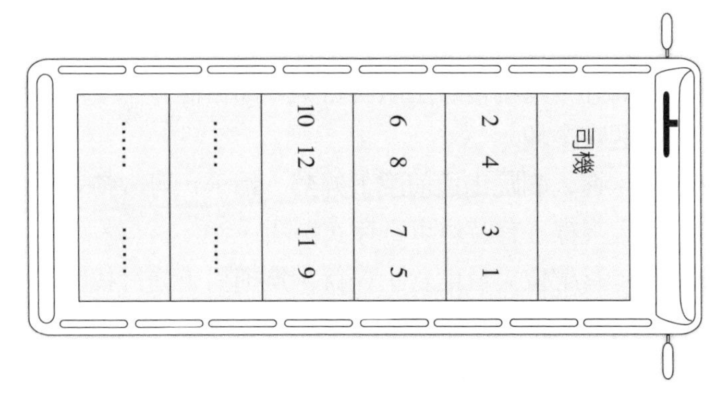

圖7-9　大巴士的座位

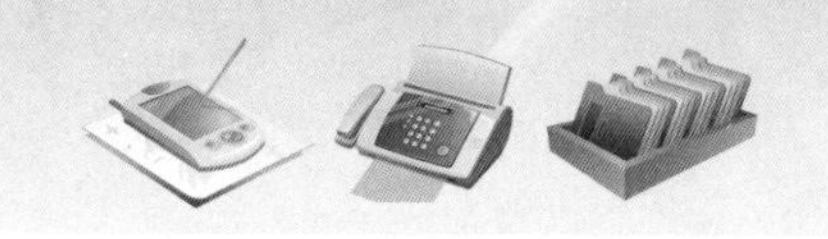

第三節　公共場所的禮儀

公共場合中最容易看出一個人的禮節修養，禮儀合度的人不但受人尊敬，也到處受人歡迎。公共場所的範圍很廣，舉凡街道上、汽車上、各種會議場所、各種娛樂場所、商店、教堂、公園、圖書館、博物館等都屬之，這些人多的地方，更需要大家遵守公共道德，才能維持公共秩序。

良好的禮儀，絕對不是做表面功夫，而是要靠平時不斷的注意，不斷的改進，才能養成良好的生活習慣，從而一舉一動都能自然表現合宜的禮節，爲他人所尊重。以下分數點說明：

一、觀賞音樂、戲劇表演的禮儀

觀賞藝術表演是很好的休閒活動，不但可以滿足自己的興趣，豐富生活的內容，也可以紓解工作壓力、調劑生活、培養氣質、增加生活情趣，但是對於禮節的要求，對於表演者的尊重，是要一同提升的。有關的禮儀修養必須經由養成，以下爲觀賞藝術表演的注意事項：

1.憑票入場：一人一票，憑票入場，對號入座，亦可按規定以年票、季票或是優待票等方式購票。

2.遵守兒童入場之規定：除兒童節目外，不得攜帶一百一十公分以下兒童進入演出場所，一方面有些節目兒童不宜，一方面有些節目兒童看不懂，可能會吵鬧不耐煩，影響他人。

3.購買節目簡介：進場後可至服務台購買節目簡介，了解演出詳細內容，增加觀賞樂趣。

4.衣物放置：進入劇院走道前脫下外套、帽子，可放椅背或腿上，不要妨礙他人視線，有時也可寄存衣帽間。

5.覓位就座：有帶位人員則女士先行，無則男士先行找位，女士先入座，男士隨後入座。

6.讓路：節目未開始前，男士應站起來讓別人進入就座，女士則不必

起立，如節目已開始，則都不必站起來。

7.座位尊卑：劇院座位有分區分段不能逾越時，應按所持之票就座。如非視線關係，男士應坐走道，包廂座席則女士、貴賓、年長者坐前座。

8.遵守錄音攝影之規定：非經許可，不得攜帶錄音機及攝影機入場。表演中不能照相，應於終場時再照相。

9.入座離席：必須準時入座，在節目演出中萬不得已不得離席，離席也應在節目告一段落休息空檔時爲之。

10.中場休息：表演節目大約都有十五分鐘的中場休息時間，每半場約四十五分鐘；也有中場不休息的表演，演出前都會說明。

11.飲食規定：不得於演出場所攜帶食物、飲料，或吸煙或嚼食口香糖等行爲。

12.服裝：衣著必須整齊，國外有些首演或演出酒會，有貴賓穿禮服之規定。

13.勿於演出中喧鬧或走動：不僅影響表演、妨礙別人觀賞，還表現出自己不懂禮貌。座位距離較遠，可自帶或租用觀劇望遠鏡使用。

14.動物不得入場：不得攜帶寵物入內。

15.公共道德：務必保持清潔，愛護公物，遵守公共道德。

16.正式重大演出：重大演出於三十分鐘前開放入座，而於演出前三分鐘閉門不得進入，遲到要等節目告一段落或中場休息才能進入就座。

17.了解獻花鼓掌之禮儀：歌劇、音樂會通常不得在演出中整曲尚未結束時鼓掌叫好，或向舞台擲花，或在中場上台獻花。舞台劇、喜劇、雜技表演，適當鼓掌叫好，有互動的效果。

二、參觀藝術美術館、博物館

參觀這類公共展館，尤其要有禮儀的修養。遵守相關規定，人多排隊買票要守秩序，參觀時，不能碰觸的物品就不要亂碰，該小聲講話時就

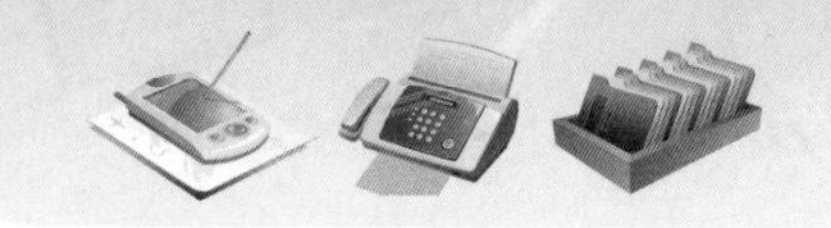

不可大聲嚷嚷。維護環境清潔，保持肅靜，少用行動電話，遵守攝影規定，有解說時應尊重解說員之說明介紹。以下各項提供參考：

1.進入參觀必須購門票、憑證或免費進場。
2.記住不要擋在路口或繁忙的通道，保持走道暢通。
3.必須遵守會館所訂的規則。雨傘、髒的鞋子要處理好再進入，不得在館內丟紙屑或垃圾，保持清潔。
4.必須保持肅靜，少用行動電話。帶小朋友到校外參觀教學，老師要教導參觀的禮儀和規矩。
5.不得攜帶手提物品進場，包括照相機、隨身聽、食品等。大型背包可寄放寄物處。
6.進入博物館、美術館後，不得觸摸展出品，如畫、化石、玉石、古物等，除非有「歡迎動手」的標示。
7.許多科學展覽館可以動手實際操作，應按說明步驟運作，愛惜公物。
8.在博物館、美術館內絕對禁止使用閃光燈，也要遵守攝影規定。
9.必須在指定範圍內參觀，不得踰越禁止線。
10.不得在博物館內吃零食、抽煙、喝飲料。一般都會有餐飲服務部，可在此用餐，餐後如要再進入館內可憑票根進出。
11.如攜幼童入內參觀，必須照顧好兒童，不得任其喧鬧或任憑奔跑，或爬上爬下，不僅影響他人觀賞，也易發生危險。
12.倘患有重感冒、嚴重咳嗽，則不宜進入參觀。
13.愛護公物，保持公共設施的清潔和完好，更不得順手牽羊，偷取公物；或是在圖書館將圖書中某頁撕下帶走。
14.尊重解說員或導遊之解釋介紹，不得隨意干擾。
15.可租用適合語言的錄音機導覽帶，幫助了解；最好先做一點功課，更能有所收穫。
16.注意休館日期，以免白跑一趟。
17.圖書館參考書籍用完應歸還原位或交館員歸位。閱覽書報雜誌後要放好，不要和過期的刊物混在一起。

三、宗教廟堂

教堂、廟宇是宗教神聖殿堂，尊重不同的宗教信仰，進入時態度宜虔誠肅穆、遵守規定，例如進入回教、印度教寺廟應脫鞋，宗教儀式進行時，應保持安靜，對於不同的宗教信仰都應尊重。教堂禮儀簡述如下：

1.進入教堂態度虔誠莊重，尊重不同的宗教殿宇。
2.教堂聚會盡可能準時到達，遲到應安靜選擇靠後面位置就座。
3.服裝穿著整齊，男士脫帽進入。
4.女士不要濃妝豔抹，用味道強烈的香水。
5.早到可坐中間位置，晚到應面向祭壇通過別人，並輕聲說對不起。
6.儀式中遇熟人點頭微笑，寒暄應在儀式結束後教堂外爲之。
7.儀式中傳紙條、耳語、做某些示意姿勢，都不是有禮貌的行爲。
8.除非不得已不要中途離開，如要離開，應選擇方便座位，離開時安靜離去。
9.儀式結束後不要擋在門口或走道，妨礙他人通行。

四、其他公共場所禮儀

其他公共場所，如道路上、行走時、街上、醫院、公園等，是衆人共同使用的公共設施，在同一地點做類似的事情，因此如何不妨礙他人，遵守公平原則，尊重權利義務，遵行自由平等的行爲準則，是個人禮儀的基本修養。

1.避免在公共場合使自己成爲惹人注目的人物，或是大聲談笑惹人側目。
2.不要直接擋著正在走過來的人的路，應靠邊站。
3.在走動的樓梯上，雨傘、手杖要小心。保留樓梯左邊給趕時間的人通過。
4.不要在馬路上大聲打招呼，引人側目。或是在別人過馬路或擁擠的人群中叫別人，不但危險也會妨礙交通。

5.公共場合不談家裡私事或指名道姓談論別人。
6.咳嗽、打噴嚏、打呵欠應掩口。
7.當街飲食應看場合。簡易補妝要快速完成，複雜整妝應在私人場合爲之。
8.開門、關門動作要輕，人多場合循序漸進，不要插隊。
9.遵守吸煙及不准進入之規定。使用洗手間要保持清潔。
10.不取笑或作弄不同情況的人。
11.公共場合控制脾氣，不叱責服務人員。
12.公共場所不要衣衫不整，奇裝異服。
13.在公園不可摘取花木，保持清潔。帶寵物要清理排泄物，並注意不要讓寵物嚇到別人或傷害到別人。
14.到動物園參觀，要愛護動物，不敲打櫥窗玻璃驚嚇動物，不餵食物或丟東西傷害動物。

第四節　秘書行政工作有關禮儀事項

禮儀是秘書工作者自身應備的條件，同時在工作中亦是重要的項目之一，從電話的禮節、接待的禮節、集會的禮儀，乃至工作上主管的社交應酬禮儀等，都是秘書應該了解的項目。本節僅就秘書對主管工作中有關禮儀事項介紹如下：

一、贈送禮節

一般人經常會有許多主動或被動的交際應酬，需要送禮或參加。一個單位主管更是因職務的關係，常被有關團體或個人邀請，諸如婚喪喜慶、展覽會、運動會、開幕典禮等等。對於這些需要贈禮之事，最好先與主管請示一個原則，以後可以按照這個原則辦理，或是先處理再呈報主管知曉或是簽稿併陳，可以節省手續的煩擾，在時效上也能相互配合。

主管經常往來的親友、長官或公務上之友人，應將其地址、資料詳列名冊，以便年節時致送卡片或祝福。名冊務必保持最新資料，隨時修正

補充。

外國人士特別注重其妻子或家人生日、結婚紀念日等值得紀念之節日，所以秘書應在適當時間提醒主管，有時秘書也會受託購買禮物，此時就要仔細思考，盡量配合受禮者的需要，達到送禮的目的。

贈送禮品或是賀卡，或是拜訪、探病、弔唁送禮、送花等，除了須注意選擇適合及符合禮儀的規矩外，尚應注意時間的配合，如果不能趕上時效，就完全失去意義了，所以最好在記事本上登記，以免遺忘。以下送禮注意事項可供參考：

(一)送禮的原則

1.受禮對象：應了解受禮人的嗜好和實際需要，受禮人的習慣、宗教信仰、國情等。送打火機給不抽煙的人、送牛皮製品給印度人都是很失禮的。送禮給遠道來客要考慮攜帶方便，不便攜帶的禮物徒增受禮人困擾。

2.禮品的分量：應與送禮的對象、場合相匹配。過重的禮品對方難以接受，甚至引起誤會，禮太薄則顯得寒傖。贈送禮品必須具有意義和實用。

3.送禮時機：送禮要把握時效，過早易忘，過遲失禮。大部分送禮都是事前或當時，很少是事後才送的。尤其喪事是不可以補送的，喜事則可以。

4.禮尚往來：回禮可視不同情況，有的需要即時還禮，大部分的情形不一定是馬上回，可以先以電話、信函、卡片或當面致謝，有適當時機再行回禮較為自然。回禮最好配合所收禮品的分量適度回禮。

(二)送禮注意事項

1.送金錢、支票的場合要慎重：雖然金錢可能最為實用，但是對象場合亦要考量。送現金紙鈔要新，並且用信封裝好，信封寫上祝賀或其他適當詞句，左下方簽下姓名送出。

2.禮品包裝：禮品必須加以美化包裝，在包裝前應注意撕去價錢標籤。包裝前不要忘了檢查禮品有無破損瑕疵。

3.具名送禮：除親自面遞的禮品外，託人轉交的禮品應貼上送禮人的名片，或寫上姓名，有時收到太多禮品，受禮人不知是誰送的。

4.送花場合：喜事、喪事絕不能弄錯，各種花種及顏色所代表的意義也最好了解（見本章後面之訊息小站）。

5.食物類禮品：送水果或食品，要注意其保存期限及是否新鮮。

6.禁忌：各國各地的禁忌須注意，可問熟悉當國當地情況的同事、當地使領館、親朋好友、該國商人，或向其幕僚打聽。例如中國人不送扇子、傘（與「散」同音），不送鐘（與「終」同音），拉丁美洲人不送手帕（代表眼淚）、刀劍（破裂），日本人探病不送有根的盆花（病生根了不易痊癒）。

7.非物質的禮物：有時對某些對象最好的禮物不是物質的形式，而是眞心的讚美，充滿誠意的問候、電話、短簡，或是適時提供適當的幫助。

(三)禮品種類

1.具有代表本國文化的物品：如土特產、食品、地區風格產品。不過對外國受禮人應考慮是否能接受食物的禮品，或是能否帶進其國家。送禮還要注意禮品保存期限。

2.能代表本國工業或技術進步形象的產品：如電子產品、著名品牌產品等。

3.具有紀念性的產品：如紀念牌，特別製作的字畫、印章等。

4.具實用性的禮品：如自己公司的產品。

5.具食用性的禮品：如代表當地風味的食品，最好送本國人士，而且注意保存期限。

6.具榮譽性的禮品：如紀念旗、球、紀念牌、紀念章等。

7.代表團體的紀念品：如錦旗、匾額等，送這類禮品應可供展示較有意義。

8.金錢：包括現金、禮券、支票等，致送的對象和性質要恰當。

9.花類：鮮花、盆景、插花、人造花等。

二、社交信函

主管經常需要寄些社交方面的信函，這些信件不可耽誤太久，盡可能得到通知就發出，這種信件口氣應眞誠、親切，使用主管平日講話或慣用的語調，並應請其親自簽名後發出。如使用電子郵件發信，快速便利又經濟，許多公私務的信函都採用這種方式，但是在社交活動中還是不可避免有些格式仍在運行，所以秘書對於社交信函之製作要有所認識。

(一)社交信函的種類

■賀函

主管友人中，經常有些喜事需要祝福或恭賀，這種信件可以用簡短、自然而親切的詞句，最好避免公式化的文句，使人收到讀起來味同嚼蠟。

賀函包括祝賀友人升遷，榮獲某項獎狀或榮譽，榮退或是到任週年紀念，以及其他値得祝賀之事。茲舉一英文賀函爲例（**圖7-10**）。

Dear Mrs. Xxxxxx:

I just heard the pleasant news of your appointment as manager of Sales Department at Xxxxx Company. Congratulations!

Please accept my best wishes for continued success and congratulations again.

Sincerely,

Xxxxxxxxxx

圖7-10　英文賀函

■慰問函

慰問信函須寫得老練、誠意並簡潔，不要提一些人生哲學或是引經據典，要以眞誠的心意來慰問對方。

慰問信函包括弔唁信、慰問疾病或傷害等不幸事件，或是對友人遭遇失竊或損傷表示關切等等（**圖7-11**）。

■謝函

表示感謝的信件，不要寫得像按公式排列出來一樣，要盡量表現出眞正歡欣的感情，這種信可以用自己慣用的自然語氣，就像給友誼深厚的朋友寫信一樣。

謝函包括感謝別人爲你服務、謝謝別人的招待、謝謝別人的慰問或恭賀、對他人贈送禮品致謝；他人應邀演講亦應事後數日致謝等等（**圖7-12**）。

Dear Mrs. Xxxxxxx:

It is with profound sorrow that we heard the sad news of the death of your President. Please accept our sincere condolence and deeply sympathy.

Cordially,

Xxxxxxxxxx

圖7-11　英文慰問函

Dear Mr. Xxxxxxx:

Your kind expression of sympathy in regard to the passing of our Chairman of the Board was deeply appreciated.

Sincerely,

Xxxxxxxxxxx

圖7-12　英文謝函

■邀請函

邀請函可以分為正式和非正式的，正式的邀請函是以請帖方式邀請，非正式的是以短信方式。中式請帖格式比較簡單，視婚喪喜慶之性質而發不同形式的請帖；西式請帖都以第三人稱發出，字體應使用書寫體，一般帖子都是以印刷精美的卡片方式，並附有回條。有些請柬因實際的需要，而以中英文並列，這也是目前常見的情況。如果是小型宴會，參加人數有限，可以用手寫或是以書信方式。

請帖應以全名具名邀請，正式邀請函至少應在兩星期前發出。

邀請函包括宴會、演講會、招待會、酒會的邀請，在家宴客的邀請，舞會的邀請，以及迎新或某種捐款會的邀請函；此外，尚有婚禮請帖、展覽會請帖，甚至結婚或其他紀念日的請帖等等。邀請函例另項說明。

對於邀請某人演講，最好以信件做正式的邀請。對於少數人或親密朋友間之邀請，可以用信函方式，更能顯得親切（**圖7-13**）。

（To make addresses）

University House
Philadelphia, Pa. 19100
May 2, 20____

Dear Judge Bartley:

On June 30 we are to lay the cornerstone of our new college library. If you had not been for your enthusiastic support in arousing the interest of the alumni in the raising of funds, we should probably not be laying the cornerstone this June.

We want you to make the principal address for the occasion as no one else could speak so effectively or so acceptably to both student and alumni. Will you do us the honor to be present and to speak at that time?

Yours sincerely,
George P. Canfield

Hon. Arthur H. Bartely
Annaplois
Maryland 21400

圖7-13　英文邀請演講例

■回帖

中式的請帖發出後，很少用回帖，即便是有回條，也不習慣爲人使用。但是在禮貌上被邀請者若因故不能出席，應及早回覆或電話通知，使對方方便準備，特別是席位固定、人數有限時，若不能去而不事先通知，會造成主人很大的不便。有些大型宴會回帖僅請不能參加的賓客回覆（regret only），對參加賓客及主辦單位都可減少麻煩。

西式請帖，若爲正式的請帖，回帖也應用正式接受或正式回拒的規格回覆，非正式信函邀請則可用非正式信函回覆接受或不能應邀參加。教堂舉行婚禮或大型茶會的請帖可不必回覆，其他原則上都應回函，不論來帖用印刷或手寫的，回帖都可用手寫。

■取消邀請

請帖發出後，因爲臨時變故，必須取消或延期原訂的邀約，如果時間來得及，可以用印刷的正式通知；如人數少或時間來不及，則可用手寫的通知單發出。若是能用電話、傳真、電子郵件方式通知，則不失爲一快速方便的方法。總之，取消邀請是萬不得已的行動，所以應盡量請受邀者及早得知及諒解。

(二)中式請帖例

1.開張柬帖：工商行號開張營業時向親朋、同業及社會大衆宣傳所用的請帖。除了印帖分發外，也會在報紙上刊登啓事以爲宣傳。茲舉例如**圖7-14**。

2.慶典柬帖：機關、學校、社團、公司行號等舉辦各種慶祝或紀念活動所用的請帖，茲舉例如**圖7-15**。

3.一般柬帖：日常生活中與人往來交際所用的應酬性請帖，舉凡宴會、茶會、酒會、邀約、參觀等都可發帖邀請，以示慎重。舉例如**圖7-16**。

4.中西合併柬帖：許多活動會邀請中外嘉賓與會，所以爲方便起見，可以中西文合併製作請帖。舉例如**圖7-17**。

本公司謹訂於中華民國○○年○○月○○日○午○時正式開張營業敬治酒會　恭請

光臨指導

○○公司 董事長○○○ 總經理○○○ 鞠躬

時間：○午○時○分
地點：○○市○○路○○號
電話：○○○○○○○○

圖7-14　開張柬帖例

謹訂於中華民國○年○月○日（星期○）○午○時假本校中正堂舉行創校○週年紀念大會　恭請

蒞臨指導

董事長○○○ 校　長○○○ 敬邀

地點：○○市○○路○○號
電話：○○○○○○○○

圖7-15　慶典柬帖例

謹訂於國曆○月○日（星期○）○午○時○分敬備菲酌

恭候

台光

○○○謹訂

席設：○○○廳○○室
地點：○○市○○路○○號
電話：○○○○○○○○

圖7-16　一般柬帖例

台中市專業秘書協會
謹訂於中華民國○年○月○日（星期○）下午一時三十分
假台中長榮桂冠酒店B2F 桂冠廳舉行
第　屆會員大會
誠摯地邀請您的光臨
理事長　○○○ 敬邀

敬請回覆
電話：04-234567　吳○○
傳眞：04-234568

□準時參加
□不克出席

張○○上　○月○日

Mrs. Margaret Wang
The President of Tai Chung Professional Secretaries Association
Request the pleasure of your company to the 0th Membership's Meeting
Of The Tai Chung Professional Secretaries Association
At 13:30, On November 14, 20 __
The Evergreen Laurel Hotel

R. S. V. P.
TEL: 04-234567　Candy Wu
FAX: 04-234568

□Accept
□Regret　　Name :________________
Date :________________

圖7-17　中西文合併柬帖

(三)西式社交邀請函例

1.正式邀請函（formal invitations）：類型頗多，試舉數例如**圖7-18**至**圖7-24**。

2.非正式邀請函（informal invitations）：如**圖7-25**所示。

3.接受、婉拒與取消函：如**圖7-26**至**圖7-30**。

The pleasure of your company is requested
at a dinner
in honor of
Thomas Gray Lawrence
President of the National Company
to be held at the
Parker House
on Wednesday the twelfth of October
at seven o'clock

圖7-18　晚餐邀請函

Doctor and Mrs. Ernest Clark
at Home
on Tuesday November the tenth
from four until seven o'clock
320 Riverside Drive

圖7-19　家宴邀請函

Mr. & Mrs. Gregory Wu
And
Mrs. & Mrs. Leodegario Lazaga
Request the honor of your presence
At the marriage of their
Son and daughter
Francis & Carmen
on Saturday, 20 December 20__
at 3:00 in the afternoon at
Mt. Carmet Church
Carmen, Cagayan de oro City

圖7-20　婚禮邀請函

In honor of
The Vice President of the United State
and
Mrs. ____________________
The Congressional Club
requests the pleasure of your company
at a reception
on Sunday the thirty-first of March
at four o'clock in the afternoon
2001 New Hampshire Avenue

圖7-21　介紹函一

To meet
Mrs. Edward Howard
Mrs. John Richard Thornton
requests the pleasure of your company
on Friday afternoon, the twelfth of April
from four until seven o'clock
at 7 Lenox Drive

圖7-22　介紹函二

Mr. and Mrs. John Richard Thornton
Miss Helen Louise Thornton
Mr. Harold Thornton
request the pleasure of your company
at a dance
on Wednesday evening, the tenth of February
at ten o'clock
at 7 Lenox Drive

The favor of a reply is requested

圖7-23　舞會邀請函

The pleasure of your company
is requested at the
Second Annual Subscription Dance
on Thursday evening, the tenth of October
at half after ten o'clock
at the Susquehanna Valley Hunt Club

Subscription Tickers, # 15
please respond to
Mrs. Frank Stevenson
410 College Road

圖7-24　認捐邀請函

45 West 119th At.
July the fifth

Dear Mrs. Holmes:
Will you and Mr. Holmes give us the pleasure of dining with us on Friday, July the twelfth, at seven o'clock? We shall be very glad if you are able to come.

Sincerely yours,
Mary R. Fox

圖7-25　邀請晚餐

Mr. and Mrs. Arthur Wilson
accept with pleasure
Mr. and Mrs. Everett A. Arnold's
kind invitation to dine
on the evening of December the fifth
at 15 Pondifield Road

圖7-26　正式接受函

Miss Mary Appleton
regrets that she is unable to accept
Mr. and Mrs. Frank Grafton's
kind invitation for dinner
on Wednesday the fifth of March

圖7-27　正式回拒函

Dear Mrs. Fox:

Mr. Holmes and I are delighted to accept your very kind invitation to dine with you on Friday, July the twelfth, at seven o'clock, and are looking forward to that evening with great pleasure.

Sincerely yours,
Elizabeth Holmes

52 West Thirteenth St.
June fifth

圖7-28　非正式接受函

Dear Mrs. Fox:

We are sorry that we are unable to accept your very delightful invitation for dinner on Friday, July the twelfth, as unfortunately we have another engagement for that evening.

Sincerely yours,
Elizabeth Holmes

52 West 13th St.
July the tenth

圖7-29　非正式回拒函

Owing to the sudden illness of their son
Mr. and Mrs. Stephen Bishop
and obliged to recall their invitations
for Tuesday, the tenth of June

圖7-30　取消邀請函

訊息小站

贈花禮儀

事由／對象	注意事項
誌慶	賀開幕或喬遷宜選用鮮花或觀葉植物，鮮花可美化環境、增加氣氛，觀葉植物可於會後用來美化環境、淨化室內空氣，如劍蘭、玫瑰等，表示隆重之意。
結婚	成家乃人生三大事之一，這樣喜氣洋洋的日子，當然就要送色彩鮮艷亮麗、浪漫有情調的花卉最適合；例如表愛意的玫瑰、代表新婚的火鶴以及象徵百年好合的百合等等，可增進浪漫氣氛，表示甜蜜。
生產	看著兒女呱呱墜地，最高興的就是父母了。母親從懷孕到生產的辛苦，尤其令人佩服，所以在送花時最好挑選色澤高貴較佳，淡雅而富清香的花種（不可濃香）為宜，表示溫暖、清新、偉大，例如代表母愛的康乃馨、表示偉大的海芋等。
生日	對於每個人而言，生日是個非常重要的日子，送誕生花最為貼切；另外玫瑰、雛菊、蘭花也適宜，表示永遠的祝福。
探病	探病宜選用顏色淡雅、香味較淡的花，以粉色系及橙色系者較佳。例如象徵活力泉源的向日葵、表示偉大的海芋等等，劍蘭、玫瑰、蘭花亦皆宜，祝福病人能早日康復。若是百合類的花宜事先將花粉摘除，以免花粉散落，引起病人過敏或不良反應。送花給長期臥病的病人，不宜送盆景（耐久），避免讓人誤會您不希望他早日康復。
喪事	弔唁喪禮，適合用白玫瑰、白蓮花等素花，象徵惋惜懷念之情。
情人節	情人節不需要送貴重的禮物，只要一束示愛的玫瑰花、鬱金香或香水百合，便能使你倆感情盡在不言中。
母親節	母親節除了康乃馨以外，玫瑰、百合亦是不錯的選擇。
長輩	送花給個性保守的長輩要避免選用黃色或白色的花，尤其整束都是白色或黃色的花。
上司	下屬送花給上司，不論異性或同性，勿亂送玫瑰花，以避免上司誤會你對他有愛意，反而不自在。
朋友	平日多觀察自己的朋友最喜歡和最討厭什麼花及什麼顏色的花，如此方能投其所好，避其所惡。
男性	送花給男生，不宜送康乃馨，因易引起誤會指他是「婆婆媽媽」或「娘娘腔」。

星座花語

牡羊座（03/21～04/20）	星辰花、雛菊、滿天星（熱心；耐心）
金牛座（04/21～05/21）	黃玫瑰、康乃馨、金彗星（溫柔；踏實）
雙子座（05/22～06/21）	紫玫瑰、卡斯比亞、羊齒蕨（神祕；魅力）
巨蟹座（06/22～07/22）	百合、夜來香（感性；柔和）
獅子座（07/23～08/22）	粉玫瑰、向日葵、禪菊、熊草（高貴；不凡）
處女座（08/23～09/23）	波斯菊、黃鈴蘭、白石斛蘭（脫俗；潔淨）
天秤座（09/24～10/23）	非洲菊、火鶴花、海芋（自由；爽朗）
天蠍座（10/24～11/22）	嘉德利亞蘭、紅竹、文竹（熱情；非凡）
射手座（11/23～12/21）	瑪格麗特、素心蘭（活潑；開朗）
魔羯座（12/22～01/20）	紫色鬱金香、紫丁香（堅強；積極）
水瓶座（01/21～02/19）	蝴蝶蘭、蕾絲花（智慧；理性）
雙魚座（02/20～03/20）	愛麗絲、香水百合（浪漫；開放）

各種花語

罌粟花：多謝	羽扇豆：空想	紅玫瑰：相愛
鬱金香：愛之寓言	紫羅蘭：永恆之美	雞冠花：愛美矯情
紫丁香：羞怯	愛麗絲：穩重	石斛蘭：任性美人
大理花：感謝	文心蘭：隱藏的愛	金針花：歡樂；忘憂
桔梗：不變的愛	滿天星：喜悅；愛憐	孤挺花：喋喋不休
白山茶花：真情	白頭翁：淡泊	百合：百年好合
康乃馨：親情；思念	夜來香：危險快樂	海芋：宏偉的美
金盞花：離別；迷戀	波斯菊：永遠快樂	萬壽菊：吉祥
石竹：純潔的愛	劍蘭：用心；堅固	火鶴：新婚；熱情
水仙：高節自信；尊敬	瑪格麗特：情人的愛	蕾絲花：惹人愛憐
蓮花：默戀	太陽花：神祕	姬百合：快樂；榮譽
向日葵：愛慕；崇拜	風信子：競賽；恆心	天堂鳥：為愛打扮
翠菊：擔心	菊花：真愛；高潔	非洲菊：神祕；崇高之美
蝴蝶蘭：幸福漸近	小蒼蘭：純真；無邪	牽牛花：愛情永固
飛燕草：關愛	金魚草：好管閒事	星辰花：勿忘我

第八章

電話的使用與禮節

- 電話禮節的重要
- 接聽電話的禮節與注意事項
- 打電話時的禮節與注意事項
- 電話留言條的使用
- 主管電話之處理
- 秘書可以處理的電話
- 困擾電話的處理
- 行動電話的禮節
- 中文電話良言美語
- 英文常用電話用語

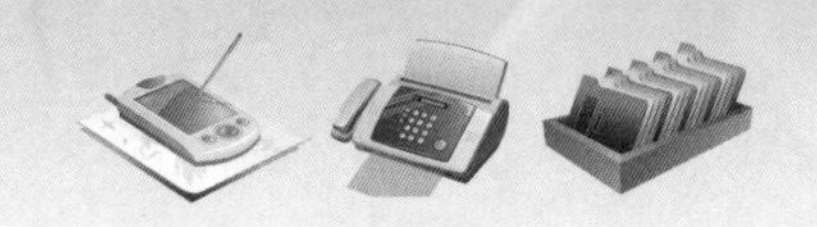

電話禮儀是辦公室禮儀的第一個要求，代表了員工服務品質、工作態度，工作中能用電話解決的事項更是占了工作大部分的數量。電話是解決問題的最快速工具，使用電話解決問題，可以節省因見面往返所需的時間及費用，電話也是表現企業的文化、形象和公共關係最有力的工具。

第一節　電話禮節的重要

由於電話的技術不斷改進，在這個處處爭取時效的工商業社會中，電話的功能日益顯著，許多事務都可藉由電話解決，節省了很多時間。接電話者是顧客第一個接觸的對象，因此當你一拿起話筒，就會立刻顯示出電話的禮儀修養、公司的管理風格及公共關係上的技巧。所以每位工作人員，對於電話的種種規定、電話的使用都應充分了解，使本身及工作機關與顧客建立良好的關係，促進業務的發展。

一家公司的電話禮儀，代表企業的文化，從總機到職員至經理等主管階層，都有直接的關聯。公司的形象雖然是靠全公司由下至上所有工作人員累積起來的，但是電話是最容易使對方留下深刻印象的工具，電話使用的禮節是公司公共關係的第一項要件，任何人都應確實體認電話的影響力。在此講求工作效率、爭取顧客信賴、服務至上的時代，更不能不注意此項最高效率之工具。

第二節　接聽電話的禮節與注意事項

一、電話是靠聲音和語調傳達訊息

隨時記住，在電話中無法看見誰在講話，對方不知道打電話者的表情，他的印象完全來自聲音與語氣。通常留給對方的印象百分之七十是你的聲音，百分之三十才是你說的話，如果聽到的聲音是不痛快或刺耳的，給對方直覺的反應就會是不耐煩與不願繼續說下去的樣子；反之若能充分利用電話這種工具，則可發揮說話最大的功效。接聽電話也不可因對象或

事情的不同，而給予不同的聲音和表情，有著不平等的待遇。

二、迅速接聽電話

電話鈴響，應放下工作立即接聽，原則不要超過兩聲至三聲，若是採用電話語音系統，最好要在第一聲就接電話，因爲打電話來的人已經經過前面一長串的語音服務了，任何人都不願等了許久而未有人接電話。辦公室電話響了許久無人接聽，不僅會使打電話的人緊張，誤以爲打錯電話，同時亦產生公司管理不善、同事之間人際關係不佳、沒有互助精神的不良印象。若是電話中應請對方稍候。接起後之電話，若是能幾句馬上解決之事，就馬上解決，若不能則請其留下電話號碼，稍後回話。

三、注意電話禮貌

雖然電話使用非常普遍，但是關於電話禮貌，卻常爲大衆所疏忽。電話禮貌要成爲生活的習慣，絕對不可認爲到時候就會注意了，一旦發生錯誤或造成誤會時已來不及。所以要隨時記住講話的對象是電話線那頭的人而非手上拿的話筒，若是接聽電話不當心，不但會造成本身工作之不利，更爲服務機關帶來莫大的損失。

電話禮貌的細節，平時報章雜誌都有記載，電話使用人亦多半了解，但主要的問題就是實行起來很困難，諸如接電話不要與人開玩笑，不要貿然猜對方的姓名或是來電目的，張冠李戴，既不禮貌又顯突兀。如何在使用電話時注意禮貌，這就要靠平時不斷的注意，不斷的改善缺點，養成習慣，長久下去，拿起話筒自然而然就有禮貌了。

四、判斷電話處理方式

接了電話就要負起這通電話的責任，拿起話筒後，應知道如何答話，分析談話的對象及其所談之問題，判斷何種問題由本身解決何種轉由主管接聽、何種應轉由其他單位回答。良好的電話交談，應該是要把握正確、簡潔、迅速、愼重其事的原則。

五、轉接電話

每個工作人員都要熟悉公司組織、各單位職掌，本部門不能解決之問題，應轉接給有關部門回答，轉接前告知來電者單位名稱或分機號碼，以免轉接失敗。如果來電者身分地位特殊，最好不要轉接電話，可請對方留下電話，等問清楚之後再回覆或是請承辦人馬上回覆。

六、記錄電話內容

隨時準備紙筆，以便記錄電話內容，不可認爲事小或本身記憶好而不記錄，殊不知往往因工作忙碌，雜事又多，因而忘記電話中所談之事，從而影響大局。如替人接電話留言最好使用電話留言條，可留下清楚的紀錄。

留言時對某些容易誤解之字應用拼字方式表示，如「言」「午」許，「立」「早」章，“Boy”B、“Peter”P、“Mary”M、“Nancy”N等。此外，告知地點時也要說出附近明顯目標物，方便對方尋找。

七、留心對方講話

許多人常常一面聽電話，一面做其他事情，漫不經心，等對方說完了，不知剛才說了些什麼，又請別人重複，這種情形非但不禮貌，又浪費彼此的時間。更不要因人因事之不同，而以不同的表情和聲音對待打電話的人。此外，對於鄉音太重、口音不同的對象，聽話時更應特別注意。

八、聽不清楚的電話

電話聲音嘈雜或對方口音不清，應客氣的請對方重複一遍，以免弄錯影響工作。電話在講話中忽然中斷，應立即掛上，若爲發話人，應再撥一次，並道歉電話中斷，然後繼續談話。

九、離座時電話交代

有事離開工作崗位，應請他人代爲接聽電話，並請其將電話內容留下，以便回來後迅速處理。

十、主管電話處理

爲了幫助主管能有效率的處理公務，不受不必要的電話打擾，適當的過濾電話是有必要的。主管不願接聽之電話，應有技巧回覆。

十一、掛電話方式

電話用完，絕對要輕放話筒，不應讓對方聽到刺耳噪音。掛電話時方向要對，不要使電話線打結，造成下次使用者之不便。

在掛電話要說「再見」的時候，應該讓對方先掛電話，太快掛電話讓對方有透不過氣來的感覺，或是有一種你太忙而對他的生意及事情不感興趣，或認爲不重要的印象。所以在說完「再見」後應隔幾秒鐘，讓對方想想還有沒有事沒說完，等對方掛了，再輕放話筒。

第三節　打電話時的禮節與注意事項

一、提供資訊，準備資料

先說明自己的姓名、機構，使對方馬上進入情況，以節省使用電話的時間。如需要見面接洽事務，亦可先打電話問清楚須備物品，確定適當到訪時間。

打出電話要有價值觀念，所要談之事應先有腹案，不應毫無準備，而浪費時間和金錢，甚至談不出結果；打電話談論有關事情之資料，亦應蒐集齊備放手邊，以便隨時參考，不要說到哪兒才找哪兒的資料，使雙方都感不便。

二、使用正確的電話號碼，節省電話時間

打電話前先查清楚號碼，不可憑模糊的記憶打錯號碼，造成他人的困擾和不便。

不論打出或是接聽電話都應控制時間，否則公司的電話線路有限，占用太久可能會影響許多原本需要交涉的事情，造成公司的損失、顧客的不便。正確的電話交談應具備正確、簡潔、清晰、慎重、迅速等要件。

三、塑造聲音形象

使用電話，聲音一定要表示愉快。拿起電話做出微笑的嘴型，會產生甜美聲音的效果。聲音大小、說話速度都要合適，嘴裡不應咬著鉛筆、口香糖、香菸等說話。

講電話時絕對不可生氣，應該忍耐和同情對方，千萬不可表示不耐煩。

四、注意非語言的訊息

除了專業的技巧之外，不可忽視非語言表達的訊息，諸如誠懇耐心的態度、理性情緒的掌控、聲音語調的適中、周圍環境的干擾，以及應有的電話禮貌等。

五、顧慮應周到

當主管有重要而須保密的電話時，如有訪客在場，應設法離開回話；如主管在打電話或與人談話時，有非常重要的事或訪客，應立即以紙條告之。

電話機周圍不要放置容易打翻的東西，如茶杯、花瓶之類，以免造成困擾。

六、選擇適當打電話的時間

打電話應考慮對方的休息時間、特別忙碌時段、國際電話的時差等，除非緊急事件，避免增加他人的不便。

七、掌握英文5W2H的要點

掌握 who、what、when、where、why、how、how much這幾項要點，就不容易在通話時漏了消息，影響公務了。

八、答錄機留言

利用答錄機留言，要說明姓名、公司、日期、時間，留話給誰，並留下聯絡電話或方式。留言簡單清楚，不開玩笑，不要在答錄機上留下機密的、激動的或困窘的留言；收到他人留言也要尊重他人隱私。

第四節　電話留言條的使用

在辦公室工作，除了直接回覆的電話外，有許多因主管不在或代同事接聽電話，爲了使受話者回來時能了解電話情況並立刻處理，使用電話留言條是最周到的方法了。

留言條內應包括項目及注意事項如下：

1.通話日期與時刻：以免受話人隔日才回電或重複回電情形。
2.發話人姓名之正確寫法或拼法：以免回電話時弄錯了姓名，不但尷尬，也不禮貌。
3.發話人的公司行號名稱。
4.接洽或待辦事項：使受話人了解，以便其採取適當之行動。
5.記下發話人之電話號碼：問明是請受話人回電或是對方稍後再回電。在問對方電話號碼時，雖有人會說「他知道我的電話」，但是

為防萬一，仍應問明記下較好。

6.簽名：留言條後，如受話人為主管，可簽上自己的名字或一個字代表。但如替他人接電話，記錄下來時，應該簽自己的全名。

7.寫好留言條：最好向發話者重複念一遍，以免記錯、誤會意思或遺漏交代事項。

8.公務上的電話聯繫、洽詢、通知等，可設計公務電話紀錄表格，方便使用。

西式電話留言條格式如**圖8-1**。

中文電話留言條格式如**圖8-2**。

公務電話紀錄表格式如**圖8-3**。

To:______________________________

Date:______________ Time:______________ A.M/P.M.

WHILE YOU WERE OUT

From: M______________________________

of:______________________________

Phone:______________________________

TELEPHONED		PLEASE CALL	
CAME TO SEE YOU		WILL CALL AGAIN	
WANTS TO SEE YOU		CALLED TO SEE YOU	
RETURNED YOUR CALL		URGENT	

Message______________________________

Message taken by:______________

圖8-1　西式電話留言條

電話留言條

受話人姓名：______

日期：______ 時間：______

發話人姓名：______

機構：______

電話：______

打電話來		請回電話	
來電請去見他		將再來電	
要來看您		緊急事項	
回您電話			

留言：______

接話人：______

圖8-2　中文電話留言條

（全銜）公務電話紀錄

協調事項	
發（受）話人 通話內容	
發話人 單位 職稱 姓名	
受話人 單位 職稱 姓名	
通話時間	
備註	

圖8-3　公務電話紀錄表

第五節　主管電話之處理

爲了幫助主管有效率的處理公務，不受不必要的電話打擾，適當的過濾電話是有必要的。秘書必須很快地判斷外來電話哪些是主管一定要接的；哪些可以打個招呼，後續工作由秘書接手；哪些是秘書可以自行接話處理的，千萬不能以身爲主管左右手，認爲任何事跟自己說也一樣，如此不但失去電話應有的禮節，也侵犯了主管的職權。此外，爲主管打不同地區的電話要考慮到時差，主管私人電話號碼應該保密。

替主管接打電話可注意下面數點：

1.主管若在辦公室而且有空，則先了解是何人打電話來，請對方稍待，然後接給主管告知何人來電話請接聽；若是經常往來的朋友，則可直接將電話接給主管。

2.主管在辦公室，但因有事不希望被打擾，則有禮貌的告知對方，主管有約無法分身，是否可留言；假如對方堅持要主管接聽，可請他過一會再打來，或是留下電話，請主管有空再回電話。

3.主管在公司，但在另一間辦公室，秘書應確實了解主管是不是願意離開自己辦公室時接聽電話。不過通常緊急的電話，應該轉請主管接聽。

4.主管要秘書撥打某人電話時，秘書通常接通接話人後才請主管接聽；如果對方是秘書先接，則請告知某人致電其主管，然後請自己主管與對方講話；打電話給對方主管，最好不要讓對方在電話線上等著接打來的電話，應該是主管先在線上等待對方來聽電話，除非打出電話的主管職位較高，可請對方等著接主管電話。

第六節　秘書可以處理的電話

一、索取資料

如果確定可以給予對方索取的資料，如簡介、產品目錄等，則可直接答覆；若不能確定所索取資料可否公開，則最好先請示上級或轉請有關部門回覆。

二、訂約電話

訂約電話，秘書在答應或回覆前，應核對主管日程表後才做確定。若主管當時不知，應向主管確認後盡快說明，以免主管自己已訂下其他約會而未告知秘書，發生時間的衝突，有此情況，應盡速通知改期。

三、轉達消息電話

來電僅爲告訴主管某些消息或資料，秘書可將消息或資料內容記下，盡快送到主管桌上即可。但是下次見到提供消息者時，應請主管當面致謝。

四、轉接其他單位之電話

電話內容若非秘書或其主管可以答覆的問題，應即徵求發話人的同意，告知負責事件處理的單位和分機後，轉到有關單位回覆，若發話人不同意，則秘書可將事情打聽清楚，再打電話回覆。應注意的是，在轉接電話時，應確定電話確已接到有關部門，如果可能，秘書應先對有關單位說明電話詢問的問題，以免發話人再重複提出問題，費時又費力，增加不便。

第七節　困擾電話的處理

既然電話在日常生活及工作中都占有不可或缺的地位，難免也會遇到一些棘手的電話，特別是在公務上，稍不小心，發生爭執，便造成不可彌補的錯誤。

一、不說姓名的電話

特別是總機或是秘書助理人員接到找主管的電話，應與主管協調處理方式及可接電話的程度，客氣地請問姓名以便通報，對方若堅持直接找主管談，則可請問何事轉告上司，此時可稱主管開會或有客人當藉口；如果仍不能得知姓名，而主管又不在只好請其稍後再聯絡，主管在則要依主管的意思決定。

二、查詢的電話

作為一個公司職員，對於公司的組織、背景、產品或服務項目都應有相當的認識。如有查詢電話，應盡快給予滿意答覆；不甚清楚之問題，應問清楚再回覆；若是請承辦單位回答，應確保電話接通及獲得滿意答案。

三、抱怨電話

抱怨是任何公司都可能會面臨的事，通常不一定是針對接話人。抱怨電話通常不是喋喋不休，就是破口大罵，這時一定要沉住氣，先表示同意他的看法並致歉意，聽完怨言，待對方稍冷靜時，再做解釋或馬上處理，避免爭辯，以免火上加油，不可收拾。處理這方面的電話，除非是自己能掌握的事務，否則不應輕易承諾，以免造成自己、同事及公司的困擾。接到抱怨電話，有時亦可在適當時候請上司出面，讓對方覺得受到重視而減低怒氣。

四、糾纏不清的電話

辦公時間，接到糾纏不清的電話，不但影響工作，也使電話占線、影響公務。所以應單刀直入找個理由，如馬上要開會、主管找你等來打斷電話，或是請同事在旁故意提醒你，有國際電話，適時化解困境。

五、致歉的方式

有時眞的在電話中得罪別人，或是錯誤在自己，或是先前匆忙不客氣地掛了電話，可以在適當時候打電話致歉。如果錯誤嚴重，還可另用書函補充說明表示歉意，或是約定時間，親自拜訪，對方一定可以接受致歉，了解你的誠意。

訊息小站

結束麻煩來電用語

I am sorry, but I have a call on another line.

I’d like to talk longer, but I’m due at a meeting now.

We must continue this at another time, for I have an important letter I must finish it.

Excuse me, but Mr.Xxxx has just buzzed for me to take a message.

第八節　行動電話的禮節

行動電話的使用非常普遍，在許多公共場所行動電話的鈴聲一響，常常見到好幾個人同時檢視自己的電話，可見行動電話的使用率之高。行動電話帶給人們方便是不可否認的事實，但是在公共場所不懂得禮貌，大聲談話妨礙別人，造成困擾，大多數人似乎都認爲不是什麼大不了的事。

禮儀不僅是社會的規範，最重要的一個觀念，就是除了自己方便和

喜歡之外，是否影響侵犯到他人的權利。所謂自由應不侵犯到他人之自由才是眞正的自由。所以使用行動電話時應該要遵守以下一些禮節：

1.公共場所，如電影院、圖書館應關機，或改爲震動方式收訊。
2.聽演講、音樂會、看戲劇表演，都應關機或改爲震動。
3.開車不能用手拿話機講話，這是法令的規定。
4.飛機起飛降落時，行動電話要關機，其他電子儀器也不能開機使用。
5.在餐廳、電梯或是交通工具上應小聲交談，長話短說。
6.學生上課更應關機，常見上課中手機此起彼落，不但不尊重師長，也影響了同學聽課的權利。
7.語音留言應簡單扼要，姓名、電話號碼、時間都不可遺漏。
8.了解國際漫遊付費方式，不少國際漫遊是雙方都要付費的。
9.簡訊的使用不要侵犯他人隱私或作爲詐騙工具。

第九節　中文電話良言美語

1.常說對不起、謝謝、請。
2.某某公司您好，請問您找哪一位？不要說：「你哪裡？你找誰？」
3.請稍等一下好嗎？而不是說：「我沒空，不知道，我怎麼知道？」
4.對不起打擾了。
5.謝謝您打電話來。不要說：「我很忙，明天再打來好了。」非常謝謝您的提醒，謝謝您的幫忙，謝謝您的意見。而不是傲氣專橫的說：「不可能的，沒這回事，知道了，你不要再說了。」
6.非常抱歉，這是我們的不是，請別介意。
7.麻煩您眞不好意思。
8.您看這樣好嗎？這樣可以嗎？
9.對不起，讓我們商量一下好嗎？不要說：「我只能如此，我沒辦法。」
10.對不起，請等一下，我再查查看。而不是說：「不可能的，沒這回事。」

第十節　英文常用電話用語

1.馬丁先生辦公室（業務部），我姓張，能爲您服務嗎？

Mr. Martin's office (Sales Department), Miss Chang speaking. May I help you?

2.能爲您服務嗎／有什麼事要我效勞的嗎？

What can I do for you?

3.史密斯先生現在不在辦公室，我能爲您服務嗎？

Mr. Smith is not in his office right now. May I help you?

4.抱歉他正在講電話，能爲您留話嗎？

I am sorry, he is busy on another line, may I take a message?

5.您要不要我幫您留話呢？

May I take a message?

6.您要不要留話呢？

Would you like to leave a message/Would you care to leave a message?

7.他現在不在辦公室，需要我轉告是哪位打電話來嗎？

He's not in his office at the moment. May I tell him who called?

8.他正在講電話，您要等一會兒還是請他回電呢？

Mr. Smith is talking on another line. Would you care to wait or may I ask him to call you?

9.抱歉，他現在不在辦公室，您要不要留話呢？

I am sorry, he is not in at the moment, would you like to leave a message?

10.很抱歉，他現在正在開會，您要請他回來後回電嗎？

I am sorry, he is in a meeting right now, would you like him to call you back when he returns?

11.很抱歉，史密斯先生今天不在辦公室，我能爲您服務嗎？或是請他明天回您電話？

I'm sorry, Mr. Smith will not be in the office today. May I help you or may I ask him to call you tomorrow?

12.史密斯先生今天下午不在辦公室，可能一會兒會聯絡，您要留話給他嗎？

Mr. Smith won't be in the rest of the afternoon. However, I expect to hear from him shortly. May I give him a message?

13.史密斯先生今天要晚一點才會在辦公室，您要他回來後回電嗎？

Mr. Smith is out of the office until later today. May I have him call you when he returns?

14.史密斯先生這星期休假，能請別人爲您服務嗎？

Mr. Smith is on vacation this week. Can someone else help you?

15.請稍待。

Just a moment, please.

16.請不要掛斷。

Hang on a moment, please.

17.請稍待片刻。

Hold on a minute, please/ Hold on a moment, please.

18.請你稍待片刻好嗎？

Will you hold the line, please?

19.對的。

That's right.

20.請您稍待片刻好嗎？我去查一下紀錄。

Will you please hold the line for a moment while I refer to our records?

21.請您稍待片刻好嗎？我去替您查一下紀錄。

Please wait a moment while I check the record for you.

22.抱歉，您打錯電話了。

I am sorry, but you have the wrong number.

23.抱歉，您打錯電話了。您打的是幾號呢？

I am sorry, I think you have the wrong number. What number were you calling?

24.請問您是哪位？

May I ask who is calling, please/ Who is calling, please?

25.我能告訴他哪位打電話來呢？

May I tell him who's calling please?

26.請問您的大名嗎？

May I have your name, please?

27.請問你的大名及電話？

Your name and phone number, please?

28.抱歉，能再說一次您的大名嗎？

I am sorry, could you repeat your name?

29.請您拼一下您的大名好嗎？

Could you spell your name, please?

30.請不要掛斷電話，我將您的電話轉給王先生。

I'll transfer your call to Mr. Wang's office. Please don't hang up.

31.我將您的電話轉給保險部門的菲利普先生。

I'll transfer this call to Mr. Philips in the insurance department.

32.我可以找李先生講話嗎？

May I speak to Mr. Lee?

33.我找李先生，謝謝。

I'd like to speak to Mr. Lee, please.

34.謝謝您的來電。

Thank you for calling.

35.請您再說一次好嗎？

Would you mind repeating that information?

36.請說慢一點好嗎？

Could you possibly speak a little slower?

37.能不能請您講得大聲一點？

Will you speak a little louder, please?

38.能不能請您講慢一點？

Will you speak more slowly, please?

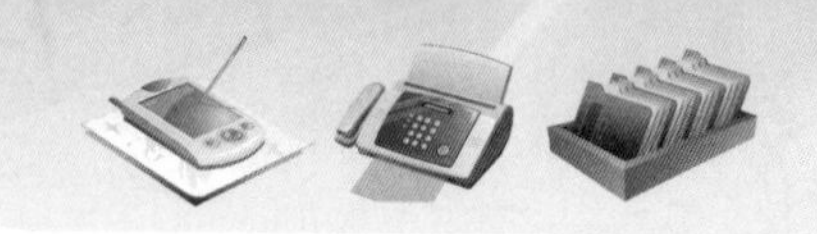

39.抱歉讓您久等了。

I am sorry to have kept you waiting.

40.白先生，抱歉讓您久等了。

Thank you for waiting, Mr. White.

41.我待會兒回您電話。

I'll call you back soon.

42.謝謝您提醒我。

Thank you for reminding me.

43.抱歉打斷您。

Sorry to interrupt you.

44. ○○○公司史密斯先生請瓊斯先生聽電話。

Mr. Smith of ○○○ Products Corporation is calling Mr. Jones.

45.瓊斯先生，○○○公司史密斯先生請您聽電話。

Mr. Smith of ○○○ Product Corporation is calling you, Mr. Jones. Here he is.

46.我非常抱歉。

I'm terribly sorry.

47.這是李公館嗎？

Is this the Lee residence/ Is this the Lee's?

48.我聽不太清楚。

I can't hear you very well.

49.要不要我打過去給您？

Should I call you back?

50.我等您的電話。

I'll be waiting for your call.

51.很高興您打電話來。

I'm glad that you called.

52.他此刻不在。

He is not in right now.

53.他出去了。

He is out at this moment.

54.他在講另一通電話。

He is on another line.

55.我請他來聽電話。

I'll get him to the phone.

56.能告訴我他什麼時候會回來嗎？

Could you tell me when he will be back?

57.我是李先生。

This is Mr. Lee/This is Mr. Lee calling/ This is Mr. Lee speaking.

58.請他盡快回電話給我。

Please ask him to call me back as soon as possible.

59.請轉告他，我今晚稍後再打給他。

Please tell him I'll call again later tonight.

60.您找哪位？

Who do you want to talk (speak) to?

61.我的電話號碼是700-8281。

My phone number is 700-8281.

62.打700-8281可以聯絡到我。

I can be reached at 700-8281.

63.他知道您的電話號碼嗎？

Does he know your phone number?

64.抱歉，請再講一遍。

I beg your pardon/ Pardon me.

65.我要撥叫人電話。

I'd like to place a person-to-person call.

66.我要撥叫號電話。

I'd like to place a station-to-station call.

67.我要打個國際電話到紐約。

I'd like to place an overseas call to New York.

68.我要打對方付帳的電話到台灣。

I'd like to place a collect call to Taipei, Taiwan.

69.請幫我接個叫號電話。

Make it a station call, please.

70.請幫我接個叫人電話。

Make it person to person.

71.請您掛斷好嗎？

Will you hang up, please?

72.我得等很久嗎？

Do I have to wait long?

73.對方在線上了（電話接通了）。

Your party is on the line.

74.請說。

Go ahead, please.

75.請取消那通電話。

Cancel the call, please.

76.請告訴我時差以及費用。

Please tell me the time difference and the charge.

77.費用呢？

How about the charge?

78.那個號碼沒有莫瑞斯這個人。

There is no Morris at that number.

79.很抱歉，這麼晚才打給您。

I'm sorry to call you up so late.

80.我想訂個兩人的桌位。

I'd like to reserve a table for two.

81.我想訂目前上演的節目的位子。

I'd like to reserve a seat for your current show.

82.哪裡可以聯絡到他？

Where can I contact him /Where can I reach him?

83.他什麼時候會回來？

When will he be back?

84.他什麼時候會在？

When will he be in?

85.我是從公用電話打的。

I'm calling from a pay phone.

86.我會盡快回電給您。

I'll call you back soon.

87.可以借用您的電話嗎？

May I use your phone?

88.電話好像有雜音。

There seem to be a bad connection.

89.您聽得清楚嗎？

Can you hear me all right?

90.我要確認我的飛機訂位。

I'd like to confirm my flight reservation.

91.我想要確認我預定的席位。

I'd like to confirm my reservation.

92.請您馬上派輛計程車到大街及公園路的交叉口好嗎？

Can you send a cab to the crossroads of Main Street and Garden Road right away?

93.您可以打515-8037和我聯絡。

You can reach me at 515-8037.

94.您可以在圓山飯店八一一號房找到我。

You can reach me at the Grand Hotel, room 811.

95.可以打到假期飯店分機301與我聯絡。

I can be reached at the Holiday Hotel, extension 301.

96.占線中。

The line is busy.

97.您要我繼續試試，還是要我取消？

Would you like me to keep trying or do you want to cancel the call?

98.您要不要再確認一下號碼？

Will you check the number again?

99.我可不可以現在就預約？

May I make an appointment now?

100.明天晚上我們能不能邊吃晚飯邊聊聊？

Could we have a little talk over dinner tomorrow evening?

101.什麼時候來坐坐喝杯茶。

Drop by for a cup of tea sometime.

102.我大概七點鐘到那裡。

I'll be there around 7:00.

103.我可以。

That'll be fine with me.

104.我六點半來接您。

I'll pick you up at 6:30.

105.我會很盼望見到您。

I'll be looking forward to see you.

106.我想取消我的訂位。

I'd like to cancel my reservation.

107.我再試試看。

Let me try again.

108.我想發通電報給紐約的威廉斯先生。

I'd like to send a cable to Mr. Williams in New York.

109.這電話中有雜音。

There is noise in this telephone connection.

110.您什麼時候會有空？

When will you be available?

111.這個星期五晚上我會有空。

I'll be available this Friday night.

112.這通電話費我付。

I'll pay for the call.

113.我馬上幫您接通。

I'll get your call through in a minute.

114.很抱歉昨天晚上沒回您電話。

I'm sorry that I couldn't return your call last night.

115.很高興終於找到您了。

I'm so glad that I got hold of you at last.

116.這兩天我一直試著跟您聯絡。

I've been trying to get in touch with you for these 2 days.

117.請轉（分機）321。

Extension 321, please.

118.我們的電話被切斷了。

We were disconnected.

119.這些天電話常被切斷。

The lines often go dead these days.

訊息小站

鴻海精密工業公司董事長郭台銘的話

如果你是個助理：

1.你只是接電話，告訴客户不知道、沒辦法。
2.你只是開訂單，不聯絡、不追蹤，有問題不回報、不處理。
3.你只是打報表，不確定數字正確性。
4.你只是接電話，從未希望客户有滿意的感覺、從未希望客户多訂一些貨。
5.你只是認為自己是助理，從未想過自己一言一行代表業務、主管、老闆、公司。

那麼，你不夠格做一個稱職的助理，你的工作任何人都可以取代。

第九章

主管公務旅行安排與管理

- 了解主管之意向
- 旅行時準備攜帶之參考資料
- 預訂機票及預約旅館
- 旅行應備物品
- 國外公務旅行
- 編排行程表
- 旅費申請
- 旅行返回後處理事項

現今世界交通發達，交通工具日新月異，旅行各地成爲隨時可行之事，因此企業界爲了貿易往來，彼此間訪問、商談交易，成爲商業行爲中不可或缺之事實。機構的主管更是經常需要爲公事或商業旅行，所以秘書對於旅行有關事項應有所了解，以便必要時能順利處理。

在國內外有些規模龐大的公司機構，爲了其本身職工之出差旅行，設有專門旅行部門，替公司職員辦理及安排旅行計畫，以節省每個人自行辦理所費的時間和金錢。規模較小的公司機構，雖然沒有專門部門處理公務旅行，但是亦大多委託專門辦理旅行業務的旅行社爲該公司員工辦理旅行事宜，其服務範圍，諸如飛機、火車、船票的購買，旅館的安排，出租汽車之接洽，甚至出國旅行代辦所有出境手續等等，皆爲之安排妥善，旅行社僅向服務公司收取手續費，一般來說這是一種便利、省時之方式。但是有些公司因無公務旅行之需要，或是規模小，或是鮮有旅行的機會，所以不願特別委託旅行社辦理，若偶爾需要旅行，也是由公司職員辦理，此時秘書就特別需要這方面的知識了。

不論公司大小，旅行是由旅行社或是職員辦理，從事秘書工作者，對於主管之公務旅行應該妥爲安排，或提供有關資料給旅行社，或是自己準備資料辦理，一切務必多做考慮、多做聯絡，使主管旅行順利成功。

一般對於主管之公務旅行，應該注意事項分述如次頁「訊息小站」。

第一節　了解主管之意向

主管需要公務出差，首先要按公司規定辦理文書作業，如簽呈核准塡寫出差單（**表9-1**、**表9-2**），或是國外出差手續辦理等。秘書爲主管安排公務旅行，首先就需要了解其意向才能做妥善安排。

1.公務旅行目的：出差的目的是洽商、巡視或是開會，因目的不同而做適當安排。

2.目的地：一個目的地或數個目的地。

表9-1　國外出差申請單

年　月　日

姓名		部門		職別		代理人			
出差事由				國家地區					
出國時間	自　年　月　日　時至　年　月　日　時					合計	出國　天		
日期	預訂行程			拜訪對象	預定完成任務	預計費用			
	時間	國家	地點			交通費	生活費	特別費	小計
備註					合計				
					匯率			合計	
					暫支旅費	年　月　日		暫借	
總經理		主管		財務		人事		出差人	

表9-2　國內出差旅費報告單

<table>
<tr><td colspan="3"></td><td>單位</td><td colspan="5"></td><td>職別</td><td colspan="4"></td><td colspan="3">出差起迄日期</td><td colspan="12">自民國　年　月　日起至　年　月　日止共　日</td></tr>
<tr><td colspan="23"></td><td colspan="6">附單據　張
（出差人填寫）</td></tr>
<tr><td rowspan="3">起訖地點</td><td colspan="5" rowspan="2">交通費</td><td rowspan="3">交通類別</td><td colspan="5" rowspan="2">住宿費</td><td colspan="5" rowspan="2">膳雜費</td><td colspan="6">其他費用</td><td colspan="6" rowspan="2">總計</td></tr>
<tr><td rowspan="2">摘要</td><td colspan="5">金額</td></tr>
<tr><td>萬</td><td>仟</td><td>佰</td><td>拾</td><td>元</td><td>萬</td><td>仟</td><td>佰</td><td>拾</td><td>元</td><td>萬</td><td>仟</td><td>佰</td><td>拾</td><td>元</td><td>萬</td><td>仟</td><td>佰</td><td>拾</td><td>元</td><td>拾</td><td>萬</td><td>仟</td><td>佰</td><td>拾</td><td>元</td></tr>
<tr><td></td><td></td><td></td><td></td><td></td><td></td><td></td><td></td><td></td><td></td><td></td><td></td><td></td><td></td><td></td><td></td><td></td><td></td><td></td><td></td><td></td><td></td><td></td><td></td><td></td><td></td><td></td><td></td><td></td></tr>
<tr><td></td><td></td><td></td><td></td><td></td><td></td><td></td><td></td><td></td><td></td><td></td><td></td><td></td><td></td><td></td><td></td><td></td><td></td><td></td><td></td><td></td><td></td><td></td><td></td><td></td><td></td><td></td><td></td><td></td></tr>
<tr><td></td><td></td><td></td><td></td><td></td><td></td><td></td><td></td><td></td><td></td><td></td><td></td><td></td><td></td><td></td><td></td><td></td><td></td><td></td><td></td><td></td><td></td><td></td><td></td><td></td><td></td><td></td><td></td><td></td></tr>
<tr><td></td><td></td><td></td><td></td><td></td><td></td><td></td><td></td><td></td><td></td><td></td><td></td><td></td><td></td><td></td><td></td><td></td><td></td><td></td><td></td><td></td><td></td><td></td><td></td><td></td><td></td><td></td><td></td><td></td></tr>
<tr><td></td><td></td><td></td><td></td><td></td><td></td><td></td><td></td><td></td><td></td><td></td><td></td><td></td><td></td><td></td><td></td><td></td><td></td><td></td><td></td><td></td><td></td><td></td><td></td><td></td><td></td><td></td><td></td><td></td></tr>
<tr><td></td><td></td><td></td><td></td><td></td><td></td><td></td><td></td><td></td><td></td><td></td><td></td><td></td><td></td><td></td><td></td><td></td><td></td><td></td><td></td><td></td><td></td><td></td><td></td><td></td><td></td><td></td><td></td><td></td></tr>
<tr><td>小計</td><td></td><td></td><td></td><td></td><td></td><td></td><td></td><td></td><td></td><td></td><td></td><td></td><td></td><td></td><td></td><td></td><td></td><td></td><td></td><td></td><td></td><td></td><td></td><td></td><td></td><td></td><td></td><td></td></tr>
<tr><td>備註</td><td colspan="17"></td><td>科目</td><td colspan="10"></td></tr>
<tr><td colspan="29">差旅費（大寫）計新台幣　拾　萬　仟　佰　拾　元正業經如數收訖。　具領人〔簽章〕</td></tr>
<tr><td></td><td colspan="2">會計主任</td><td colspan="3"></td><td colspan="2">人事主任</td><td colspan="3"></td><td colspan="2">院處館部室主管</td><td colspan="5"></td><td colspan="2">系所中心組主管</td><td colspan="3"></td><td colspan="2">出差人</td><td colspan="4"></td></tr>
</table>

訊息小站

主管公務旅行之流程

出差申請文書作業：

1.了解主管意向。

2.辦理各項手續。

3.訂機票旅館。

4.聯絡拜訪對象。

5.製作行程表、日程表。

6.準備文件及攜帶物品。

7.旅費申請。

8.安排啓程。

9.返回後工作。

10.報銷帳目。

11.文件歸檔。

3.日期：離開之大約日期，或離開每一目的地之日期，回來日期、時間。

4.喜歡乘用何種交通工具。

5.旅館之形式：市區、市郊旅館或是過境旅館。

6.在目的地停留之時間。

7.在目的地拜訪哪些賓客。

8.各項證明文件：如身分證、護照、黃皮書、駕駛執照等。

9.業務所需之文件、資料：如合約書、公司組織、董事會之組織，與所訪公司之往來文件、會議資料等。

10.旅行人數：個人或家庭一起，或是隨員，或是有同事相偕旅行。

11.旅行保險之辦理：金額、日數、受益人等。

第二節　旅行時準備攜帶之參考資料

一、時間表

雖然旅行前各項時間大體已安排就緒，但是仍經常臨時因事而改變時間，所以對於各航空公司之國內、國外電話及班機時間表、火車、汽車、船之時刻表等，都應準備一份，以便需要時可以馬上應用。當然能提供各交通公司的網站會是更方便查詢時刻的方法。

二、旅館指南

旅館若未事先預定，或是已預定的房間不盡理想時，要臨時找個旅館，旅館指南是非常必要的資料，所以對於目的地的旅館資料或網頁應有些資訊，以爲選擇住宿之參考。

三、旅遊資料

盡量準備一些目的地附近之旅遊行程資料，以便提供主管或其家屬在公餘之暇遊覽參觀之用。

第三節　預訂機票及預約旅館

主管公務旅行，住和行最好事先預訂，特別是長途旅行更應考慮周到，因此預約是必需的。如果不能確定離開或停留的時間，則可做兩種可能的預訂，等確定了日程，立刻回覆正確的答案。秘書手邊應有旅行社、航空公司及陸上交通工具公司之電話及網站，需要時可以隨時聯絡安排。如果無法訂到需要的機票或旅館，可請旅行社設法代爲處理，旅行社有較暢通的管道可以協助辦理。

一、預訂交通工具

預訂交通工具，飛機、車、船票應提供下列內容：

1.搭乘者姓名。
2.起站與訖站。
3.搭乘之日期、時間。
4.搭乘之班次。

由於現代是個分秒必爭的社會，爲求時間之經濟，一般公務往來皆採用飛機這種快速的交通工具，國內班機手續簡單，預訂也容易。國外航空公司很多，班次也各有不同，有時一次旅行要換乘數個國家的航空公司飛機，所以一定得在事前預訂較爲可靠。如果可以確定回程時間，可同時預訂回程機票享受優待；假如中途有數地需要短暫停留，應該在預訂時說明，以便承辦人可以在票面註明換乘飛機之班次或是換乘何家公司飛機。現在電子機票（electronic tickets，或稱e-tickets）可以從航空公司電腦系統購票，因爲沒有眞正的機票票券，所以可以將電腦印出之訂票收據、機票之號碼至機場登機時換登機證登機。不過公務旅行應索取購票收據，以便返回後報銷帳目。

在國外機票可以用現金、支票或信用卡支付，我國亦同。在一般大都市，各國航空公司皆設有辦事處，預訂機票可以透過網路訂票或電話、E-mail聯絡。提供的資訊如下：

「這裡是某某公司的某小姐，我要為本公司麥先生訂一張貴公司九月十日上午八點，第八〇二次班機，從台北飛往香港的機票。」
"This is Miss △△ of So and So Corporation. Will you please make a reservation for Mr. Miles of this firm from Taipei to Hong Kong on flight 802 leaving no September 10 at 8:00 A.M."

機票雖然預訂了，但是在每一站之前數天，一定要做機票確認及再確認（confirm, reconfirm）的工作，否則會有搭不上飛機的困擾。

二、預訂旅館

現在是個網際網路的世界，稍有規模的旅館皆有網頁，利用電子郵件預訂住宿旅館迅速又方便，否則用傳眞（FAX）也是很方便，不過不論哪種聯絡方式，都一定要求回覆確認，以確保預訂旅館手續完成。

預訂旅館內容應包括下列數項：

1.住宿者之姓名。
2.住宿日期和天數。
3.房間之形式：房間方向、單人或雙人、是否附帶浴室、價格要求等。
4.需不需要接送。
5.停留期間交通工具需不需要代理。
6.要求回函答覆。
7.聯絡電子信箱、電話或傳眞號碼。

預訂旅館電話訂房在國內比較方便，若是預訂國外的旅館，最好以電子郵件、書信或是傳眞方式，使對方能夠更確定和明瞭，現舉例如**圖9-1**。

第四節　旅行應備物品

公務旅行須準備的重要證件、公務需要之文件及個人生活必需品，都要在行前盡量設想周到準備齊全，以免在外公務繁忙，購買又不方便，除了下面的物品之外，如果主管經常出差，可以製作「攜帶物品核對單」（**圖9-2**），逐項清點以免遺漏。

FACSIMILE TRANSMISSION

TO: ○○○○○....................

ATTN: ....　　DATE: ○○○○............................

FROM : ○○○○○............　　NO OF PAGES: ....

TEL: ....　　FAX: ....

E-MAIL ：...

Gentlemen:

Please reserve a single room with bath for Mr. Jason Wang, beginning from Thursday, January 15. Mr. Wang plans to leave on the afternoon of January 23.

Since Mr. Wang will not reach San Francisco until Thursday night, please hold the room for late arrival.

Please confirm this reservation as soon as possible.

Yours very truly,
Miss C. C. Chang
Secretary to Mr. Wang

圖9-1　國外訂房例

證件類	公務用品	衣物類	其他用品
□護照及影本	□手提電腦	□正式上班服	□禮物
□簽證	□PDA	□禮服	□萬用插頭
□機票	□手機	□休閒服便服	□變壓器
□信用卡	□公務文件	□正式皮鞋	□手錶鬧鐘
□現金	□名片	□便鞋拖鞋	□自用藥品
□旅行支票	□聯絡地址電話	□內衣褲睡衣	□萬用小刀
□國際駕照	□文具紙張	□襪子手帕	□手電筒
□半身相片	□行程表	□領帶飾品	□吹風機
□黃皮書	□訪客日程表	□盥洗用品	□化妝品
□	□會議資料	□雨衣傘	□針線
□	□	□	□

圖9-2　攜帶物品核對單

一、公務用品

1.公司文件、信封、信紙。
2.手提電腦、手機或其他通訊工具。
3.聯絡簿、名片。
4.信用卡（有些公司會提供出差專用卡）、現金、支票簿。
5.會議、報告、簡報、演講資料等。
6.身分證明文件（護照或其他文件）。
7.公務旅行之資料。
8.拜訪單位及客戶資料之準備。
9.禮物的準備。

二、證照及行程資料

1.護照、簽證、駕照。
2.機票及班機編號。
3.住宿資料及確認號碼。
4.租車或機場接駁車的品牌及號碼。
5.旅行行程表、日程表。
6.目的地聯絡人地址、電話。
7.各種需要時間表網站。

第五節　國外公務旅行

國內旅行僅須攜帶身分證明文件就可成行，國外旅行則必須先辦理護照及簽證，才能購票出境，出國旅行所需文件如下：

一、護照

國外旅行，護照是最重要的證件，辦理護照手續亦頗方便。一般準

備身分證正本及影本、最近六個月兩吋相片兩張、領事事務局或中、南、東辦事處申請，在規定的工作時日內就可領取，一般護照使用期限爲十年，若常有公務旅行，可辦目的地之多次簽證，如此隨時有需要即可起程。此外，應注意護照的有效期間，辦簽證時護照有效期限都要在六個月以上，護照最好能留下影本，以備查考和不時之需。

二、簽證

辦理國外目的地之使領館簽證，有些國家或地區在規定時間內停留免簽證；也有像歐洲某些國家採「深耕」簽證，也就是簽了其中某一國，到其他國家就可以免簽證了。這些資訊都可以自網站或旅行社取得。申請簽證須備齊下列物品：

1.申請單。
2.護照。
3.簽證費。
4.相片。
5.其他證明文件：如邀請函、銀行背書、公司保證書、生活保證書、黃皮書、來回機票、戶籍謄本等等。

三、黃皮書

即國際預防接種／預防措施證明書，爲防治傳染病，各國皆有進入該國須接種何種疫苗之規定，所以黃皮書在有些疫區國家是必備證件之一。預防接種之種類因擬去之地區及國家不同而異，通常有下列幾種：

1.天花，有效期限三年。
2.霍亂，有效期限六個月。
3.黃熱病，注射後十年內有效。

第六節　編排行程表

一、日程表

將旅行預定的行程，按時間之先後編成日程表數份，一份交主管作爲沿途交易之依據，一份留存，以便聯絡，一份可交給其家屬，使其了解主管之行蹤，日程表所包括的項目如**表9-3**。

二、訪客日程表

日程表確定後，按時間先後編排一個訪客日程表，其內容如**表9-4**。

表9-3　日程表

日期 date	星期 day	起站 from	訖站 to	交通工具 forms of travel	到達時間 time of arrival	旅館 hotel	約會 firms and persons to see

表9-4　訪客日程表

地點 place	日期 date	時間 time	姓名 name	地址 address	電話 telephone	見面地點 place for appointments

三、發函

行程確定以後，應及早寫信通知要拜訪之賓客或公司，以便到時拜訪。行程如有變更，時間緊迫，可用電話、傳眞或電子郵件通知對方改期，若時間許可，最好以信件爲之，說明得更爲清楚確實（見**圖9-3**）。

Dear Mr. Xxxxx:
X. X. Xxxx, the General Manager of ABC corporation will be in Los Angeles on Tuesday, May 24, and would like to arrange a tour of your plant while he is there. Would it be possible for him to visit your facilities sometime during the afternoon on Tuesday? Please let me know what time would be convenient.
Thank you very much
Sincerely,

圖9-3　行程安排函

第七節　旅費申請

公務旅行之旅費可事先按規定辦理預借，或是使用公司提供之信用卡消費，不過出差回來後仍須檢附單據，辦理報銷結帳手續。

第八節　旅行返回後處理事項

1.整理報銷旅行之帳目：蒐集收據，結算出差費。
2.函謝旅途中之招待與接見（**圖9-4**）。
3.旅行中所蒐集資料、文件之整理。
4.未處理之公文及信件處理。主管旅行中信件處理辦法如下：
　(1)一般信件、公文由代理人處理。
　(2)重要信件，通知發信人已收到信函，待主管回來後再處理。
　(3)可轉由其他有關部門回覆信件。

(4)重要信件，以影本與主管聯絡。

(5)將信件分類，須簽字的、重要信件、已回信件、報告類、其他等，主管回來後送呈主管處理或知曉。

5.主管回來後，應協助其在最短時間內了解業務情況，盡快銜接上工作。

Dear Mr. Xxxx and Mrs. Xxxx:
Thanks for a delightful evening with you and your family. I certainly enjoyed visiting in your lovely home, and arranged a special dinner for me. It is a memorable occasion for me to be greeted so warmly and treat with so much hospitality.
Anyway, you must give me a chance to reciprocate the next time you are in Taiwan.
Please give my best regards to the children.
Cordially,

圖9-4　感謝招待函

第十章

辦公室行政管理

- 辦公室行政管理意義
- 辦公室管理功能
- 秘書與辦公室管理
- 辦公處所的管理
- 辦公用具之訂購與請領
- 時間的管理

秘書工作者在辦公室擔任的角色，就如一個家庭中之家庭主婦或管家一樣，因此國外對秘書有office wife 的稱呼。主婦在家庭中舉凡大小事物都得設想周到，妥善處理，才能將家庭管理得井然有序。秘書在辦公室也是一樣的性質，要將辦公室內大至各項設備，小至文具紙張，環境布置，一盆花、一件裝飾都能顧慮周到，各得其所，這樣才算是一位合格的秘書。尤其是女性秘書工作者，管理辦公室更是義不容辭的工作。

第一節　辦公室行政管理意義

辦公室的改革是自三百年前工業革命開始，工業革命之後，辦公室成了文書行政工作的最主要場所，諸如文書、報告、資料及檔案管理等，皆在此完成。辦公室裡有打字員、秘書、會計、檔案管理員、事務機器操作員、事務員、督導、經理等各種職務的人在忙著各種不同的工作。隨著第三波的改革，辦公室開始轉移到資訊的管理及溝通的要求，資訊管理亦成爲管理上重要的工作。如今第四波的改革時代，國際化網路成了工作中通訊及資訊蒐集主要的工具，它衝擊著所有辦公室工作人員，沒有這方面的知識和技能，就有被淘汰的命運，當然這些不斷進步的工具，可以帶給工作人員更有效的工作能力和生產能力。

第二節　辦公室管理功能

雖然工具不斷進步，但是辦公室的管理功能：包括計畫、組織、管理、控制等工作，仍然由管理者來領導及指揮著所有的工作，朝著生產目標前進。辦公室的工作可用6M 來表示：manpower、materials、money、methods、machines、morale。管理階層根據其職責計畫組織及掌控辦公室的工作，使各部門的工作人員都能完成組織所定下的目標。辦公室管理工作，在小公司可能由各部門主管負責，如人事經理、會計經理、財務經理等分任。但是大的公司爲了統合整個公司行政資源、減少浪費，可能設有辦公室行政管理經理人擔任專職。

一、行政經理人之功能

1.計畫：根據過去及現今之情況，擬定未來計畫及目標。
2.組織：將所有的經濟資源、工作場地、資訊、工作人員結合組織起來完成目標。
3.領導：推動及引導員工成功完成組織的目標。
4.控制：保證行動之結果，能與組織的計畫契合。

二、行政經理人之職責

1.監督管理服務工作，包括繕字、接待、印刷、複製、檔案管理、郵件、辦公用品供應、採購等文書行政工作。
2.辦公用品、設備採購、談判及訂約。
3.督導管理部門提貨、裝貨的業務。
4.管制內部文件，各單位間之溝通、督導，維持電話系統暢通。
5.特別事項研究之聯繫，設備展示及價格之決定，複查業務人員提出之新設備。
6.聯繫管理部門，建立新的管理服務模式及實際的制度。
7.訓練人員使其能在工作上能有所表現，或是教導各項技能使其用於公司之政策和執行上。

三、辦公室行政管理工作內容

(一)辦公室管理

辦公室的空間布置、改造，辦公室的環境、空氣、表面觀感、視線、安全保障、能量儲存，辦公設備家具取得、維持、補充、裝置，設備之控管、保管。

(二)文書管理

文書作業流程、文件種類、傳遞方式、郵件管理等。

(三)檔案與資料管理

檔案管理系統、檔案管理功能、檔案管理方法、工具等。

(四)會議管理

會議文書製作、會議籌備、會議紀錄製作。

(五)訪客接待管理

公司或是主管的訪客如何安排接待，涉及到公司的形象表現，管理不善，甚至影響辦公室的安全，不可不愼。

(六)時間管理

「時間就是金錢」，如何充分發揮時間的管理技巧，減低時間的工作壓力，需要經驗和學習，才能充分運用，表現到工作績效上。

(七)總務、事務管理

機構都有專責的行政部門處理總務、事務的業務，就秘書工作來說，僅須根據工作的需要配合管理即可。

(八)人力資源管理

人才甄選、員工督導、教育訓練、工作職掌、薪資管理、福利分配、勞資關係、員工身心管理、保險、退休等。秘書可以學習人力資源管理的技巧，作爲未來轉換工作跑道之準備。

(九)公共關係管理

企業內部、外部公共關係對象的溝通，各種活動的籌辦與媒體關係的建立，新聞發布、記者會、產品發表會的舉辦，這些公共關係工作都與秘書的關係密切，應爲辦公室行政管理工作之一。

(十)辦公室工作管制

工作簡單化、工作評量與標準、流程控制等業務。

第三節　秘書與辦公室管理

一、辦公室之清理

一般辦公室的清潔工作皆僱有專人負責，但是秘書應督導這方面的工作，使負責清潔工作者達到應有之標準。上班時間環境的維護、訪客來訪前的會客室茶水準備、來訪後的清理，都是秘書應做的工作。

主管辦公桌之清理，是秘書上班時的第一件工作。本日應辦公事取出分類放好，檢查電話線路有無故障，各種辦公文具是否短缺，本日工作表、約會時間表等應放在明顯位置，使主管一上班就能注意到本日之活動。本身的辦公桌也應檢查一遍是否準備工作都已完備，以便工作可以順利進行。

除了上班時辦公室之清理外，下班前，辦公桌上的文件清理收妥，應該上鎖之屜櫃應鎖好，信件處理完畢分類收存，事務機器、文具、紙張各歸其位。防火、防盜各項安全措施是否損壞。同時檢查一下今日工作是否完成，明日工作程序如何，心理上應有準備。離開辦公室前，檢查電燈是否關了，空氣調節開關是否關好，各種機械用具是否確實停止等等，一切妥當才能鎖門離去，結束一天的工作。

二、辦公室環境之布置

有些機構秘書和主管是在同一間辦公室辦公，有的則是分爲裡外兩間，不在同一間辦公室。不論同一間或是不同一間辦公，辦公室的布置及設備，秘書都應負起責任，隨時考慮到辦公桌椅、櫥櫃是否夠用，會客室、休息室之布置，各種圖表、書架、裝飾物、花草盆景等的安排。總之有關辦公室的環境美觀，秘書應該隨時注意或是提供參考意見。辦公室之環境布置可分幾項來說：

(一)辦公室之布置

有些公司行號在一開始就聘請裝潢公司包辦一切布置和設計，所以秘書就不必太費心，但是對於辦公室的空間配置、工作動線設計、隔間的方法等，通常公司人員或秘書在需要時必須提出參考意見，因此秘書也一定要有這些方面的鑑賞能力。辦公桌椅之放置，會客室之布置，各種櫥櫃之安置都應配合地點的大小，並力求美觀與實用。

(二)書報雜誌之整理

辦公時爲了資料的參考或是爲來賓準備等候時之消遣性書報、雜誌，應注意每期是否完整，新的送到舊的應換下，放置的位置應適當，每天應加以整理，對於資料類的書籍、雜誌，尤應注意保存，以便工作時隨時查考。除了辦公室主動訂閱的書報雜誌外，有許多公司行號或雜誌報社會經常寄些樣品、宣傳單或是贈閱的書刊等，這些印刷品往往在每日郵件中占了很大的數量，如果經久不理，容易造成紊亂，所以看過以後，何者値得留下，何者可以丟棄，何者可以轉送其他單位參考，應當隨時處理完畢，否則越積越多，勢必影響辦公室的整潔。

(三)植物的處理

在辦公室的布置方面，盆景占了一個重要角色，可以增加美觀、調劑辦公室工作環境。放在室內的長綠盆景或花草，應當隔一段時間就要更換，鮮花要常保新鮮美觀，如果委託花店安排，時間到花商自會來更換處理。但是在選擇植物方面，可提供意見，特別是主管對於植物的喜好或是不能適應，都應多多觀察，作爲布置的參考。此外，企業有重大活動慶典時，可請店家在花藝布置上做適當的配合，增加盛大熱鬧的氣氛。

第四節　辦公處所的管理

一、主管辦公處所之管理

主管辦公室是上班工作最重要的地方，是機構或是部門的指揮中心，也是主管私人的空間，因此在布置規劃及管理上要更用心。除了整齊、清潔、舒適和方便的基本要求之外，最重要的是要能符合工作機能與工作效率，所以桌椅、櫥櫃、沙發、綠色植物等的空間配置要舒適安全，使人有愉快的感覺，色彩調配要莊重大方，照明隔音空調適合人的生理及心理舒適程度。好的辦公室規劃還要好的管理，人們稱秘書是辦公室的守門員，雖然有些忽略了秘書的其他專業才能，可是這句話也確實表現了秘書對主管辦公室管理的重要，可分以下幾點說明：

(一)辦公室整潔的維護

上班時間辦公室隨時保持桌椅、沙發整潔，客人離去後立刻清理恢復原狀，植物要按時澆水，枯黃枝葉要隨時清理除去，書報雜誌不可亂放，窗簾沒有脫鉤破損，時鐘日曆在對的日期、時間上，窗戶、地板、地毯保持清潔，凡此種種都是給人的第一印象，也是影響工作情緒的因素。

(二)辦公用品的備置

辦公室事務機器，如電腦、傳眞機、影印機等是否正常運轉，有無故障情況，電話功能良好，辦公文具紙張齊全，並隨時檢查補充需用物品。

(三)安全保密

秘書是最接近主管的部屬，管理辦公室、接聽電話、接待訪客、傳送公文，接觸知道的事情較多，所以口風要緊，多聽少說，舉凡企業機密、人事安排、員工薪資、投資計畫等都不應在公開場合談論。不可將文件紙張丟入辦公室的垃圾桶，文件類應用碎紙機處理後才能丟棄。

(四)文件管理

送到主管辦公室的文件應做機密、最速件、速件、普通件分類。注意文件時效，不要耽誤了公文管理的規定；機密文件尤其要注意管控，傳送時最好親自爲之。

(五)名片管理

英文稱爲visiting card或calling card。一般名片都有一定的規格，講究的人還把名片分成私用、公務用，甚至男女性用的名片都各有不同。不過通常印製名片都以個人喜好選擇樣式，或是按公司統一規定印製，有的僅用中文，有的爲了方便與國外人士交往而加印英文。

名片的規格，私用的是3×1.5英寸，公用的是3.5×2英寸或是3.5×2.5英寸。現在許多人會自己用電腦設計創意名片，不過一般公司名片之樣式還是以美觀大方、顏色調和爲原則。

主管的名片代表其身分及職位，因此平時就應持有足夠的名片。公司若有統一圖案規格應按公司規定製作，若無規定應選擇簡單大方的設計，格式可僅用中文，或中英文同列，名片設計可代表個人風格，所以不可馬虎。主管的名片是公務上不可少的必需品，所以秘書應該隨時補充，有客人來訪時或出外拜訪他人時，都爲其準備足夠的名片，以便彼此相識交換。

賓客名片的管理更爲重要，因爲賓客的名片是主管建立人際關係的重要情報，也是基本的溝通橋梁。有了某人的名片，可以從中得知對方的背景資料，更可藉此聯絡、溝通、交換消息，甚至結交爲知己好友。不論是工作往來、開會見面，或是友誼關係，總是與人有一面之緣才可能有對方的名片，累積人際關係的人脈就是自此開始，所以應妥爲管理。名片若是量多，管理時可置名片管理盒（**圖10-1**），一方面存用名片方便，一方面盒子又不占地方，常用名片用專盒存放，老舊或不常使用的名片可另存他處。電腦也有專門設計的名片管理功能，更可大量的管理名片。

賓客的名片應按照檔案管理的分類方式，以各行各業作爲分類標準。如果某類名片多，可以在類下再分綱，甚至再分目，例如新聞界此類名片過多，可以在新聞類後再分爲報紙、電視、電台、雜誌及其他各項；

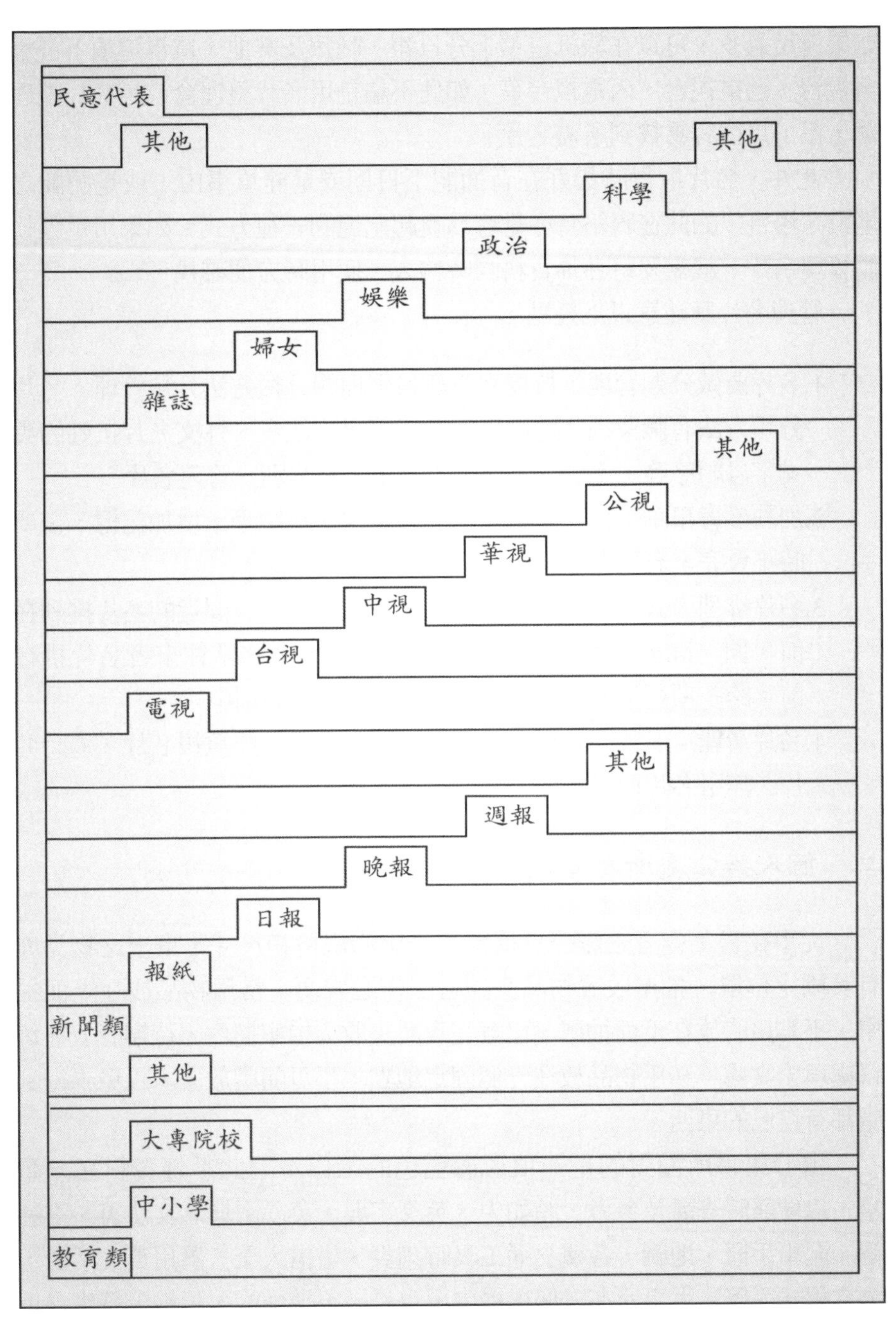

圖10-1　名片管理盒分類規範

如果還是過多，可以在報紙這項下分日報、晚報及其他，電視這項下分甲電視台、乙電視台、丙電視台等。如此不論是用名片整理盒或是名片整理簿，都可以很容易找到所需名片。

此外，名片取得時最好在背面記下日期或是簡單事由，或是認識之地點、場合，如此在聯絡時亦是容易喚起記憶的一種方式。如果用電腦軟體管理名片，就需要將名片資料隨時輸入，使用時方便尋找。

管理名片應注意以下幾點：

1.名片要做分類管理：按檔案及資料管理的分類方法分類管理。名片分類方法有職業別、地區別、姓氏筆畫或注音、外文名片按姓的英文字母順序等，不過在工作上大多用「職業別」管理名片。
2.加註參考事項：日期、地點、簡單事由、特徵等，增加記憶，需要時不會完全忘了在哪裡或是了為什麼事見過面。
3.名片排列方式：常往來公司的名片分類在前，時間近的名片排列在前，同一間公司名片排在一起，高職位或業務常往來者名片排在前；跨多項行業者名片可另做名片卡放不同類別中。
4.名片清理：名片亦如檔案管理一樣要常清理，將重複名片、過時名片、無用名片取出處理，減少資料數量。

二、個人辦公處所之管理

從事秘書工作者之辦公桌椅都有一定的規格和尺寸，桌上之物品亦有其固定位置，抽屜收置物品應配合工作之方便，常用物品放在上面抽屜，不常用的放在下面抽屜，已辦完資料夾收入檔案櫃內，待辦者放在每日處理公文處。私用物品放在一個固定地點，不可隨處放置，以免弄得到處都有自己的東西。

由於秘書所面對的是一項形形色色的工作，因此手邊資料必須豐富，以便隨時查驗及參考，諸如中、英文字典，英漢辭典、文法書、電話簿、記事手冊、地圖、各種交通工具時刻表、書信大全、萬用英文手冊、公文程式等等。大事記在一個機構中，也是必須準備的，將當天發生之重要事項記入大事記，以便將來查考。大事記也是將來該機構最眞實的歷史

資料。

第五節　辦公用具之訂購與請領

稍具規模的機構，採購皆設有專門部門負責，使用單位僅以請購單或物品請領單，請求採購或是向保管部門請領就可。但若公司規模很小，無專人負責採購，秘書所需辦公用品就得自己負起責任。一般辦公用具可分兩類：

一、紙張類

辦公所需的紙張範圍大體上有中西式信紙、中西式信封、公文封、便條、速記紙、傳眞紙、電腦用紙、影印紙、牛皮封袋、各種業務所需表格等等。採購紙張類用具，對於所需紙張的品質、重量、顏色應有所認識，對於其規格、種類亦應符合規定，如西式信紙之尺寸，第二頁應無抬頭，信封大小亦應按一般規格訂製等等。

二、文具類

辦公文具都是些零碎物品，如設想不周，用時非常不便。一般要準備的有：筆記簿、便條紙、膠水、膠帶、鉛筆、原子筆、毛筆、簽字筆、橡皮擦、紅筆、剪刀、尺、打印台、日期章、小刀、釘書機、釘書針、大頭針、迴紋針、圖釘、檔案夾、公文夾、印泥、桌曆，甚至配合辦公室自動化所需用品等等，都應隨時準備，以利工作之進行。對於物品的保管，秘書最好自己製作一份表格，將日常所用用品之品名、大小、格式、顏色、重量、目前存餘數量等資料記下，或輸入電腦。待用品將要使用完時，可以照表中所示增添新貨，如果需要特別申購物品，應及早通知採購單位補充，避免用時缺貨。需要補充物品時，不要採購非絕對必需的小單位物品，因爲數量少，購買起來比較浪費麻煩，同時所需時間也常常會拖延。雖然所需用品有一定規格，但是對於市面上的新產品應隨時注意，也

許可提供更價廉物美的服務。

第六節　時間的管理

在忙碌的現代社會中，不論是主管或秘書、助理人員，都常感到沒有足夠的時間去完成份內的工作，因此常產生恐慌、壓迫感、精神緊張等影響身心健康的問題。所以如何有效的管理時間，是主管和秘書應共同研討的問題。首先，作爲秘書工作者，在每天各式各樣的大小事情當中，如何整理出頭緒，而又不遺漏主管交代的事情，就要靠有效率的時間分配了。現就秘書的時間管理問題探討如下：

一、正確的時間觀念

(一)「重要」又「緊急」爲優先

事有輕重緩急，工作時要能分辨其重要性及緊急性才能妥善安排時間，所謂「重要」，可以說凡是職務上要求須達成的工作項目都是重要的，但是在這些工作項目中，一定要按其重要性排出先後順序。所謂「緊急」，即是有些事項必須在短時間內完成，因此要將其排在最優先的順序。當然「重要」又「緊急」的事項，絕對是放在所有事項之前處理的。「緊急」而「不重要」排在其次，例如一些臨時發生之事，附加價值不高，但是要盡速處理。至於「重要」但「不緊急」的事務安排在第三，例如一些中長程計畫，預防性工作，附加價值高，工作重要，但是並非緊急事務。「不重要」又「不緊急」的事務當然是最後處理了。不過首要之務，就是要把握事情的輕重緩急，才能按部就班的完成工作。

(二)掌握「八十」「二十」原則

大多數人都有這種經驗，就是在一大堆事務中，屬於「重要」的只占少數，通常以百分之二十來比喻。而屬於「瑣碎」的多數卻占了絕大部分，也就是占了百分之八十，而我們卻往往花了百分之八十的時間去處理那百分之八十的「瑣碎」事務，而花百分之二十的時間在百分之二十的

「重要」事務上。以生產力來看也是一樣，如果時間管理不善，將百分之八十的生產力集中在百分之二十的事情上，也就是大部分的生產力卻只產生百分之二十的成效，那便是失敗的時間管理。所以，如何能以百分之二十的工作量達到百分之八十的成果，就是我們要追求的目標。

(三)「效率」與「效果」並重

工作時按照正確的方式處理事務，常常「效率」很高，對於時間和速度都能掌控得很好。可是當工作完成時，常有一個「效果」不彰的結果，對工作的人不只是個打擊，更產生極大的挫折感，甚至有浪費時間的懊惱。如何正確做事，同時達到「效率」與「效果」的雙重成就，減少時間的浪費，也是重要的時間管理觀念。

二、秘書的時間管理困擾

秘書工作者常是辦公室裡最忙碌的一群，可是一天忙下來，也常說不出什麼具體的工作成就，主要就是工作中太多瑣碎事務將時間分成破碎的間斷，無法成就具體的工作。但是，雖然是很多的雜事，對主管卻是不可或缺的重要事項，沒有這些秘書替主管分擔這些大事旁邊的枝枝節節，他們也無法有足夠的資訊及團隊合作去完成重要的計畫，所以還是要在時間管理的困擾中，找出方法妥善利用時間。首先談談秘書的時間困擾問題：

(一)電話不斷

電話是無法預約的，也許正在進行某項工作，桌上的電話響了，只好打斷工作接聽電話，接聽完畢再繼續前項時得重來一次，有時做同一件事這種情況還不只發生一次，當然浪費了不少時間，這也是主管要用秘書的重要原因，秘書可以為主管過濾電話，或是直接處理某些電話業務，主管則可以不受電話的干擾，專心工作。

(二)訪客接待

臨時訪客固然會打斷正在進行的工作，但即使是事先約定的訪客，

也要做些事先安排，準備相關接待事宜，而且訪客來訪停留時間常常不能確實掌握，自然影響秘書的工作進度。

(三)垃圾信件

每天信件中常充斥大量的廣告函件，要過濾其有無留下的必要，一些例行公務文件要了解，更多的是電腦上大量的垃圾文件，還夾著不知從哪兒傳來的病毒，每天都得花些時間處理，免得信箱擠爆影響工作。

(四)會議工作

會議雖然是預先安排，但會議進行的時間經常無法控制，所以安排在會議後做的事經常無法執行。

(五)等待工作結果

有些工作前面尙未完成，後面就無法繼續；或是預定前面工作很快能完成，後面立刻可以繼續，可是等待卻超過了預期時間，而時間卻在等待中溜走了。

(六)不善拒絕

因為個人個性的因素，對於別人要求的工作總不好意思說「不」，使得自己總是有做不完的事，尤其秘書工作者個性熱心，能多做些事可以表現自己的能力，相對自己的時間就少了。

(七)與上司溝通不良

不能了解上司的指示，常常做了許多白工，或是主管決策易變，做了幾種不同版本，浪費了許多時間和精力。

(八)辦公室的危機事件

辦公室常有些意外事故，如無預警停電、電腦當機、有同事發生紛爭或意外，這些也都是超乎時間安排之外，需要另花時間去完成份內的工作。

三、秘書的時間管理

「時間即金錢」，這是經常聽得到的話，尤其企業界高效率的要求，每一件事總是與時間賽跑，因此「時間管理」就成了企業管理必談的課題。一般的公司職員，職務上大多有「從」和「屬」的關係，長官交代事項，分層負責的完成自己份內的工作，每部分的負責者承受著其該承擔的壓力，只要在規定或要求的時間內完成工作，就算是盡忠職守了，對於「時間管理」的技巧需求不是工作上必要的條件。

但是對「秘書」工作者來說，除了秘書行政單位的秘書主管可以指揮部屬外，一般的企業秘書上要面對主管的指揮，下卻沒有可以使喚的人協助工作，時常須獨立完成主管交託的任務，甚至運用協調、溝通的技巧和良好的人際關係達到工作的要求，因此對時間的支配備感壓力。秘書無法掌控時間就不可能有工作效率，工作的能力也會受到懷疑，增加企業的成本，當然不會是位合格專業的秘書。

此外，由於秘書的工作必須取決於老闆的指示，配合主管的行事風格，經常無法自己掌握時間去完成一些必要完成的工作，也就無從去享受工作的成就和滿足，反而會因爲工作的時間壓力，產生身體病變、精神緊張、恐慌等影響健康的問題，適當的調理身心，平衡工作量是要學習適應的。如何有效的管理自己的時間，協助主管節省時間達到彼此互動的效果，是主管和秘書都要研討的課題。以下幾個秘書的時間管理重點提供參考：

(一)安排處理事情的先後順序

時間的管理應該以事件的緊急性及重要性來安排運用。工作經驗中常常發現一件事快做完了，但卻不如預期的完美，或是因爲次序不對不能完成，需要從頭來過，懊惱做了許多白工，更有做事很快又有效率但效果卻不佳，這些情況都是對事情處理的優先順序沒有安排好的後果。也常發生某些事花時間做好了，而最重要的事卻沒時間在時效內完成。所以應將每天必須完成的工作依重要性、緊急性先後排列次序，做一份每日工作日誌，然後從最優先的做起，完成的即可畫去，同時也要不斷的調整事情的

優先次序及時間的分配，用最有效的時間管理完成任務，當排列的事情一件件完成時，工作的壓力也會慢慢減輕。至於不一定需要當天完成的工作，也應準備一張便條，隨時將該辦的事情列入，每天抽出重要而緊急的事情先辦，如此不但可以確定自己做好了哪些工作，同時也不容易遺漏主管交代的大小事情。

(二)注意檔案與資料管理的重要

辦公室的工作，許多都是文書、資料整理的工作，也就是爲了配合主管的工作，經常要閱讀一些資料，經過過濾、整理提供主管參考，也要尋找許多資料，提供主管應用；更有許多行政工作留下來的公文文書需要整理存檔，所以一定要有檔案管理的觀念和技巧，如此才不致常常爲尋找資料及文檔而浪費了許多寶貴時間。

(三)信件的處理

每天的郵件是大宗的文書，因此要替主管節省閱讀的時間，對於一些可以拆閱處理的郵件，應馬上拆閱，並且採取行動，不要放置一邊待有空才處理，這樣不但得另找時間處理，並且常常誤了時效。對於可以保存的資料則可呈閱後存檔，至於無保存或參考價值的印刷宣傳品等則應立即丟棄，否則不但製造辦公桌之亂象，同時以後處理時還要再花時間過濾一次，徒然浪費時間。對於不緊急而又須處理的函件或是例行公務，可集中時段一次處理完畢，也是一種省時的方法。

(四)制定例行工作標準化模式

爲例行（routines）之公務制定一套標準化制度或模式，一方面工作技巧成了習慣，自然可以很有效率，另一方面因爲有了規範依循，可將工作分配出去，請適當的人協助處理。

(五)拖延誤事

秘書的工作經常很瑣碎，如下午要給某某打個電話，給某某發個電子郵件，老闆交代明天要某份文件等之類，可能是隨時都會產生的工作，想到問題就要立刻記下，即使是在外面也應簡單記在筆記本上幾個字，回

到辦公室記入辦理事項中，可以馬上辦理。可以隨手處理的事情應隨手處理，也許一個電話一個交代馬上辦理就可解決問題，拖延不但效果不佳，甚至遺忘，之後可能要花更多時間和精神去處理。

(六)充分授權，有效分工

秘書工作者常有事必躬親、完美主義的個性，因此要學習授權分工的管理方式。處理事情時是否應以理性的思考判斷事情的重要性及必要性？答案若是肯定的，則考慮親自做或是授權別人做？要立刻做或是可延遲做？經過這一思考動作，事情的輕重緩急優先順序就出來了。除了可以授權請同事處理某些事情外，也可以請別人幫忙完成工作，不過請他人協助時，應有耐心解釋工作內容，原諒學習過程的錯誤，但最重要的是檢查完成之工作，不能疏忽錯誤。當然，如有某些機構內無法迅速處理事務，不妨採用付費方式，請外界專業人才完成。總之，為了節省時間，並表現工作效率，應學習評估事務之輕重緩急，知道採用何種方式，完成使命。

(七)事先協調，準備充分

許多事情事先與有關單位人員的協調非常重要，否則陰錯陽差，重複或遺漏，反而是浪費時間、徒勞無功。協調時，可用電話、書函、簽條、會議等方式聯絡溝通，減少處理事情的複雜程度及時間。處理事情前之準備工作充分，亦是工作效果好的方式之一。如召開會議，就應將會議時間、地點、參加人員接洽妥當，開會資料準備周全，如此才能達到會議之目的，減少與會人員的時間成本。

(八)多角化處理事務

不要在某段時間執著處理單一問題或是無法解決之問題，坐困瓶頸，一方面會感到倦怠無趣單調，同時對困難癥結所在，有時亦不容易靈活突破，所以可以利用空檔，多樣性處理大小事情，反而可調劑身心，並且常容易發現最好的解決問題的新方式。甚至工作當中不要急著做事，留點時間做適當的休息及思考，反而可以創新工作模式，提升時間管理的品質。

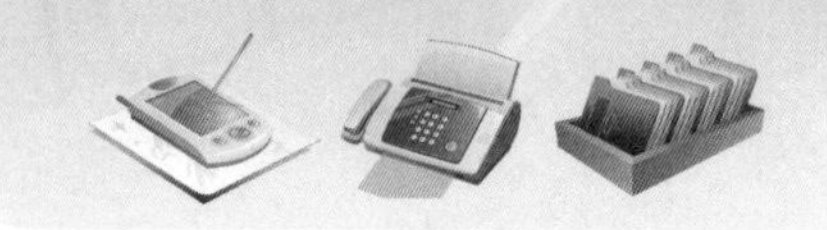

(九)協助主管節省時間

秘書工作者，除了要有時間管理觀念，發揮工作效率外，更應該協助主管控制時間，配合工作之進展。例如辦公室的行政工作盡量減少其負擔，資料情報文書檔案的工作可以盡速提供，人際關係的部分業務可以分擔，電話、訪客的過濾處理給予適當的協助，會議的籌備完善，開個節省時間又有效率的會議，減少主管直向與橫向溝通的困擾。凡此種種，都是秘書與主管如何適當的配合，以團隊的工作精神，達到共同節省時間的目的。

第十一章

秘書的人際關係與說話技巧

- 人際關係的重要
- 秘書與溝通
- 秘書的人際關係
- 說話的技巧
- 秘書工作說話的要求
- 演講技巧

秘書與主管是一個工作團隊，除了辦公室的行政工作以外，很重要的還是與「人」相處的關係，作爲主管的幕僚及溝通的橋梁，必須了解主管的個性、處事方式和觀念，才能擔負起良好人際溝通關係的任務。

從事秘書幕僚工作者，除了辦公室的行政文書工作外，大部分的工作都是在做與「溝通」有關的事情，例如電話的聯繫、訪客的接待、會議的籌備管理、公共關係的業務、機構上下裡外的聯繫等，這些傳達橋梁工作，在在都需要語言表達的技巧，所以如何成爲一個高明的談話者，除了專業知識要有一定程度的水準，還要有成熟的溝通技巧，當然聲音、語調、姿態要經過不斷的練習改進，務必使談話內涵有一定水準，表現出言之有物、措詞適當的談話眞功夫。

第一節　人際關係的重要

哈佛大學一項研究經營與人際關係的調查，曾從數千名職業介紹所介紹工作而被辭退的人員中，發現因爲工作時無法與人和睦相處而遭辭退，竟是無法做好工作而被辭退者之兩倍。此外卡內基研究所也曾做過調查顯示，由於技術訓練、業務能力或經驗等因素而能成功的人僅占百分之十五，反而是因爲性格能與人和睦相處等良好人際關係因素而成功的情形，占了百分之八十五。由此看來，人際關係的和諧，在工作的領域占了很重要的地位。良好的人際關係是要求組織的目標和個人的需要互相調和，使每個工作人員在達成組織目標時，亦能獲得個人需要的滿足。在一個人際關係良好的機構中，一定可以營造出良好的工作氣氛、愉快的工作環境，從而提高工作效率，不論對公司和個人，皆能達成公私皆利的目標。

第二節　秘書與溝通

人際關係首重溝通，常看到徵求秘書的廣告，其中有一項“good standard of written and oral communication”，要求應徵者有口頭及書面溝通的水準，可見溝通技巧對秘書工作者的重要。秘書工作領域有幾種溝通情況：

(一)上對下的溝通

主管對訊息有所指示要傳送給部屬時，不論是直接告知，或電話告知，或是以電子郵件傳送訊息，一定要清楚正確，態度語氣親切，要以上司處理事務的規範來傳達消息。如果對方有意見也應該耐心聆聽，將其意見適當轉達，以下座右銘提供參考：

1.適時誇獎，接納諫言。
2.不聽讒言，察言觀色。
3.控制情緒，不論長短。

(二)下對上的溝通

秘書與主管共事最怕溝通不良，與主管意見相同時欣然接受，意見相異時以部屬的立場最好先表贊同，如有可能再適當提出自己的意見，否則應照著主管的要求處理，避免批評頂撞。其實這也是一個學習的機會，當處理完畢主管交代的事務，如果結果是對的，可以眞正體會主管的做事方法和能力，從中吸取經驗。

(三)平行溝通

工作時最困難的還是平行溝通，因爲沒有上級和部屬的關係，工作的相關性又多，要透過溝通協調才能完成工作，所以溝通時要以相互尊重、平等互惠、易地而處的態度，藉由私下的非正式溝通先了解彼此的看法，也是一個可行的方式。但是應該避免耳語謠言，徒增是非苦惱。

第三節　秘書的人際關係

在整個經濟結構中，由於市場競爭激烈，高生產率的要求以及優良成本控制的重要，是一種必然的趨勢。這種必然的趨勢，使得行政上的要求也相對嚴格，對於行政人力的素質要求水準也逐漸大幅提高。所以作爲

一個優秀的秘書，不僅本身的工作效率要達到某一水準，還要有能力領導全體員工的工作態度，使大家都能分工合作，簡化工作程序，消除重複無用的流程，改進工作方法，建立默契，解決困難問題，這樣才能表現一位專業性秘書的眞正效率。

秘書領導工作的範圍，對高級主管的秘書而言更是明顯。在這種非正式的領導中，溝通管道的暢通，人際關係的和諧，不但可以提高工作效率，相對減低了生產成本，加強對外競爭的能力；更顯著的功效，是使參與此項工作者，可以自他們的努力中，獲得實質的成就感，這才是工作的最大目的。

秘書在工作環境中，除了主管是主要對象外，對服務機構、對同事的工作態度以及自處之道，都是需要相當的了解，如此才能做好人際關係的工作。

一、秘書與主管的工作關係

主管是位居管理職務的人，秘書是為主管所信任且賦予公司機密事務的人，這種有密切關聯的關係，在工作上因彼此文化背景的不同，而有不同的工作範圍，秘書的責任也會因主管的不同而變化，因此如何與主管共同工作，愉快相處，是首先要考慮的問題。特就秘書與主管的人際關係討論如下：

(一)主管與秘書都是具有人格的個人

人類所共有的特性，諸如情緒、態度、壓力、耐性、時間的壓迫感、多重的計畫、與同事相處、與主管相處等等，所有這些關聯，都影響到彼此工作上的協調，因此對於相互之共同目標，以及人性的形態，必須要有充分的了解與認識。

(二)主管和秘書在工作上的關係時時改變

主管和秘書工作關係並非靜止一成不變的，這種不定的改變，很容易產生不確定感，造成怨恨、冷淡、煩躁等情緒，因此主管與秘書間一種友善而開通的關係是很必要的，任何一方態度有所改變時，對於改變的原

因和結果，應該彼此了解，以便做更新的調整，適應新的改變。

(三)人際關係的基本原則

就是如何有效溝通彼此的意見，促進彼此的了解。主管和秘書的工作關係有些類似雇主與被雇者的關係，不同於一般雇傭關係的是，秘書與主管因工作性質接近，容易達成彼此了解與合作的目標，彼此共同工作應該是愉快的，也因此才能產生一個良好的工作環境。

(四)秘書與多重主管的關係

一位秘書為數位主管工作，已是一種明顯的趨勢，如此秘書的責任可以加重，報酬也可以增加，加上事務機器的不斷發明，都能促使秘書更具工作成效，提供更多的貢獻。與多重主管相處，當然比單獨一位主管較難得多，因此對於每一部分的責任要有相當清楚的劃分，工作細節要有詳細的規定，次序也要按其優先要件處理。年度終了，主管也應檢討工作，公平的核薪和獎懲，如此才能維持秘書和多重主管的平衡關係。

(五)秘書與主管家庭的關係

秘書與主管一起工作的時間，通常都遠超過主管和家人相處的時間，因此往往造成秘書對主管的了解比家人還要清楚，但這種了解應該全然是工作上的，秘書不但要尊重主管的家人，更應在安排日程活動上，盡量避免占去主管與家人在一起的時間，除了幫助主管提醒其家庭的重要紀念日或節日外，在適當的機會時，可以和主管的家人建立友誼上的來往，維持工作外的一種和諧關係。

二、秘書與主管相處之道

1.了解主管的嗜好、興趣，及其關心的事物，增進對主管個性的了解。
2.人無十全十美，對主管不可期望過高，應盡量發現美德，忽略缺點，如此才能愉快的為其工作。
3.熱心負責，幫助主管誠懇對待同事，若有問題，在尚未提到主管

時，應考慮問題的內容及解決的方式，在主管面臨問題前，減少解決或尋找資料的時間。

4.對主管忠誠及尊敬，應保護其身分、地位，不受無謂的傷害，但不應過分，否則顯得虛矯。應尊敬主管的處世之道，有些問題雖看法不一，但應嘗試以其他方式去了解其意義。

5.欣賞並學習主管的學識和經驗，幫助主管完成工作。

6.公事公辦，不可經常拿私事煩擾主管，帶給主管困擾。

7.主管若遭遇困境，應表示關切，培養一種「患難與共」的感情。

8.與主管不能共事時，離開職位後，不可任意批評，應讚美其優點。

三、秘書對服務機構的工作態度

1.機構中成文及不成文的法規、條例應有相當的認識。

2.遵守機構的規定，不可恃寵而驕，造成特權階級。

3.要有敬業精神，表現對工作的責任感，方能獲得公司的器重，得到工作的樂趣。

4.不可洩漏公司機密，特別是在談話中或桌上公文都應小心保密。

四、秘書與同事相處的態度

1.誠實、誠懇、守信是待人的基本原則。

2.欣賞他人優點，不可吹毛求疵，多為他人著想。

3.雖然職位特殊，但絕不要自設藩籬，與人隔絕，造成孤立。

4.和藹可親，使別人有安全感，但不可占他人便宜，損人不利己的事千萬不可做。

5.公私盡量分明，尊重他人私生活習慣。

6.要有「施人慎勿念，受施慎勿忘」的助人精神。

7.如有爭執，應反省自己，並想想易地而處的情況。

8.同事之間保持適當之友誼，不應與某些個人特別親近，形成小團體。不論平日相處或電話交談，都要保持和氣友善的態度。

五、自處之道

1.接受客觀批評，改進缺點，增進經驗。
2.發揮適應能力，改變個人固有方式，適應他人，減少摩擦。
3.做事正確、謹慎，凡事顧慮周到，他人之錯誤應小心而技巧的糾正。
4.自信、自尊，工作經驗雖很重要，但是自信是一種方法，能自信，才能對工作有信心。做事修身應有一定的態度和準則，方能鞏固本身之地位，獲得他人尊敬。
5.積極主動，保持警覺，判斷正確，不可等待事情之進行，應隨時注意事情之發生，以正確之判斷主動處理事情。
6.自我鞭策，不斷學習，進修新的技能，保持工作之能力及水準。
7.良好儀表，雖然不必打扮得花枝招展，但應做到整齊、清潔，隨時給人清新、賞心悅目的感覺。
8.要誠實，要有自知之明，選擇時間和地點表露自己的才華。
9.在工作上越得信任，就越要注意自己的言行，培養謙遜之美德。

第四節　說話的技巧

語言是人類傳遞訊息、增進了解、建立關係、減少爭端、消除誤會的主要工具；語言更是人們表達自己思想的方式。語言是溝通的橋梁，說話時運用合宜與否，態度、語調、聲音大小高低、肢體語言的運用，都會產生截然不同的結果。

不論是工作或日常生活，都須藉由語言的技巧來表達意見，因為說話不當，一時疏忽或是缺乏訓練，發生了許多錯誤及誤會，導致人際關係的失敗，這也是常有之事。社交場合談話時不僅要注意態度措詞，還要適時適地適人講話，更要顧及內容是否恰當。掌握說話的藝術，不僅有利結交新朋友，建立關係，也能維繫舊朋友的友誼，拓展自己的人際關係。

語言也是在職場中專業要求的主要項目之一，每一個人踏出社會謀

求一份工作時，就要面對主試者的言詞考驗。他們千方百計的以各種方式測試你的表達能力，是不是能將你的知識、專業能力、技術、經驗以及個性、人際溝通、人際關係等，在短短時間內充分發揮出來。雖然他們知道，說話和表達技巧是可以經過訓練而成功的，但是他們絕對沒有耐心慢慢等你學習成長，因此，如何在步出社會前，在成長的過程中，培養表達的能力，是非常重要的功課。

第五節　秘書工作說話的要求

一、表達能力

工作時有很多需要說話的場合，例如：

1.向主管報告事項：要能在有限的時間將報告事項的重點說清楚，使主管盡快了解事情的始末，做出正確的判斷和處理的方式。
2.主管交代準備及擔任報告的任務：在會議時，宣讀紀錄及做會議報告，或是做簡報等，能夠口齒清晰、語調平順的完成任務。
3.會議及公開場合應答：開會時需要發言或是應答，態度要大方，把握重點，掌握技巧的發言。
4.掌握發言的時間：話人人會說，但如何在有限的時間內讓人聽得懂，講清楚，不囉唆，才是說話表達能力的展現。

二、溝通的技巧

說了許多話卻不能達成任務，徒然浪費了自己和別人的時間，所以用說話來做溝通時，技巧的熟練是很重要的。

(一)聆聽

溝通的第一要件就是聆聽，唯有仔細的聆聽，耳到、口到、心到才能接收正確的訊息及工作的指示，也表示對談話對方的一種尊重。談話的

時候，不要任意打斷別人的談話，或勉強加入別人的談話。

(二)協調與合作

工作時與各部門多少都會產生直接或間接的關聯，如能在決定之前先與有關單位或是有關人員聯繫溝通，取得協調和共識，一方面對有關人員表示尊重，同時也可避免自行決定後，對方認爲不受尊重，本能的產生反彈，反而要花更多的時間及精神去解決問題。

(三)避免衝突

言語不當、用詞不妥、態度不佳，都容易引起誤會和衝突，增加溝通的困難，否定式、命令式、權威式的說話方式都容易遭到直接或間接的反抗，所以說話要避免與人發生衝突，多用肯定、讚美、認同的態度和語氣溝通，會使事情處理起來容易得多，即便是在過程中發生誤會，也要有紓解的能力和技巧。

(四)學習成長

學習是成長最可靠的方法，平時多接觸溝通高手，觀察其表達方式，除了專業知識外，也可多參考各種溝通表達的書籍，多聽專家的演講，尋找機會實地演練，接受同事或專家的建議和指導，一定很快能體會溝通的技巧，成爲溝通高手。

三、說話的禮貌

語言是溝通的橋梁，說話時運用合宜與否，態度、語調、聲音大小高低、肢體語言的運用，都會產生截然不同的結果。不同國家民情也有不同的語言表達方式，所以不論會不會說話、表達能力技巧如何，說話首要注意禮貌。

社會進步並不表示道德禮儀規範可以一併捨棄，物質文明生活條件進步，許多古老的禮儀會隨著時代而改變，但是一些人與人之間的往來，不論在電話中或是面對面溝通，忍著不跟對方發生爭辯是很重要的，爭著說明只會使對方更加惱怒，不是認爲在敷衍搪塞，就是會發生言語的爭

執，要說明也要等對方說完以後再做解釋，認錯並不是一件丟臉的事，尤其不是什麼了不得的大事，口頭道歉可以化解怨氣，避免僵局，擺脫敵對狀態，大事化小，小事化無，何樂而不爲呢？因此不管什麼情況，若能避免無謂的口舌爭執，不僅減少時間的浪費，同時雙方也不會撕破臉傷了和氣。以下說話注意事項提供參考：

1.尊重隱私：不要探人隱私，每個人多少都有些不希望別人知道的事，如果不是影響公務或侵犯他人權利，應給予適當的尊重。俗話說「無道人之短，無說己之長」，是說話的千古名言。

2.說話要誠懇謙虛：說話時，語言、態度、眼神、表情等都要誠懇，態度要謙虛友善，有錯要勇於認錯道歉，否則還不如一個善意的微笑，更能博得別人的好感。

3.聲音要適度：高低、速度、音調、快慢適當，避免鼻音、尖聲、咬字不清，敘述事情要條理分明、簡單明白。

4.把握說話的主題、重點：不要冗長、乏味、吞吞吐吐、說重複的語句；要言之有物，言之成理，順理成章，才能達到說話的效果。

5.要有機智幽默感：幽默感說來容易，要做到恰到好處，卻是很不容易。若有這天分，可好好發揮，講句具有哲理的句子、說段笑話，讓氣氛輕鬆又能表現自己的深度；若沒有機智幽默的本能，則多做培養練習也可獲得改善。

6.適時、適地、適人：適當的時機、地點，以容易爲當事人理解的語言表達。社交場合適宜談一般性的話題，如運動、健康、旅遊、食物、流行風尙等，無傷大雅，每個人都可加入話題。

7.「想」著說話：會說話的人「想」著說，不會說話的人「搶」著說，愛說話的人並不一定是會說話的人。

8.方言的使用要視情況：說話場合大家都懂得某種語言，當然可以使用該語言，又親切，溝通亦方便。但是如有人不懂，則應使用共同聽得懂的語言。

9.批評否定要小心：適當運用讚美及批評，可先稱許對方的成就，緩和緊張的氣氛。牽涉進個人的情緒因素，不僅不能解決問題，反而

惡化人際關係。

10.肢體語言的表現：姿勢儀態優雅，眼光注視對方，不要東張西望，心不在焉；手勢恰當，動作不要妨礙他人。

第六節　演講技巧

許多演講家常自誇的一句話：「天下沒有不好的演講題目，只有講得不好的演講人。」天生會演講的人少之又少，絕大多數都是靠後天不斷的訓練、努力，累積經驗，才能有爐火純青的技巧。一般而言，要做一個演講人，可從以下幾點著手：

1.愼定題目：吸引人來聽演講的原因，一個是演講者個人的魅力，另一個就是題目的吸引力了。所以題目要定得直接、清楚，引起聽衆的興趣，當然選擇自己專業及熟悉的領域做題目是最爲重要的。

2.好的開始是成功的一半：給聽衆的第一印象是很重要的，「好戲在後頭」這句話是不能用在演講中的，應該要將精華部分拿出來打頭陣，有時也可用一個眞實故事，自己的一次經驗，某位名人的話或是最新的資訊做開場白。

3.生動比喻眞實故事：抽象的原則是理論的基礎，但是可以用一些故事、實例或是比喻，將抽象的條文用生動的方式表現出來，多描繪一些人物或特別的地方，更能活潑講演的氣氛。

4.見好就收：把握時間、控制時間、重點提示、見好即收，不要拖泥帶水，做個掌控全場的人。

5.「衣」表人才：服裝儀容是個人形象的一部分，站在台上穿著合宜，不僅是禮貌，也可塑造個人魅力，爲演講加分，男士西裝，女士套裝或洋裝，是最保險的穿著。

6.自信：對自己要有自信才能讓聽衆產生信任及肯定，說服對方要有內容充實的講稿，要有適當的儀容修飾，聲音語調強弱適中。

第十二章

公共關係

- 公共關係概說
- 公共關係之定義
- 公共關係部門的工作
- 企業界的公共關係
- 記者訪問、記者招待會、酒會
- 企業發言人
- 危機管理
- 秘書與公共關係

近幾年來，隨著政治的改革、社會運動的萌芽、文化的調整、危機管理的重視，國內不論是民營企業、政府機構、社會團體，均已體認到公共關係的重要性，紛紛成立專責部門，或聘請公共關係顧問公司負責公共關係業務，以因應目前多變的經營環境。秘書的工作內容與公共關係工作十分密切，所以本章將公共關係的工作簡單敘述如下。

第一節　公共關係概說

近二十年來科學與技術的快速發展，使得現代的生活變得極爲複雜。電子電腦的設計及應用，人們能在同一時間處理各種不同的事件，並且可以在極少的人力下拓展其業務，人們變得異常忙碌，而人所接觸者也僅限於工作、機器，以及操作上相關的人。

這種忙碌的現象，無可避免的將造成人與人之間的接觸及交往傾向於「職業化」或「官式化」，而不是過去生活於「文化式」的人類了。人們感情的交流也趨向「技術性」，有些專門的術語或是特殊的隱語，更是只有少部分同樣圈子內的人才能了解，這種情形在世界商業中心的各大城市中，表現得最爲明顯。

由於這種情形，生活在大都市的人都偏向「無人格」的趨勢，他們害怕參與他們所不能認同的事務，他們固執地與他們所認識的及所信賴的人生活在一起，並逗留在自己感覺安全及被認爲受尊重的群體組織。因而在整個世界上、國家中、社會裡，這些大團體中形成無數個小集團。由於這些小集團的形成，使得人們在語言上、觀念上、思想上的交流更形困難，雖然用著相同的文字，但卻有著不同的意思，善意的言辭和忠告，常被錯誤解釋，這些都非常容易造成彼此的誤會和衝突。因此如何能夠使大衆的思想、言行溝通，有賴某些專門的學問予以引導、協調，方能促進社會的和諧與進步。

公共關係就是解決「溝通」上某些問題的方法，特別是針對一個機構和其有關的「公衆」，諸如機構內部的人事制度和職員關係，機構本身與外部客戶和股東的雙邊利害關係等等。因此「公共關係」在現今商業機

構的管理技術上，占著重要的地位。

企業的經營不只是獲取經濟的利益，也要善盡社會的責任，如何塑造企業的形象，提升企業的知名度，如何借助公關活動促進產品的銷售，也都成了企業公共關係重要的一環。

第二節　公共關係之定義

公共關係的定義很多，學者專家也爲公共關係下了不同的解釋，從最簡單的「溝通」，到以不同的行業角度詮釋數百種公共關係的定義。不論從哪一方面去界定公共關係，總是脫不了以下幾點：

一、公共關係定義基本要件

1.刻意的：有計畫的設計某項事件影響他人，以獲取同情或認同，希望提供的資訊能得到傳播對象的回饋。

2.事先策劃、長久持續：公共關係是有計畫、有組織地找出企業體的問題做研究分析，進而解決問題，是長期而有系統的活動。

3.傳播表現：實際的政策資訊，傳播表現給公關對象，得到回饋及支持。

4.共同利益：將大衆利益與本身利益相結合，達到互利的目的。

5.溝通：對內對外、上下相互平行溝通，散布資訊，聽對方傾訴，獲得內外公衆之回饋。

6.管理功能：最高管理部門決策工具之一，公關提供意見及解決問題，做好諮詢的工作。

二、公共關係定義摘錄

以下摘錄數種公共關係代表性之定義以爲參考：

1.某一個人或機構與其有關大衆建立良好關係的技術，其決策應以大衆利益爲前提，並利用傳播媒介，以眞誠良好的態度，提供眞實報

導，經常與社會大衆保持相互聯繫，努力使本身之利益與態度和大衆利益與態度相合爲一體。

2.對內是企業將經營的理念和目標正確傳達給全體員工，使其了解參與，共同爲公司而努力；對外就是讓社會大衆認同企業經營理念，塑造企業良好形象，使企業的產品或勞務能爲社會大衆所支持。

3.某一個人或組織爲使其個人或團體獲得更多的利益，而適當的運用其本身的政策、勞務、服務與活動，使社會眞正理解，並給予適當評價。

4.個人或機構對不同組織團體的溝通，增進互相的了解，減少摩擦，爭取最大的互利。

5.有企圖、有計畫、持久的努力，以求建立及維持與公衆之間的相互了解與利益。

6.協助一個組織和她的群衆採取彼此互利的態度，也是一個組織爲了得到群衆的合作所做的努力。

7.讓企業體內員工獲得疏通管道，產生向心力，是將企業成長的目標及方向，向大衆求取認同及支持。

8.指公司機構衡量公衆意見，運用有計畫的蒐集大量資料，力求政策或措施的配合，爭取並維持公衆之了解、接納與支持，用以獲得共同利益。

9.一種管理功能，用以辨識建立維持一個組織和各群體之間的互惠關係（Center, Cutlip, Effective P. R.）。

第三節　公共關係部門的工作

企業成立公共關係部門，或是無特定公關部門，都會從事許多公共關係的相關業務，爲企業體做溝通、協調、宣傳、幕僚、諮詢等工作。每個機構因行業性質公關對象不同，所採用的公共關係的方法和技術，也會用不同的計畫和方式推動。除了有系統的計畫外，各機構應配合客觀的情況加以定義，也就是每機構應該擬定一份適合該機構的公共關係計畫，並

成立一個公共關係專責部門，安排適當的工作人員，執行及推動公共關係工作，共同努力達成預期目標。公共關係部門的任務和工作可分兩點說明：

一、公共關係部門的任務

(一)內部方面

設計企業體之公共關係計畫，宣揚公司的政策和方針，傳達企業文化，協助高階層到低階層相互間意見的溝通，鼓勵員工認識自己的價值，培養其對公司的認同感與向心力。

(二)外部方面

創造社會大眾對企業體正確的形象，將公司之政策與活動利用適當的媒介傳遞給公眾，使其與客戶、股東、政府、新聞界、社區、國際等有關公眾維持友好而長久的關係。如此公共關係單位才能成爲企業最高當局顧問的地位，溝通的橋梁，進而達到管理的功能。

二、公共關係部門的工作

(一)擬定公共關係計畫、目標、預算

擬定公共關係計畫之前，應就機構的需求先做研究調查，進行評估，確定機構爲何需要公共關係，可以如何運用公共關係，預期可達到何種功能。若是肯定對公共關係的需求，則可擬定公共關係計畫，並將近期、中期、長期目標明確設定，預算費用分配方式，方能使公共關係工作不致流於形式。

(二)建立與維護公共關係對象之關係

每個企業體周邊的環境，都是企業公共關係的對象。所以從員工、股東、顧客、政府、社區、新聞界、供應商、批發銷售商、金融界，甚至國際關係，都是公共關係單位需要溝通的對象，因此如何建立彼此之間的

良好關係、維護長久而友好的互動態度，就是公共關係部門的責任。

(三)規劃、推動各項公共關係活動

不論企業塑造形象、促銷產品、辦理各種活動，借助與傳播機構聯繫、廣告的刊登、企業識別系統的製作、刊物的出版、各種報告、簡報之製作、聯誼活動、展示會之籌劃，甚至公益活動的辦理等等，都是公共關係部門或是與公關、廣告等專業公司合作規劃推動的工作。

(四)資訊的彙總、分析

在各行各業競爭激烈的現代社會，情報的蒐集、活用，影響至鉅，能掌握行業的動態、社會的脈動趨勢，方能領導企業走向正確的方向。所以公共關係部門經常要做調查、剪報、蒐集資料、分析、彙總，才能提供決策單位有用的建議，眞正做到諮詢的功能。

(五)危機協調與處理

企業或多或少都會有些危機發生，危機管理是公共關係部門最重要的工作之一。危機管理包含危機未發生前之預防、危機發生時之處理以及，危機後之復原三項主要工作。危機事件小至員工與主管不和，大至勞資糾紛、意外災難事件等，公共關係部門平時就應擬定一項危機管理計畫，注意平時異常現象，檢討企業形象，事先預防或處理可能的危機事件，模擬及設計應變方法，如此不但能預防危機的發生，同時即使危機發生，亦能按照平時的演練盡快處理。

(六)評估、檢討公共關係運作的績效

公共關係部門對於企業公共關係計畫的執行，應該定期評估，雖然公共關係工作很多的效益不是馬上可以表現出來。公共關係的工作是整體的，是全員參與的，而且要有計畫持續性的努力，才能顯現其眞正的功能。但是對於公共關係所做的各項工作，都應檢討、修正、評估，以期設計更適合企業的公共關係計畫，找尋更有效的執行步驟，期盼未來的豐富回饋。

第四節　企業界的公共關係

近年來，由於社會的進步、政治的改革、環保意識的興起、傳播科技的進步，使得政府或民間都開始體認「公共關係」的重要性；尤其是當企業界面對越來越激烈的競爭，消費者意識的抬頭，企業危機的發生，因而爲了促銷產品，建立形象，善盡社會一分子的責任，努力使本身利益與大衆利益相結合，所以紛紛成立公共關係部門，或是委託專業的公共關係公司協助處理公共關係事務。

企業因爲目標、組織和性質不同，而有多種公共關係目標、策略、方法等的不同需要。但是大體言之，企業的公共關係對象，可分爲內、外兩方面，對內可以透過策劃的管道，使員工及股東了解公司的經營理念與目標，培養員工敬業樂群的工作態度，全力爲公司服務；對外，可透過各種媒體及方式與消費者、社區團體、供應商、銷售商、政府、新聞界，甚而同業競爭者，保持良好的溝通，給予企業支持，促進企業的發展。

現就企業的主要公共關係對象，說明如下：

一、職工的公共關係

良好的公共關係應自企業內部開始，企業不重視員工，就不可能有良好的管理制度和生產成果；員工是企業的根本，沒有優秀的職工，企業不可能成功。同時公司任何一位工作人員的言談和行爲，常被認爲代表公司的形象，在這講究全員公共關係的時代，影響至鉅，所以公共關係首要注意的就是職工的關係。

(一)建立良好的職工關係

1.健全的人事制度：健全的人事制度是職工計畫的基礎，職工計畫必須以滿足員工的需要爲原則。諸如待遇合理、工作有保障、福利措施良好、有平等升遷的機會、員工工作受到尊重及肯定、同事合作愉快等。此外，應建立有效激勵員工士氣的制度和方法，對於公司

政策及組織情況也應讓員工有所了解。

2.使員工了解公司政策及活動：爲建立員工的向心力、歸屬感，一定要使員工了解公司的政策和各種活動，眞誠地與職工宣導公司的事實情況、經營理念，建立企業的特有文化，平時要保持溝通管道暢通，有問題隨時溝通，提供資訊使員工了解問題眞相，有變革亦事先宣導，如此方能培養員工的參與感，眞正與公司同進退。

3.尋求職工的交流：員工應有雙向溝通的機會，所以公司應積極尋求員工對公司管理當局的意見及建議，作爲修正人事政策及改進工作之參考；亦應設立職工申訴的機構，以公開、公平的態度處理員工的問題。

(二)職工關係溝通的方式

1.出版刊物，報導公司動態。

2.布告欄、壁報之利用。

3.廣播、閉路電視、電影視聽器材之利用。

4.設置意見箱及申訴、建議管道。

5.職工代表參加公司會議、員工會議。

6.主管訪問員工，開門接談。

7.員工及眷屬參觀公司。

8.舉辦員工休閒及各種活動。

9.問卷調查：不論以何種方式推展職工的公共關係，都應配合公司情況、職工需求，而將各種方式混合或搭配使用，使工作發揮最大效果。

二、股東的公共關係

在自由化經濟社會體制下，公司由少數股東組成的固然很多，但是企業大衆化也是必然的趨勢，因此公司之所有權人，不僅限於某些個人，團體亦爲構成股東的重要分子。由於企業股東都爲特定及可掌握的大衆，企業對股東的公共關係單純得多，但是以企業出資人來說，企業與其之間的關係是很重要的。

企業與股東間良好關係的維持，最重要的是要擬定健全的財政政策，與股東保持密切的聯繫，提高股東對股權的自尊，使股東感受企業的活動都是為了股東的利益，使股東願意與企業積極合作，謀求企業的發展，享受參與企業的光榮，而非僅為紅利而已。

股東關係溝通的方式：

1.財務報表：公司年度報告、財務分析報告等。
2.刊物：股東雜誌、各種公司發行的刊物。
3.個人訪問：電話、郵件、訪問，維持股東之興趣與聯繫。
4.股東大會：報告公司業務，展示產品，參觀公司，意見交換，或是招待度假娛樂。
5.調查：股東認股因素、產品使用、紅利分配等之調查。

三、顧客的公共關係

滿足顧客的需要，獲取經濟利益，乃是目前企業最大的目的，因此企業是否成功，要靠顧客的支持和信賴；而顧客的多寡，又要視每個公司之性質和產品之不同而擁有不同的消費大眾。因此每個公司應根據其本身的產品及服務性質來決定其關係最密切的顧客大眾，制定顧客的公共關係計畫。這種計畫應以消費者的利益為前提，也就是讓消費者有「知的權利」、「安全的權利」、「選擇的權利」、「意見被聽取的權利」。

(一)企業與顧客公共關係計畫之制定

1.經常調查：利用各種方式調查分析，以獲得顧客對公司的產品、服務或公司政策的意見，以謀改進，並藉此培養企業的商譽。
2.改善服務品質：給予員工良好的訓練，了解公共關係是每位員工的責任，如此才能為顧客提供迅速、禮貌而周到的服務。
3.產品的報導：利用各種媒體報導或宣傳公司的產品和服務，務必以誠實、不虛偽誇大的態度推廣企業的產品，使其為消費者所接受。
4.聯繫合作：保持與消費者的聯繫，使消費者對公司產生感情，成為產品的忠實愛用者。對與本公司產品有關係及影響力的團體，應加

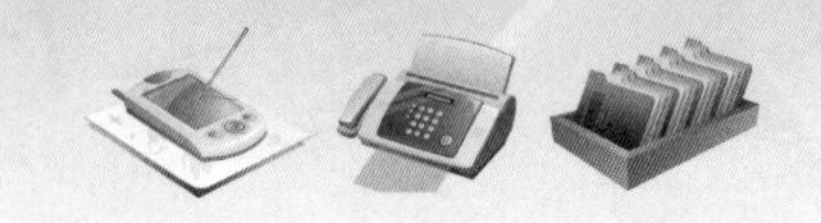

強聯繫合作，藉團體的力量和信譽，推廣本企業產品。

(二)顧客關係溝通之方式

公司與顧客溝通可分爲私人聯繫及大衆傳播媒體兩方面。私人接觸雖爲直接的途徑，但是由於接觸的範圍有限，往往不能充分發揮功能，因此大多借重大衆傳播媒體的影響來推展與顧客的關係，其方式如下：

1.新聞及廣告：利用報紙、雜誌、刊物等的新聞或廣告，做有系統的報導，效果最廣。

2.視聽通訊：利用電視、電台廣播、電影宣傳片等視聽媒體，製作節目或廣告，以服務、娛樂或評論的方式，達到宣傳目的。

3.刊物與通訊：製作期刊及用戶通訊，不但可以與用戶及顧客保持聯繫，掌握顧客的資訊，並藉以蒐集問卷資料、消費者意見，以爲企業參考。

4.舉辦活動：招待顧客參觀公司，舉辦展覽會、表演會，各種活動的贊助等，一方面可推展產品，一方面可塑造企業良好形象，推廣企業的知名度。

四、政府的公共關係

現今世界各國對於企業界的各項措施逐漸加強，爲求彼此的充分了解，企業界必須採取有效的步驟，與政府保持良好的關係。與企業界有關的政府大衆可包括中央及各級地方政府機構、官員、各立法機構及民意代表。

企業界因要了解各級政府之職務、各部門的工作程序，且須探聽擬議中之立法、新頒法律、條例、總則及政府之各項規定等等，最好能有聯合公會之組織，由專人負責，如此比各個企業各自進行要方便和有效得多。

企業界對政府關係之媒介，主要採取私人接觸方式，因爲有關之政府官員有限，目標確定，進行比較容易。一般之方法如下：

1.私人訪問：企業代表向有關人士解釋問題，尋求了解。

2.舉行餐會：以餐會方式招待有關官員，報告企業界之問題和需要，並交換意見。

3.開放工廠：開放工廠，招待政府人士、民意代表參觀，使其對企業之操作、問題能有所了解。

五、社區的公共關係

現代的企業或多或少都與所在地的社區發生一些關聯，大型企業更因社會運動的興起、環保意識的高漲，直接影響到公司的生存。所以現在的企業為了生存，推展其產品和服務，塑造企業形象，增加員工的士氣、認同與榮譽，都主動、積極的推展與社區的公共關係。

(一)社區關係規劃的要點

1.社區的需求和目標：社區環境的維護、幫助社區民眾就業、支持社區公益文化活動等，企業應根據社區的需求而制定計畫，逐步達到目標。

2.溝通的方式和對象：採用哪些方式與社區溝通，最能發揮效果；社區的正式和非正式民意領袖的聯繫與溝通管道是否暢通，是社區關係發展的重要因素。

3.訂定社區關係計畫：計畫的目標、使用的人力、推動的時間、花費的預算及可利用的當地資源、使用的方法，都應在社區的公共關係計畫中詳細說明，以為行動的依據。

4.評估社區公關發展的成果：計畫實行前預估效益，實行後更應評估其結果，以為改進的參考。

(二)社區關係溝通的方式

1.刊物、出版品分送社區民眾。

2.舉辦各種活動，如運動、健行、展覽等。

3.參與並贊助公益活動，如急難救助、地方慶典、醫療服務、獎助學金、文化民俗活動等。

4.協助社區環境的美化與改善，如公害的防治、道路公園的美化、交

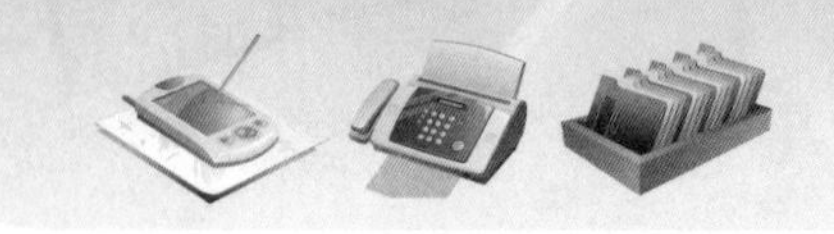

通的改善等。

5.訪問社區領袖，參與地方活動與會議。

6.開放參觀，提供場地供社區民眾活動。

7.提供就業機會，安定社區，繁榮地方。

六、新聞界的公共關係

新聞界不僅是企業界的一個重要大眾，更重要的是，新聞界是企業界與其他大眾取得聯繫的主要媒介。善於利用新聞界之關係，就可透過這個媒介與其他大眾建立良好關係，所以新聞界在公共關係計畫中，占有極其重要的地位。

企業界與新聞界維持良好的關係，應建立在報紙、電視台、電台等的記者、編輯及評論員的互動上，其中尤以報紙的關係最爲重要。

在企業裡，原則上每個人都直接間接的推展與新聞界之關係，但在正式組織上，與新聞界的關係，應該是公共關係部門的直接職責。

企業界的新聞應當在適當時機提出正確而富有報導價值的消息和資料，如本身不能寫出新聞稿，應請記者代爲處理。通常企業界可發布的新聞大約有：新產品的發明、工廠之擴建、重要人事的調動、新式機器及設備之使用、公司有意義的活動、公司之意外事件等。

(一)企業與新聞界的溝通

1.認識媒體的特性：主動了解媒體定位、工作、作業流程、截稿時間、媒體的種類等，對此有基本認識後，方能配合各種媒體，達到傳播的效果。

2.媒體與大眾的需求：預先設想媒體人員的需要，以大眾及媒體需求爲出發點，新聞的價值和立即性如何？讀者、觀眾、聽眾的需求又是什麼？如此新聞人員才有興趣報導，社會大眾才會注意傳播的訊息。

3.誠懇與尊重的態度：保持主動、誠懇的態度與媒體人員溝通，建立良好的人際關係，彼此互相尊重，不要玩花樣，才能充分發揮與新聞界良好關係的效果。

4.溝通人員的權威性與公平態度：代表企業與新聞界溝通的人員，應對企業本身有相當專業的了解，其職位、授權程度要能受到對方的肯定和尊重。對待新聞媒體人員亦應公平，不可厚此薄彼，爲給獨家報導反而因小失大，因此企業與新聞界往來的公共關係人員，應具有權威性與公平性。

5.溝通內容：要有充分的準備，缺乏事實根據的論調，不易達到溝通的目的。溝通內容言之有物、準備充分、有價值、簡單扼要、淺顯易懂、口齒清晰、說服力強、有系統提供訊息。避免商業化、廣告化、無事實根據之溝通內容。

(二)企業與新聞界溝通的方式

1.私人接觸：平時保持聯絡，隨時注意記者的異動，與記者個人保持良好關係，以私人友誼影響新聞界。

2.記者招待會：重大新聞可舉行記者招待會，廣泛提出說明、報告事實及回答詢問。

3.以新聞稿、特寫、特稿發布新聞。

4.新聞預展：未正式展覽前，事先以預展招待新聞界參觀。

5.聚餐會：平時或定期舉行餐會，邀請新聞人員餐敘，藉以聯絡感情，交換意見。

6.資料提供：平時提供相關照片、新聞照片及資料、印刷品，送新聞界使用參考。

(三)企業意外事件處理與媒體的互動

1.推定能代表企業的發言人，統一對媒體發布消息。

2.協助記者迅速、正確而完全的採訪，並盡量給予方便。

3.不可企圖隱瞞眞相，說謊是危機事件處理最大的危機。

4.不可拒絕記者進入公司或工廠採訪，除非危險性尚未解除。

5.在紊亂時期，消息眞相不易獲得，應就所知告訴新聞界，不可胡亂猜測，以免不實報導。

6.不幸事件之有利不利事實，都應發布。

7.事件刑責由司法機關負責，不可任意猜測。

8.對各方面之記者應一視同仁，厚此薄彼，容易造成糾紛。

(四)企業可發布的新聞

1.「新」：新產品、新技術、新包裝、新機器、新廠落成、分公司成立等。

2.「財務」：年報發表、股息分派、大宗訂單、業績報告、生產紀錄、價格變動等。

3.「人事」：高階人員任命、升遷、退休、受獎等。

4.「活動」：舉辦大型活動、慶典、促銷等。

5.「榮譽」：公司員工榮譽獲獎——運動、娛樂、比賽、英勇事蹟。

6.「危機事件」：意外災難、勞資糾紛、罷工、裁員等。

第五節　記者訪問、記者招待會、酒會

一、記者訪問

(一)電話訪問

冷靜與禮貌，掌握問題，空檔思考，公關部門協助棘手問題及後續工作。

(二)直接訪問

事先取得題目，公關部門提供背景資料及相關報導參考，預留足夠時間，可請公關部門列席協助。

(三)訪問注意事項

1.可說的話：說實話、禮貌、平靜、態度合作、聽得懂普通語言、不提質疑不正確答案。

2.不要說的話：無可奉告、說謊、反問、要求審稿、爭辯、推諉責

任、爭取同情、重複問題、中途離開等。

二、記者招待會

(一)記者招待會的目的

以雙向溝通的方式，透過不同新聞媒體，公平、快速及廣泛地傳播主辦單位的訊息和意見，是一種雙向溝通的方式。通常代表人發表開場白或說明主題後，再答覆記者的問題。

(二)記者招待會的功能

透過不同新聞媒體，公平、快速及廣泛地傳播主辦單位的訊息及意見。

(三)種類

1.對於突發事件或引起爭議的情況，舉行記者會說明或辯解。

2.某類新聞後自然舉行的記者會：如諾貝爾獎公布後，得獎人舉行記者會接受記者的訪問，運動選手得勝後、選舉勝利後亦同。

3.政府機構定期舉行記者會：如每週的行政院院會、美國白宮每月的總統記者會等。

4.企業重大事件記者會：如重要人事更動、新產品發表、公司變動等。

(四)召開記者招待會的原則

1.要有新聞價值。

2.新聞未達重大新聞標準時，可用新聞稿傳送媒體發布新聞。

(五)安排記者招待會注意事項

1.選擇方便的地點：地點要適中，交通、停車方便，環境優雅，餐飲精緻，可以選擇飯店、俱樂部等地，場地大小合適，設備亦能配合， 結束後也有空間可以交誼。

2.日期、時間：不要與其他重要記者會同時，週五下午、假日不宜，

時間不宜太早，以上午十時後下午二時後爲宜，原則不超過一個半小時，可以趕上午間或晚間新聞播報及發稿。午餐會也是一種很好的記者會方式。

3.邀請函：及早邀請，最少兩星期前寄出邀請函，內附資料、記者會目的、重要出席人等資訊，一兩天前再以電話邀請，同一媒體不要同時邀請採訪記者和工商記者，以免工作性質不同，造成困擾。

4.記者會前新聞稿：重要記者會前一天可發出新聞稿，宣傳、提醒記者會的重要性。

5.主持人的準備：主持人說話要有權威，態度公平，聲明或說明稿事先要做演練，準備可能提出的問題。

6.資料袋：內裝公司資料、書面資料、相片、新聞稿、樣品、贈品、交通費等。

7.視聽器材的準備：單槍投影機、投影機、錄音機、幻燈機、麥克風、海報等。

8.會場布置：主持人站台、記者席、簽名桌、攝影記者位置、記者會大名條、出席證（名牌）、各種標示牌、指示牌、主題標示等。桌椅安排一般不設固定座位，自由就座；花草盆景可請花藝公司設計提供。最後，事先要檢查會場，確定各項工作完備周全。

9.工作人員：

(1)接待人員：事前訓練，人不在多，要能稱職。接待人員要準備簽名簿、名牌、資料、胸花等簽名時之必需物品，並做就座引導接待的工作。

(2)操作人員：各種電器用品、器材操作人員，要事先安排準備。

(3)攝影人員：事先聯絡準備需要器材。

10.飲料點心：精緻一流，避免酒精飲料。會後茶點增加主辦單位與記者交誼機會。

11.停車問題：都會區要考慮停車問題，如在飯店舉行記者會，可與飯店協調停車優惠，並可事先將停車證附在邀請函中，增加誠意。

12.廣告跟進：如爲發表新產品做宣傳，第二天廣告應跟進，記者會

後隔天應在各媒體密集登廣告連續數天，加強宣傳效果。

三、酒會

1.目的：新產品發表、迎新送舊、週年慶、開幕、喬遷、推銷商品等。
2.時間：下午四至六時、五至七時。
3.場地：因人員流動大，場地大小須適中，以免人多太擠，人少冷清。
4.邀請卡：目的清楚，兩星期前發出。可附停車卡、名牌、回覆卡、提醒貼紙、贈品券等。
5.餐點：定餐點與人數配合，食物挑選精緻並與預算配合，飲料提供可按杯計、缸計、按小時計，會場可請服務生在場中流動送飲料點心。
6.接待人員：資料準備、簽名簿、送花回卡、放名片銀盤、胸花等。
7.停車安排。

第六節　企業發言人

一、企業發言原則

適當的、有效的、有計畫的爲企業發言，掌握when、who、how、目標、資源，因時間、空間、環境條件不同而有不同的組合應對。

二、發言形式

1.企業本身發言人：企業發言人、各級主管或特定員工。
2.第三者發言人：立場客觀、超然，沒有利益輸送或利害關係，形象良好，有公信力及說服力的第三者，如媒體、意見領袖、學者等。

三、發言人工作原則

(一)主動接觸不迴避

1.口頭接觸：電話、面對面溝通，每月固定數次提供公司近況、有用資料，保持聯絡。

2.書面接觸：公司重大訊息、新聞稿、特稿，主動傳眞給媒體參考。

(二)有問必答不隱瞞

法令範圍內可公開資料，有問必答，避重就輕，靈活應對。

(三)誠實可靠不欺騙

不可誤導媒體，或對不同媒體做不同報導。

(四)一視同仁

公平對待所有大小媒體。

(五)隨時有人不空城

發言人不在，應有代理發言人，並在截稿時間前，回答媒體的詢問或要求。

(六)發言管道統一

發言人以一人為原則，不可造成混亂，主管對媒體談話，發言人可在旁協助。

(七)與媒體建立默契

與媒體確定互信關係良好，不欲為外人知的消息應守口如瓶。

第七節　危機管理

危機是企業不可預期的傷害，企業在多變的環境及各種變動因素影響下，危機隨時都有可能發生。如果組織沒有做好危機管理的策略及應變措施，一旦危機發生，定會對企業或組織造成嚴重傷害，所以危機管理是公共關係人員一項重大的考驗。

一、危機管理定義

所謂危機管理，是將企業關鍵時刻的風險或不確定因素消除或是降低，使企業避免或減少傷害，維持企業的生存與發展。

美國公共關係教授Otto Lerbinger則認為，危機是「將企業或組織陷入爭議，並危及企業未來之利益、成長或是生存的事件」。

因此危機是將企業陷入經營困難或是影響企業生存的重大事件，而危機又常常是不確定性的，企業無法預測或估計危機何時會眞正發生，危機一旦發生也有時間的壓迫感，企業主管必須在最短時間內做出快速而正確的處置。企業的危機除了重大意外災難事件外，尚有其他程度不同的危機可能發生，諸如歹徒勒索、消費者抵制產品、產品侵害他人權益、產品品質瑕疵、員工健康傷害、勞資糾紛、管理者財務問題等，任何一項發生問題都會影響企業的經營發展。因此企業要制定危機管理的機制，平時要著重危機的預防，加強危機管理意識，避免或化解可能產生的危機。萬一發生危機事件，應有應變策略迅速處理。危機處理後，須思考如何盡速恢復元氣，重新出發。

二、危機管理原則

危機管理可分幾個階段來做規劃，首先是偵測可能的危機因素，發現警告信號；其次就是危機應對的準備，最好能有預防措施使危機能及早化解；第三是危機不能避免發生的處理階段，如何盡速處理，控制損害的

程度；第四是復原計畫恢復企業元氣；最後就是記取教訓吸取經驗，避免危機再次發生。危機管理可以下列原則處理：

1.預防勝於治療：危機事件雖然具有不確定性，但如何防止危機事件的發生，消除危機發生的風險或疑惑，或是減低危機發生的傷害，最重要的工作就是預防危機的發生。除了制定危機管理計畫外，尚應有危機小組組織，注意企業大環境之發展與改變，檢討企業負面形象，注意可疑事件及企業內外部異常現象，並定期模擬演練危機事件及訓練應變的能力。

2.加強危機教育，提高危機意識：平時加強危機教育，使全體員工都具有危機管理的觀念，企業內外溝通的管道暢通無阻，避免危機產生。

3.建立內外溝通管道：溝通不良，缺少溝通管道及機會，容易產生誤會，企業內部上對下、下對上、平行之間溝通無礙減少摩擦，企業對外做好公共關係，與媒體、政府、警政機構維持良好關係，發生危機事件可有暢通管道尋求協助。

4.掌握危機事件事實：第一時間掌握事實情況，誠實是最好的原則，謊言只會增加處理困擾及傷害。

5.當機立斷迅速處理：企業應以負責誠懇的態度盡速處理危機事件，減少媒體曝光及對企業造成之傷害。

6.成立危機處理小組：企業應有危機處理小組的機制，視危機事件類型機動編制小組，並規範各小組之職掌。例如意外災難事件，應設指揮中心，由總召集人負責全盤指揮調度行政聯繫工作，另設公關組負責協調、聯絡媒體對外發布新聞及發言工作，接待組負責家屬聯絡接待工作，法務組負責法律保險協商工作，勤務組負責現場支援工作等。

7.化危機為轉機：危機也是轉機，企業因處理危機事件的誠實負責態度獲得社會及消費者肯定，建立新的企業形象；或是企業因危機事件產生的生存威脅，使企業重新運作以新的面貌適應新的環境，危機對企業來說也是一個很好的革新機會。

三、危機處理步驟

企業如有危機管理的機制，發生危機事件，即可按照危機處理的步驟迅速處理，僅提供以下步驟作為參考：

1.發生危機直接向相關主管報告事件發生經過，主動掌握情況。
2.確定危機公關工作的對象。
3.確定危機小組成員、職責、溝通方式及授權範圍。
4.決定危機處理方式。
5.建立危機公關資訊回饋系統，整合內外部有效資源。
6.確定危機事件的法律地位。
7.推定危機事件發言人、發言範圍及重點。

四、災難危機處理的工作

災難事件通常都是不可預測的意外事件，是公共關係人員危機處理最大的考驗。公共關係的危機管理工作做得好，設有危機處理小組的機制，危機發生時可以盡速規劃危機小組，依據平時的演練處理危機。災難危機處理有以下幾個步驟可供參考：

1.成立危機處理小組。
2.推定發言人，設立新聞聯絡中心。
3.盡快抵達現場，協助救護、醫療及協調工作。
4.家屬聯絡、協助，安排專人專線服務。
5.提供媒體採訪方便。
6.保險理賠處理。
7.向協助之有關機構及人員致謝。
8.公司之處理人員鼓勵、安慰。
9.療傷止痛。

五、危機發生時公關人員的工作

企業發生危機是企業的重大事故，不能只靠公共關係部門人員處理，企業全體員工亦要全力投入協助處理，度過難關。但是公關部門卻是主要的策略和諮詢單位，其工作內容如下：

1.內外公眾之溝通，高階層人士之溝通。
2.對其他危機處理小組人員提供策略諮詢。
3.與企業總部之聯繫溝通。
4.協助控制事故現場。
5.分派溝通任務：社區、員工、工會、政府、顧客等。
6.媒體溝通工作：推定發言人、設新聞中心、發新聞稿、提供資料、擬聲明文件、聯絡媒體記者等。

第八節　秘書與公共關係

在未談秘書與公共關係的相互關係之前，首先我們要了解的，就是任何機構其成長的先決條件，乃是視其與「公眾」良好的雙邊交通是否健全而定。有了優秀的員工、嚴明的紀律，可以增加工作效率、強固組織；有了與顧客及股東良好的關係，可以獲得交易上的成功。這些都是外在的因素，而管理效率則是屬於公司內部成功的因素，要達到管理上的效率，最重要的就是公司上下良好連鎖溝通的機能。

所謂溝通，不單指人們之間用某些方法交換或傳遞消息，更應包括一種思想的交換。言辭固然是任何語言及消息中最重要的因素，但是思想無法溝通，言辭也就失去意義，這也就是公共關係主要的宗旨。

在公共關係的工作網中，溝通主管與其從屬意見時，秘書扮演著非常重要的角色。因為最能了解主管的工作人員就是秘書，秘書與其他員工不同的價值就是他能了解主管的個性、價值觀及其好惡，這些因素或多或少都會影響到機構的前途。而要完全了解主管，這也是秘書工作中最困難

的一部分。因爲一個人的行爲，實際上是起源於其個人思想的決定與對各項事務反應的結果，其行爲常因其本身的知識、感情之好惡，及其意志、思想、靈感及雄心所支配，由於這些不確定因素，使得即使受過高深教育的人，也不能永遠是公平的、無偏見的、客觀的處理一切事務，情緒和感情常會在處理事情時占了一席之地。爲了調和因爲人的因素造成的不協調，妥善的運用公共關係，在現代化的商業界及社會中成爲不可或缺的一環。

世界各國都設有專門機構訓練高水準的公共關係人才，以適應日益增加的需要；而作爲現代秘書，又是公共關係工作網中的一分子，更應對公共關係的運用，具備適當的知識和了解。

秘書在公共關係任務中擔任何種角色呢？秘書在工作上，可以說是主管的一部分，因此主管的決定在公共關係計畫執行時，由於計畫本身的目標和內容程度不同，秘書或多或少占有一份重要的職務。

此外，秘書可以提供較可靠的資料消息來源，而且公共關係的活動，諸如消息的發布，宣傳品的出版，雜誌、年報的出刊，攝影、幻燈片、影片的製作，展覽、市場情報的蒐集，貿易商展等等，這些活動無可避免的，秘書勢必參與一部分的工作，發揮其在公共關係中所扮演的角色功能。

第十三章

簡報製作與簡報技巧

- 簡報的意義
- 簡報溝通的過程
- 簡報製作的步驟
- 媒體輔助電子簡報
- 簡報的結構
- 簡報場地實務
- 臨場表現
- 簡報軟體的使用
- 經驗之談
- 參考資料

在職場中，主管人員、行銷人員以及資深幕僚秘書工作者都有機會做簡報，除了規劃簡報的方式、掌握製作的技巧、做出圖文並茂的簡報之外，也要具備良好的公眾表達能力，能面對群眾侃侃而談，因此，都應該有做簡報的訓練，才可以在需要時勝任這項工作。本章就以簡報的製作及表達技巧分述討論如下。

第一節　簡報的意義

所謂簡報，就是將機關、團體、企業的概況，某一項工作或是某一種計畫、某類商業產品或服務的狀況，以簡單扼要的方式，對有關人士做的文書介紹或說明，以達到溝通與傳達訊息的效果。

做簡報的場合，不外乎在正式集會時做業務報告，或是爲客戶做產品介紹，以及推廣服務的業務，特別是行銷的場合，更是少不了要做具有說服力的簡報。當然有時在對公眾演說時，爲了政策的推展、政令的宣導、主管單位的視導等，也是要做簡報的。

第二節　簡報溝通的過程

簡報是將所要傳達的訊息，藉由溝通者利用各種不同的方式，如口頭、書面，並配合圖表及現代化的視聽設備等通路，使接受訊息者能自簡短的簡報過程了解訊息的意義，甚至很快的使簡報達到回饋的效果。因此如何製作有創意、清楚、簡明的簡報，負責簡報者如何以文字及口頭表達技巧，達到溝通及說服的目的，才是簡報最好的表現。

簡報溝通的過程，是由溝通者爲了某些目的將需要傳達的資訊或信息內容，使用最有效的媒介通路給需要傳達的對象知道，使接受者了解政策而遵循執行，或是對宣傳的產品產生興趣進而購買。其過程如下：溝通者→訊息→通路→接受者→效果→回饋（communicator→message→channel→audience→effect→feedback）。

第三節　簡報製作的步驟

精湛的簡報要根據目的來做規劃，才能眞正不浪費人力、物力、財力，而達到簡報應有的目標。因此簡報應該自以下數點著手規劃：分析事實→確定目的→設定主題→規劃架構→製作簡報→媒體輔助→完成簡報→實作演練→正式演出。

一、分析事實確定簡報的目的

任何簡報都有其目的及特定對象，簡報要根據事實需求之目的及對象特質爲製作的依歸。簡報大多以書面敘述方式爲主，配合彩色、影像、圖表、視聽效果等表現所要傳達的事務，當然在表現方式上，可以用會議說明方式，行動表演方式，甚至娛樂休閒方式。總之，針對不同的目的、不同的目標群衆，若能說服簡報對象達到溝通傳達訊息的效果，這個簡報的目的就確定是達到了。

二、發揮創意選擇主題

吸引醒目的主題才能在一開始就提起接受者的興趣，對於相關的主題特性要做預先的研究，構思主題必須經過一番腦力激盪，如果成立一個團隊自多重的角度來看事情、發現問題，大家一起拋出點子，共同激發一個好的、有創意的主題，這是在製作行銷簡報時常常採用的方式。

三、訂定大綱規劃架構主題

確定以後，接著要將簡報的大方向擬定出來，要分幾個項目來製作簡報，大綱的分項不能太多、太雜，標題要能明確、分段清楚，使閱讀者一看目錄就能大體了解簡報的架構及內容；而且有了明確的大綱及架構，製作簡報者可以有一個正確的方向去蒐集所需要的資料，接受簡報者也能因爲大綱的導引，很快的進入簡報主題。

四、蒐集資料製作簡報

具備豐富的資料才能充實簡報的內容，所以如何蒐集相關資料是製作簡報的基本工作，除了搜尋與主題相關的資料外，對於與主題有關的實例亦不可遺漏。尤其在做現場簡報時，實例是最容易說服對象接受的。書面的簡報將資料蒐集齊全，將資料按主題及大綱的項目分別以文字敘述，或是圖表、圖片等方式編寫簡報，經過電腦打字、編排、校對、印製成冊，呈請有關主管核閱，經修訂後才能定案，簡報首頁要列目錄；此外封面要有報告名稱、日期、簡報單位或簡報人員，製作完成的簡報在正式簡報時分發參閱。

簡報內容不要以冗長的開場白介紹企業的組織及過去的歷史沿革，簡報的對象關心的是問題的解決方法、新的觀念和知識，以及具體的結論。簡報的內容要考慮對象及其程度，用他們看得懂的文字及說明來表現簡報的主題。

第四節　媒體輔助電子簡報

利用多媒體簡報軟體製作簡報是現今的趨勢，POWER POINT 是一套使用普遍功能又多的簡報軟體，可以將文字、圖像、影片等素材加以結合，利用其提供的多種範本製作精緻的簡報，甚至可以配上動畫、影像、音效等特殊效果，設定播放方式，製作出動態又美觀的簡報。

簡報的文字大標題、次標題，字體大小應有分別，文字內容不可太多，每張都能呈現重點並清晰易懂，行距不能太小，字體避免使用細明體，粗圓字體效果較佳，背景顏色最好有對比效果，盡量保持版面清爽。

POWER POINT 簡報製作過程包含：

1.訂定大綱：依據目的和需求訂定大綱及內容。

2.選取格式：利用POWER POINT 提供之範本、色彩配置等功能，選取簡報的格式或風格。

3.內容製作：將簡報的內容文字鍵入格式中，適當插入美工圖案、圖片、圖表、相片等；也可以將音效、影片、動畫利用POWER POINT 提供的支援格式加入簡報中。

4.設定簡報播放方式：自行控制播放方式，或是由電腦自動執行播放動作。

第五節　簡報的結構

一份完整的簡報應有基本的架構，其項目可以因為實際的需要增加或減少。在簡報決定大綱後，大多根據大綱來作為簡報的結構，不過前後要如何串聯，使簡報內容充實、條理分明、前後呼應、一氣呵成，就是製作簡報最大的考驗了。

簡報的架構可包含以下數項：

1.封面：簡報要用稍厚的紙做成封面，封面上要印上簡報的標題、簡報的時間、簡報單位或人員。

2.目錄：許多簡報或報告都未做目錄，不但不易了解整個簡報的內容，翻閱尋找某些項目也倍增困擾。

3.簡報內容：簡報內容完全視簡報的目的和需要來定，一般可有以下的項目：

(1)前言。

(2)定義或沿革。

(3)主題之現況。

(4)詳細業務狀況及說明。

(5)可行的策略或辦法。

(6)未來展望或效果。

(7)評估或結論。

簡報製作的內容要確實，資料蒐集要豐富，實例舉證要有根據，書寫時要根據大綱項目分段分項依次書寫，結構嚴整，長短合度，長篇大論

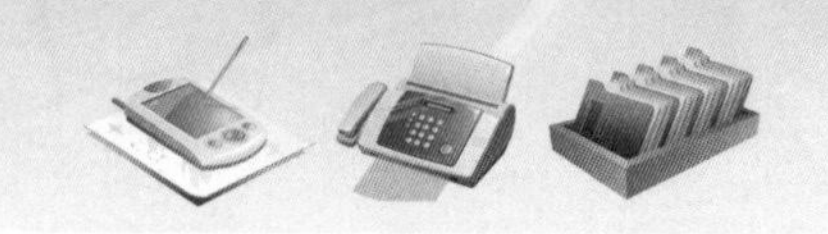

的文章，不但讀者抓不著要點，也浪費閱讀的時間；簡報最好配合圖表、圖片來表達，不但清楚易懂，也使簡報生動活撥，現場說明時容易表達，當然如能利用現代簡報多媒體軟體設備的包裝，就更能增加視覺、聽覺的效果，發揮專業簡報的功能。

製作POWER POINT的簡報與書面的簡報方式不同，其內容都是大綱標題式，因此文字力求簡單，每張投影片說明一項要點。圖表顏色對比鮮明，使觀衆很快了解其間的差異。數字表格資料橫線線條不要超過三條，關鍵數字可用不同顏色或做出記號，數字之間的比較可用圓餅狀或條柱狀來表現數字的關係。穿插實物或幽默的圖片也會增加簡報的效果。

第六節　簡報場地實務

一、會場場地的選擇

場地是簡報給人的第一印象，房間大小要適合，太大人不多顯得冷清，太小擁擠不夠大方體面，整齊清潔舒適是基本的要求；如果是大型公開的簡報，更要注意交通的方便、停車的空間，甚至茶點的場地都要考慮進去。簡報的房間天花板高度不可太低，否則影響布置，且有壓迫感，桌椅排列尤應注意視線要好，座位要舒適，要能達到溝通的效果。人數少之簡報都用小型會議室，簡報者與螢幕都在正前方或是螢幕稍偏右邊或左邊，如果人數較多又需要寫字時，則最好排成教室型，聽衆前面有桌子並面對主講人，如此安排較舒適，講與聽的人溝通效果較佳。

二、公關接洔工作

簡報若是要做宣傳及給媒體報導，公共關係部門可以發新聞稿或是邀請記者來參加。接待是不論簡報的規模大小，秘書們都得要做的工作，簽名處有人負責簽名，分送資料，紀念品最好簡報完畢後再行致贈。擔任引導接待者要了解「行」的禮儀，應對進退都要合宜，擔任接待的工作者

對於自己的服裝儀容要有專業的素養，才能表現機構員工的素質和平時訓練的成果。其他支援的人員，如攝影、機器操作人員，也要事先聯絡約定準時配合。如有茶點招待，要選擇適合場地，茶點要精緻，接待的人手要適當稱職。

三、簡報設備

簡報所需要的設備要準備周全，需要其他人員協助要及早安排，視聽器材及多媒體的硬體、軟體設備，負責人員事先一定要確實測試，以保證簡報時不會出差錯；有些消耗物品如電池、燈泡等更要準備備用品，以備不時之需，如果簡報的場地不在自己的公司，更要在出發前再三檢查所需帶的物品是否齊全。

第七節　臨場表現

完成簡報的內容，只能說簡報的工作成功了一半，其他的百分之五十就要靠主講人臨場的表現，諸如態度形象良好、聲音語調表達的技巧純熟等，如此簡報才算是眞正的成功。

一、簡報者個人形象建立

(一)服裝儀容

穿著得體、修飾整齊清爽是個人禮儀的基本修養，也是對人的基本禮貌，更是對工作的專業表現，沒有人會對一個穿著隨便、不修邊幅的人產生立即的好感。

男士最正式的上班服是深色西裝，素色襯衫（白色長袖襯衫最爲正式），合適的領帶，深色皮鞋及襪子。

女士可著上下同色或是上下不同色套裝或是洋裝加外套，現在有些材質和剪裁合宜的褲裝，也會在正式上班場合穿著；女士正式場合不要穿涼鞋或是休閒鞋，這種穿法與正式服裝很不搭配，襪子顏色最好搭配服

裝，其他色系的襪子一定要與服裝配合增加美感才做選擇。飾品不可太多，耳環不要超過耳下一公分。合宜的化妝不僅是禮貌，更可增加自信和美觀。

(二)台風態度

自信、穩重、專業的台風，不是天生就具備的，首先要有充分的專業知識，有了專業知識才能展現自信心，然後才能穩穩當當的將主題清楚的表現出來。經過一段時間的歷練，有了相當的經驗，加上說話的技巧、肢體語言的展現、穩健的態度，久而久之，形成了自己特有的風格魅力，進而成爲一位簡報高手。

(三)禮儀修養

服裝儀容之外，簡報之前的應對進退也是個人形象的表現，行進間的禮儀，如坐車位置的尊卑，走路、乘電梯、走樓梯等之禮節表現，進入會客室的座位大小，就座之儀態，打招呼介紹的禮貌，致送接受名片的方式等，都是態度形象及氣質風度的表現，有了這些修養，自然能在大衆面前留下良好的印象。

二、說話的技巧

(一)語言是溝通的橋梁

在台上說話和平時談話是完全不同的情況，說話的聲音、語調、表情、音量、肢體動作，一舉一動都會引起台下的注意。對不同的對象應該以不同的方式表達，達到說服了解的效果。因此不同的環境，考慮對象的程度、職業及特性，運用合宜的表達方式，則可能會產生截然不同的效果。

(二)語言口才

有權威有魅力的簡報者，除了要有非常專業的知識和技術以外，熱誠的態度、良好的表達能力、說服的技巧、清晰有條理的說明方式、有品味的語言口才，才能獲得應有的尊重和尊敬，從而達到溝通說服的效果。

說話聲調要有節奏，沒有抑揚頓挫，一成不變的語調使人沉睡。一句話的後半段讓別人聽不清楚甚至聽不見，也是在台上主講人之大忌。說話時要注視觀衆，要感受聽者的反應，給予適當的回饋，達到溝通的效果。簡報時不要對著螢幕內容念資料，投影片的內容只是大綱，主講人應該盡可能對著觀衆講話，所以預演前多次練習是絕對有必要的。

三、表達的架構

一個成功的簡報者做簡報時要有明確的目的，清楚對象的程度及需要，根據蒐集的資訊，準備內容豐富的簡報，最後完成現場表達與聽衆溝通，達到簡報的目的。以下就其中主要三點說明如下：

(一)開場白

俗語說「好的開始是成功的一半」，因此成功的開場白是簡報者的定心丸。從容的上台、微笑的表情、簡單恰當的問候、幽默而點出專長的自我介紹，是正題開始前的暖身活動，主要是引起大家的注意。

爲了吸引觀衆的興趣，正式主題開始時，常常會引用一個實例、一個本身的經驗、一個動人的故事，或是一段爲人所熟悉的座右銘作爲開場白，點出簡報的目的。

(二)主題內容

內容是簡報的實力表現，所以結構要嚴謹、內容要充實、要言之有物、要清楚表達出要傳達的訊息；其架構通常應包含定義、現況、重點、步驟、證據、實例、統計數據、問題答覆、總結等。

(三)結尾

簡報一定要掌握時間，準時開始準時結束，表現簡報者的專業素養；超過預定時間，不但使聽者不耐煩，也暴露自己無法有效掌控時間，所以要把握結尾時間，結束時要將重點回顧一次，提醒注意，期許對象有所感應，進而有所行動。如果能再以一句名言、一個故事、一個啓示作爲收尾，更可以在輕鬆又有收穫中結束簡報。

第八節　簡報軟體的使用

利用電腦及簡報軟體製作簡報是現在演講和報告一定會使用的工具，不過如果使用不當，不但不能增加主講者的效果，反而連主講人原有的優點都不能表現出來，所以製作簡報使用軟體時，一定要達到畫龍點睛之成效。以下幾點提供參考：

1.簡報之報告內容要完整：主題明確、層次分明、有條有理，不能因簡報放送的影像、花俏的圖像而失去了報告的主題。

2.簡報要條列分明：冗長的文字敘述或是短到一、兩個字的標題，都不適合在簡報中出現，適當的標題，配合圖片及表格，可活潑畫面，增加觀衆的理解程度。

3.不要製造混亂情境：太多無意義的文字、圖片及一大堆數字，反而模糊眞正的主題，版面的編排不整齊、標題無順序、文字大小字型不統一，一頁簡報中放置了太多的資料，都是使簡報混亂的原因。

4.設計過於花俏：簡報是一項嚴謹的業務，代表工作的專業，所以版面設計、編排、顏色都要適當，過於花俏不夠莊重，每頁的轉換速度也要適中，過快會使人眼花撩亂，過慢影響簡報的速度。

5.簡報的主角是主講人：主講人的位置應在講台中央，簡報架設置在講台一角，如果須用到白板時，簡報架應放在不影響寫字的那一邊。主講人不要對著簡報報告，應盡量對著簡報的對象說明，而不是看著稿念文章，專業的主講人對簡報的內容要熟悉到能對觀衆說主題、講內容的程度，投影片只是輔助工具，所以不可無限制的大量製作，每分鐘一至兩張較適當，最重要的主角還是主講人。

第九節　經驗之談

任何事情沒有一蹴可幾的，一個人從沒有經驗到有經驗，從新手到老手，從不會到熟練，都經過了一段磨練的過程，只不過因爲有些人資質

優異，學習過程順利，很快便自學習中得到經驗。但是如果資質稍差，也還是可以自不斷努力甚至不斷失敗中吸取經驗，終究還是可以成爲一位成功的簡報者。要作爲一個成功的簡報者，以下幾點提供參考：

1.勤加練習、累積經驗：失敗爲成功之母，多經歷一次就是多得一次經驗，利用機會勤加練習。開場白及結束的講稿熟練到可以背下來的程度，可以使開始時產生信心，結束時給觀衆一個深刻的印象。在台上能夠自然流利表達，減少對講稿的依賴，就是成功的第一步。優秀的簡報者是經由準備、演練和臨場經驗累積成功的。如果簡報不盡理想，應該檢討失敗的原因，改正缺失，累積經驗，加快成功的速度。
2.利用資源、蒐集資訊：公司可以提供的資源及人力要充分利用，多找機會請教專家學者，善用統計數據實例資料，平時養成整理資料的習慣，做簡報時要將有關資料帶齊，問題討論時可以充分利用。懂得多學得快，表現時自然就會充滿信心了。
3.掌握簡報環境：簡報者本身的專業、技巧、經驗固然是成功者必要的條件，但是簡報環境的配合絕對會影響簡報的效果，例如桌椅排列的方式視線溝通有無障礙，音響麥克風等電器設備是否周全，電源線夠不夠長、插頭對不對，簡報軟碟與對方的電腦設備是否配合，燈光在需要時是否方便操作，簡報會場指標是否清楚，針對以上的問題經常在各種簡報場合發生，所以簡報主講人至少要提前半小時到達會場，檢查設備、調整會場擺設、熟悉操作，如有不妥之處，還有時間準備。
4.平時自修、適時表現：語文是溝通的基本條件，平時應加強語文能力及詞彙的吸收，不論是本國語言、外國語文、地方方言等，能有多種語文能力，對不同對象的溝通會有特別的效果。

了解行業的特性、學習銷售的技巧、對企業及產品的信心、吸收管理學和心理學知識、加強組織管理能力、了解群衆心理，最後以自己的社會經歷、人際關係累積資產，適時的表現，終會收到努力的成果。所謂「一分耕耘，一分收穫」，「一分天分，九分努力」，就是這個道理。

第十節　參考資料

在本章的最後，特列出簡報意見調查表的範例（見**表13-1**）及簡報投影片範例（見**圖13-1**至**圖13-4**），以供讀者參考。

表13-1　簡報意見調查表

○○○○○○簡報意見調查表

請就下列問題在適當空格打勾，作為我們改進的參考，謝謝您！

	很滿意	滿意	普通	差	很差
一.整體評量					
二.主講人評量					
1.主題清楚嚴謹					
2.專業知識技術					
3.實務經驗					
4.表達能力方式					
5.時間掌控恰當					
6.語言表達能力					
7.投影片內容製作					
8.儀表態度					
9.內容難易度					
10.問題解答					
三.場地設備評量					
1.場地安排適當					
2.布置舒適周到					
3.溫度燈光適當					
4.指示標示清楚					
5.媒體視聽器材周全					
6.茶點休息場地適當					
四.服務評量					
1.服務人員足夠					
2.服務主動細心					
3.資料完整品質佳					
4.時間安排適當					
五.其他意見或建議					

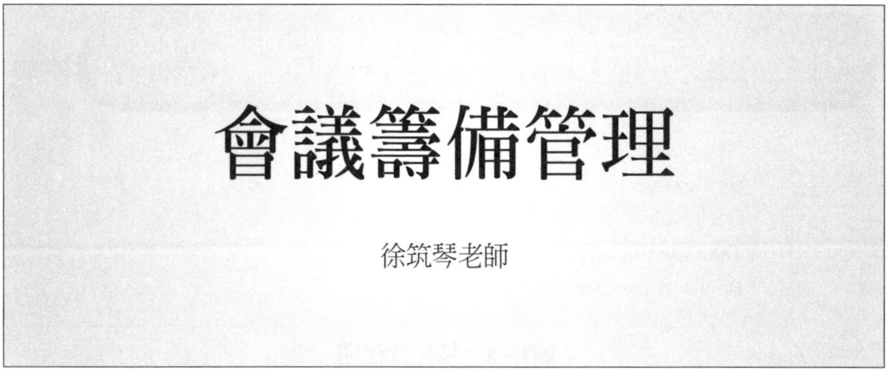

會議籌備管理

徐筑琴老師

圖13-1　投影片例一

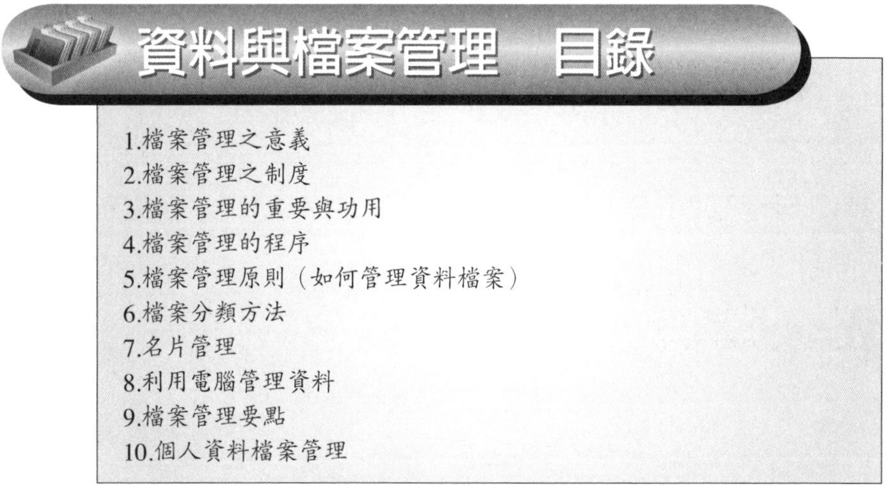

資料與檔案管理　目錄

1.檔案管理之意義
2.檔案管理之制度
3.檔案管理的重要與功用
4.檔案管理的程序
5.檔案管理原則（如何管理資料檔案）
6.檔案分類方法
7.名片管理
8.利用電腦管理資料
9.檔案管理要點
10.個人資料檔案管理

圖13-2　投影片例二

從國際化看企業秘書的育成

眞理大學徐筑琴副教授

圖13-3　投影片例三

IAAP數位時代秘書

- Never stop learning
- Be flexible
- Get results
- Take the initiative
- Be a self-manager

圖13-4　投影片例四

第十四章

謀職準備與面試禮儀

- 確定工作目標
- 探討工作市場之需要
- 申請工作準備事項
- 面談準備
- 工作與升遷
- 求職面試禮儀
- 面試參考問題

每個人不論性別，到了適當年齡或學業告一段落，都有謀求一份職業的需要。有些雖已做事多年，但是因爲想更換職業的性質，或是爲變換工作環境，或爲求得更高的待遇，而需要謀求另外一份職業。所以如何謀得一份適合自己的工作，是人人都需要的知識。基本上，在尋找工作時，應該根據本身的學歷、經歷、能力、經驗、專長及其他條件，選擇或被選擇你的工作。秘書工作亦不例外，在自己各項秘書技能都有充分的準備之後，爲獲得某方面秘書的職位，就應該擬定計畫，認定目標，有步驟的去尋求一份理想的工作。至於謀職的步驟如何？現僅提供數項，以供參考。

第一節　確定工作目標

求職的第一步就是要在廣大的工作範圍中，確定自己能做些什麼，以本身的學識、經歷、能力、專業、個性及性向來評估自己的工作領域，訂定一個謀職的目標，例如一位受過大專秘書相關教育、個性很開朗、熱心負責、能與人和善相處的人，就可以在秘書工作的範圍內去尋求適合自己的工作。選擇工作除了本身所學與性向是決定性關鍵外，經濟上與地理環境也是構成選擇工作之因素，不過若是初入社會，則應選擇一個規模完善、組織系統完備、能學到做事經驗、又能獲得訓練機會及培養個人工作能力的地方工作。選擇工作應將以下數項列入考慮：

一、喜歡哪一方面的工作

投入求職市場尋找工作領域，不同的產業和不同的工作性質未來都有不同的發展，工作的專長和興趣能合而爲一是最幸福的事，考慮自己的條件尋找喜歡的工作當然是優先選擇。例如工作的目標是要做文書處理、會計、一般行政，或是專職秘書等。

二、希望在家鄉或外埠工作

有些人希望工作地點在家鄉或附近城鎮，考慮到離家近，可與親人

相處，交通方便，省時又省錢；有些人則希望在外埠工作，以便有更多的機會和發展空間。不過剛踏入就業市場，不要將工作區域訂得毫無彈性，如表示不到外縣市、不要出差、不到國外工作等，都可能因而失去很多工作機會。

三、希望工作性質是內部行政工作或外務工作

有些人喜歡靜態工作，每天上下班，辦理行政工作；有些則喜歡業務工作，較有挑戰性，也比較動態，能接觸廣大社會。工作性質和專業及個性有相當密切的關係，選擇適合自己個性的工作，對自己的身心健康較能調適。

四、願意在大機關或是小公司工作

有些人喜歡到大機關做某單一部分工作，有些人則喜歡到小公司可以多負一些責任和多擁有一些權力。

選擇辦公場所的大小，也常常是人們選擇工作的條件之一。到底是到小的企業還是到大的企業工作好呢？這個問題隨著個人因素，可以說各有利弊。一般來說，小的辦公單位可以獲得較多的工作量，無論事情大小都得幫忙，人際關係緊密，因爲資源有限，人人都得分擔多重工作，在各方面也有較大的任務和責任，處理事務多半要靠自己的能力和判斷，而少有前例或指示去依從，所以比較具有挑戰性及較能滿足個人的權力慾望，一旦獲得上級賞識，升遷機會自然較快。

在大的機構上班，制度完善，事務複雜，但是因爲資源豐富，可運用的人力資源也多，分工比較仔細，各司其職。如果在這種地方工作，特別是對於初學者，可以看到、學到許多做事的方法和處事之經驗，視野亦較爲寬廣。但每個人僅是全部職場的一個小分子而已，感覺有點微不足道，而且人多競爭也多，升遷機會相對就可能緩慢許多。但是無論如何，每個職務都是維持整個機構動力不可少的一環。

五、政府公職或私人機構

另一個考慮謀事的條件是：政府公職機構好還是私人機關好？這一點因人的看法不一，所以僅能自客觀方面來說。公職機構組織較大而完善，一切制度都早有依據，所以做事可依據行事，行政事務少有變化，大多是些例行公事，工作有保障，有完善周全的福利制度，升遷、考試機會依年資累進，退休、保險用不著擔心，是許多追求生活安定者所嚮往的工作。在政府機構工作，要通過國家公務人員考試合格才有任用資格，如果確定自己要以公職爲就業目標，就要積極努力取得任用資格，才是長久之計。

私人機關規模較小，人事制度以經濟爲考量，所以個人工作負擔較重，同時各項福利及工作之保障皆視機構本身之情況而定。但是在私人機構做事，比較容易發揮所長，較有挑戰性，能力及信任若獲得雇主的賞識，更有快速發展的機會。將個人之環境做各方面考慮，再配合本身的能力和經驗、性格和興趣，按著先後秩序逐次列下自己對工作之選擇，不可看到有工作機會，也不管是否與本身能力經驗配合，就盲目的嘗試，多半會遭到失敗的命運；即使僥倖獲得此項工作，也許因興趣不合、能力不繼，而被迫中途離職，這在個人的工作紀錄上是非常不良的影響。

第二節　探討工作市場之需要

第二項謀職的步驟就是探求工作市場，最大衆化而方便的途徑就是閱讀求才廣告，當發現廣告上所徵求之人才和自己的要求與條件相符合時，則可馬上爭取此項工作。

探討工作機會，一般有以下數種途徑：

1.報紙雜誌上刊登的求才廣告。
2.上求才專業網站登記找工作。
3.自己在網頁報紙雜誌求職欄刊登廣告。

4.到就業輔導會及職業介紹所登記。
5.請親戚朋友介紹。
6.登門拜訪毛遂自薦或是上公司網頁主動應徵工作。

現就各項分別敘述如下：

一、求才廣告

報紙上各種行業刊登的徵才廣告（help-wanted Ads.）每天都有，需求各式各樣的人才，是最方便的謀職之道，而且以這種應徵的方式謀職，可以不受人情關係拖累，去留完全在個人，可減少困擾。不過報上的應徵機會雖然很多，但並非每個都是正派的工作，所以一定要慎重選擇適合自己的工作，不可胡闖亂碰。選擇確定後，就必須認真而快速的採取行動。記住！不要僅只寄上一份履歷表就算是求職了，而是應該附上詳細履歷、簡單自傳、個人學經歷資料如成績單及學經歷影印本等，以及能力證明書，使求才的人將你的資料和他人的資料比較起來，更能充分的了解你是最適合這個工作的應徵者，也覺得你對此事比較認眞，同時顧慮周到仔細的人，是任何機構都喜歡優先錄用的人。

二、上求才網站找工作

近年來網路發達又快速方便，所以可將自己的履歷資料放在求職網上，有需要的公司會主動聯繫面試的。將資料放在專業網站上，一定要強調自己的學經歷背景、專長技能，盡可能引起求才公司的興趣，也就是如何有效的將自己推銷出去。此外，也可以自己設計網頁，將自己的詳細資料、著作、專業證照、獎狀、照片等放在網頁上，有興趣的公司可以根據求才網站（Internet job search）上的資訊，進而獲得更詳細的資料。

三、求職廣告

這種求職廣告（situations-wanted Ads.）的刊登，是將自己推銷給雇主，所以本身要有充分的條件、足夠的工作能力及自信，由各雇主去挑選

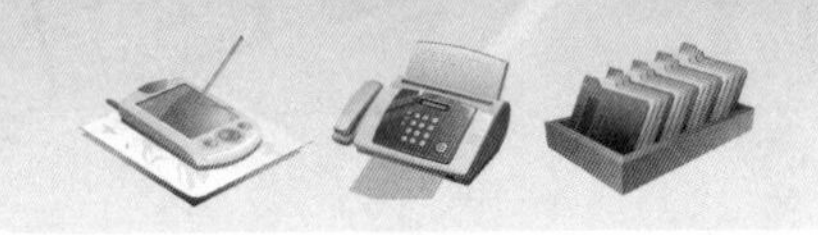

適合其需求的人才。如想在家鄉附近工作，可以刊登在當地報紙，如有某項專業才能或希望在某專業方面求職，可以刊登在專業性的雜誌、報章，更容易達到目的。在刊登中、英文求職廣告時，請注意廣告的內容務必完善，包括個人專長、能力、經驗等條件均不可遺漏。

四、就業輔導會

就是到各類就業輔導機構（employment agencies）登記，例如青年就業輔導委員會、國民就業輔導會、各縣市之就業輔導會，以及私人設置的職業介紹所等。現在這些機構大多自設網站，可以更爲方便取得服務。到就業輔導機構登記，一定要先塡寫一份表格，內容大致有學經歷、求職項目、性向等等。公立的就業輔導機構因屬服務性質，所以登記表格就可；而私人之職業介紹所在塡表格以後，都有個別談話的項目，以便更積極的爲客戶找到理想之工作，收取應得之佣金。提到佣金，私人介紹所要抽取頭一個月薪的幾成，所以在登記時，雙方就正式立約，言明工作介紹成功後，收取佣金之多少，以免日後糾纏不清，徒增煩惱。

一般職業介紹所需要的手續如下：

1.個人學經歷履歷表。
2.個別談話。
3.性向測驗：了解適合哪類工作。
4.理想工作之類型。
5.薪水要求：最低薪水之要求。
6.能力測驗：初步了解可應徵何等級之工作。
7.提供資料：以便準備參加求職之考試，得到優良成績。
8.訂立合約：保證雙方履行合約條件。
9.保持聯繫：
(1)介紹所應規律的核對申請人資料，已獲得工作者應抽出。
(2)申請人在被介紹工作處所面談後，應回覆介紹所應徵情形。
(3)如果申請人以其他方式獲得工作，應通知介紹所停止其工作申請。

至於輔導就業機構，除職業介紹所外，其他尚有：

1.學校的就業輔導機構。
2.政府機關的就業輔導機構，除了輔導一般就業外，也常以考試推薦就業。
3.貿易協會之類的組織，可介紹到貿易公司機構工作。
4.互助會等組織。
5.秘書協會組織，透過此組織介紹秘書工作。
6.其他各種職業團體，如工會、協會等。

五、親友介紹

過去最常用的求職方式，就是請親友師長推薦（talk with relatives and friends），求職者將履歷表分送親友，請其留意或介紹適合之工作，因爲親友師長對求職者可能比較了解，若介紹給某公司，則容易爲公司所接受，所以許多公司行號寧可請公司同仁推薦其至親好友至公司服務，而不公開登報徵才。

不過這種方式有個缺點，就是受到人情的拖累，到某一公司服務，若興趣不合或有其他因素無法繼續工作，在短時間內想要離開，則對親友不好交代；同時公司接受某人推薦，但是用了以後發現並非所需人才，想要更換，對介紹人也不好交代，凡此種種都容易造成誤會及困擾。

六、登門拜訪毛遂自薦

看到網站報紙雜誌之廣告或是自己選定數家公司，攜帶個人資料，登門拜訪，毛遂自薦（apply in person），這種求職方法最爲直接迅速，假如一個公司需要某方面的人才，登報以後一定有很多人申請，寄信來回的時間也費時，能自己攜帶履歷親自搶先登門拜訪，快速又實際得多。不過以這種方式應徵，個人要有充分的準備和自信，或者確信對方見到你本人要比看到你的信件印象深刻得多，這是求職最直接的方法。

登門拜訪，就和求職時的面試一樣，所以自己的服裝、儀容、應對

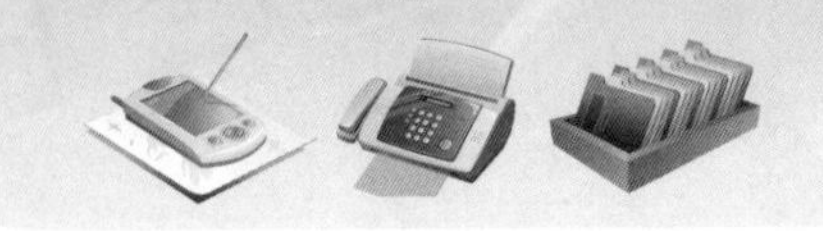

和工作能力的準備，都應事先加強，以便留給對方一個良好印象。

到底如何才能成功的獲得一個工作機會呢？除了本身的眞才實學、優良條件外，還要看個人求職方法的運用，根據天時、地利、人和的條件，加上迅速正確的行動，在許多求職者中爭取這難得的機會。所以求職者應隨時備妥履歷及相關資料證件，準備在求職戰場中，跑在別人前面，才能發生作用。

工作機會很多，但找事的人也不少，所以不見得發出一份兩份求職信函就能發生效果，總要不斷的嘗試才能獲得成功。因此對於過去求職的紀錄一定要妥爲保留，諸如求職資料來源、申請工作性質、申請之公司地址、電話號碼、公司經營性質、聯絡人之姓名職稱、申請函發郵日期、回覆情形、約談情形等等，凡此種種最好做成檔案，以便核對求職情形，也作爲下次申請工作之參考。

第三節　申請工作準備事項

確定求職的工作目標，了解市場的需要，就要積極準備將自己投入求職市場。申請工作需要準備的有履歷表、申請工作函、申請工作表、自傳等。首先討論的就是要做一份完善的履歷表。

一、履歷表

申請工作的第一步，就是將履歷表呈現在求才者的面前。一般來說，從履歷表上可以了解申請者的學經歷，以及能力、經驗的大概情形，雇主的徵才資訊發出之後，一定會在短時間內收到很多應徵函件，履歷表上所呈現的條件能滿足雇主的需要，才會有第二步的機會，所以如何引起注意，在一大堆的求職履歷中表現出與衆不同，絕對不可忽視履歷表的填寫。製作履歷應注意以下數點：

1.簡明扼要，使求才者能立刻有個大概印象。

2.專長、技能、經驗之內容要正確眞實。

3.中英文校對要仔細，絕不可有錯別字。

4.敘述過去重要工作的貢獻及成就。

5.標題清楚明確。

6.盡量依照要求者之條件完善填寫。

7.中英文履歷表要以白紙或素色紙張製作，務必整齊、美觀，用電腦以A4的尺寸印出。

8.履歷表最好用一頁紙完成。

履歷表應包括以下項目：

(一)個人資料（personal）

個人資料應力求詳細，諸如姓名、住址、電話、電子信箱、年齡、身高、體重、健康情況、婚姻情況、嗜好、參加社團情形、兵役資料等等。如果這部分資料在求職函中已詳細敘述，履歷表中則可簡單呈現。如果是要更換工作，聯絡電話、電子信箱、聯絡地址不可留現在將離職的公司資料。

(二)教育背景（education）

中學、大專或其他研究或專業訓練之學歷，註明學校名稱、地址、在學年月、主修科目、學位等；書寫方式若能自最高學歷向前推寫，比較能使閱讀者馬上了解求職者的學歷背景，減少細看時間。學歷資料過多可以最高之兩個代表即可。

(三)優異表現及榮譽（awards）

如在學期間或工作時，有某方面之優異表現或是獲得獎勵都可提供參考。就學時參加社團活動及擔任幹部工作，都有助於求才者肯定應徵者的領導能力及處理人際關係的經驗。

(四)課程與技能（courses & skills）

初次求職者爲了補足沒有工作經驗的缺點，可以將在學校所學的重要科目列出，並將技能、長處，如電腦軟硬體的技能、外國語文的程度等

列入，加深個人的價值。

(五)經歷（work experience）

專職及兼職之經歷，任職之機構、地址、雇主姓名、任期、公司性質、擔任職務等列入，以加強經驗及資歷。

(六)可供查詢人（references）

此項爲過去之師長或任職處所之主管，可以就申請者求學期間或任職期間之資料，塡寫可供查詢人之資料，包括其姓名、職稱、地址、電話、電子信箱及相處時間；塡寫時最好先取得對方之同意，以免突如其來，顯得唐突。另外親戚最好不要列爲可供查詢人。

(七)其他

如特殊技能，榮譽獎狀，或參加某個特別團體爲會員，或是在報章雜誌有出版著作，以及嗜好興趣等，適當列入可以增加求職者多方面之才華。

塡寫履歷有兩點要注意，一爲標題要醒目，使別人一看就知道要做何項工作。二爲內容敘述力求把握重點，不要拖泥帶水，使閱讀者感覺煩躁，甚至不知所云。中英履歷格式參見**圖14-1**至**圖14-4**。

二、申請工作函（covering letter）

求職的第一封信，就等於和人初次見面時留下的第一印象一樣，所以此信要使雇主有興趣想進一步跟你約談，看看申請者是否眞如信上所言，適合此項工作。這類信文章要簡明扼要，正式但不拘謹，措辭友善但不隨便，可以分爲三段或四段完成。第一段開場要簡短，直接說明何處獲得申請工作資料，要申請何項工作和資格；取巧而不按常規的開場有時可以成功，但是常會被人誤會。第二段敘述個人之簡單學經歷背景，並強調自己爲何適合這項工作，如蒙錄用，自信有足夠的能力達成工作要求。第三段簡短闡明對此工作之興趣，一定能勝任愉快，請給予會見約談之機

履歷表

RESUME

JOB OBJECTIVE: Secretary

PERSONAL

Name: Chen-Yu Hwang
Address: 25-3, Chien-Kuo S. Rd.
Taipei, TAIWAN
Telephone: (02)2700-7000
Age: 22
Marital: Single
Sex: Female

Date of Birth: January 11, 19__
Place of Birth: Taipei, TAIWAN
Height: 5 feet, 2 inches
Weight: 110 pounds
Nationality: Chinese
Physical Condition: Excellent

EDUCATION

20__-20__ ALETHEIA UNIVERSITY, Department of Foreign Languages and Literature
19__-19__ Kuan-Jen Senior Height School

AWARDS

COLLEGE: School Scholarship for 2 years

EXTRACURRICULAR ACTIVITIES

Vice-Chairman of Table Tennis Association, T. O. C.

COURSE STUDIES

Accounting, Statistics, Economics, Business Finance,
Business Management, Business Law,
English (3 years), English Conversation (3 years), Business English,
Translation, English Composition, Japanese
Computer: Word, Excel, PowerPoint, Access
Other Secretarial Related Courses.

WORK EXPERIENCE

Clerk to Han-Chan Industrial Co., during summer vacations.

REFERENCE

Professor C. H. Lin, The Head of Dept. of Foreign Languages and Literature, ALETHEIA UNIVERSITY
Profess C. C. HSU, ALETHEIA UNIVERSITY
Mr. W. S. Wang, Manager of Han-Chan Industrial Co.

圖14-1　英文履歷表例一

RESUME

NAME: John Owens　　　　　　　　PHONE: (001)678-2345
ADDRESS: 234 Crest Street
　　　　Tallahassee, Florida 45600
E-MAIL: xxxxx@xxx.xxx.xx
CAREER GOAL: Retail Sales Management
EDUCATION: B. S., Marketing, XXXXX University, August, 19__.
　　　　A. A., Business Administration, XXXXX Junior College, June, 19__.
WORK
EXPERIENCE: 1. June,19__ to present: ○○○○ Department Store, Tallahassee, Florida. Retail salesperson responsible for cash and credit sales, inventory control, merchandise marking, and producing various internal reports used by store and regional management.
2. August, 19__ to June,19__: ○○○○ Auto supply, Tallahassee, Florida. Counter clerk and warehouse worker. Recorded cash and credit sales, processed telephone and catalog orders, gathered items for shipment, received and processed incoming merchandise.
EXTRA-
CURRICULAR ACTIVITIES:
President and Treasurer, Delta Chi Fraternity; Secretary, F. S. U. Collegiate Chapter of the American Marketing Association; member, Campus Youth for Christ; President's list; intramural racquetball, baseball, and soccer.
HOBBIES,
INTERESTS: Water skiing, racquetball, tennis.
REFENCES: References will be furnished upon request.

圖14-2　英文履歷表例二

○○○的履歷表
尋求職位：公關專員
聯絡電話：(02)2009-5172　傳真：(02)2004-1014
地　　址：台北縣○○鎮○○街○○巷○弄○號
電子郵件：ccchen@xxxxxxxxx
個人網頁：http://xxxxxxxxxxx
語文能力：中文、英文
電腦應用：MS Office, Excel, Basic Web site knowledge
學　　歷：美國德州○○○大學（University of ○○○）　January 19-- May--20--
　　　　　傳播碩士（主修公共關係）
論文題目：網際網路時代的公共關係
　　　　　國立○○大學　September 20-- June 20--
　　　　　政治學學士（主修國際關係）
經　　歷：Bates Churchill Public Relations (Houston)　June-September 20--
　　　　　投資者關係實習（Investor Relations Intern）
　　　　　○○○大學傳播學院（Houston）　August 20-May--20--
　　　　　助教（Grading Teaching Assistant）
　　　　　妙傳播公司——○○○中文廣播電台　May-August 19--
　　　　　公關／Office Manager
　　　　　台北○○文教基金會　May-August 19--
　　　　　1998 世界青年○○團（World Youth Choir）　專案經理
　　　　　○○國際會議顧問公司　August-November 19--
社團活動：美國公關學生協會（Public Relations Student Society of America）
　　　　　會員
　　　　　○○○大學中華民國同學會公關組長March 19-- February 20--
　　　　　○○○大學國際學生新生招待　19__夏季，20__ 春季
　　　　　台北○○　19__ 19__
　　　　　○大政治系國關組○○級副班代　19__
獎　　項：台北市高級中學詩歌朗誦比賽第三名（19__）
　　　　　○○信用合作社獎學金（19__）
　　　　　○○人壽獎學金（19__, 19__）
　　　　　Winius-Brandon-Bill Blumberg 紀念獎學金（19__）
興　　趣：閱讀、游泳、唱歌、旅行
可供查詢人：Dr. Robert L. Heath（University of ○○○○）
　　　　　　Jennifer H. Foyle (Bates Churchill Investor Relations Senior AE)
　　　　　　胡○○小姐（○○○ Broadcasting Company）
　　　　　　杜○○先生（台北○○文教基金會）

圖14-3　中文履歷表例一

履歷表

應徵職務：辦事員

姓名：○○○　　　　　　　　　　　　　　性別：男

通訊處：（231）台北縣○○市○○路300巷6弄10號

電話：(02)2918-4000

E-mail ：xxxxx@email.ab.edu.tw

籍貫：○○○○○○　　　　　　　　　　　身高：170 公分

出生：民國○○年○○月○○日　　　　　　體重：59 公斤

役別：役畢　　　　　　　　　　　　　　婚姻：未婚

學歷：

　　民國○○年○○大學商學院○○學系畢業

　　民國○○年台北市立○○中學畢業

榮譽：

　　○○大學○○學系班代表兩年

　　○○○○獎學金獲獎人

課外及社團活動：

　　青年救國團學術組幹事：民國○○年

　　學會出版組幹事：民國○○、○○年

　　大專院校○○學系聯誼會幹事：民國○○、○○年

　　攝影研究社社長：民國○○、○○年

主修課程：

　　經濟學、會計學、企業管理、統計學、行銷學、商事法、英語會話、日語會話、商用英文

　　電腦課程：Word 、Excel 、PowerPoint 、Access

曾任職務：

　　民國○○、○○、○○年暑期：

　　四維機械公司物料倉庫料帳登記員

民國○○年暑期：

　　八德食品工業公司送貨員

關係人：

　　○○大學○○學系各位教授

圖14-4　中文履歷表例二

會，並註明聯絡地址、電子信箱及電話。

總之，這封開場信一定要引起對方的注意和興趣，文字用詞要恰當，重複檢查不要出錯，否則求職的第一步就失敗，其他更不要談了。此外，信件最好能直接以主辦人的姓名職稱發出。撰寫申請函的要點如下：

1.吸引注意力的開場白。
2.整潔而適當的安排。
3.適當的格式，不論中英文，最好製作成一頁。
4.正確用字，英文信應注意大寫字母及標點符號。
5.要用質料好的白紙或素色用紙寫信，不要用私人或有花色的信紙。
6.假如希望回函的話，將寫好回址及貼好回郵的信封附在信內。
7.英文信用打字方式，除非對方要求手寫。
8.英文信的地址和簽名要適當。

附申請工作函例（見**圖14-5**）。

三、申請工作表（application form）

有些公司在申請其公司的工作時，要填一份該公司的申請工作表，表格項目繁多，務必翔實填寫，字體要端正，墨水清晰，除了該欄註明不用填寫外，其他各欄，即使只需一個是或否字，都不應省略；草率的填表，會給別人不負責任、疏忽、大而化之的印象，當然求職就不可能有成功的機會了。

填寫申請工作表應注意事項：

1.如用手填寫表格，一定要用最好的書法填寫。
2.用字、拼字一定要正確。
3.誠實填表。
4.將特殊教育或經驗記下，有助於得到某項工作。
5.將提供資料人的資料填入，並確信對方已應允作爲推薦人。

Mr. Xxxx Wang
Manager, Sale Department
Xxxxx Company
56 Chung Cheng Rd.
Taipei

Dear Mr. Wang,
I am very interested in applying for the job of the secretary of Manager of Sale Department. Which you listed in the China Times on March 20.

As you can see from my enclosed resume, I have worked ○○○○ company (Sale Department) as an assistant for two years. My jobs are Telephone usage, Mail services, Travel arrangements, Meeting arrange and administration, Filing and records management, Business documents, Visitors entertainment, Computer software and Networking. I am sure this past experience qualifies me for the position in your advertisement.

I have good personality to work and always cooperative with others.

I would appreciate the opportunity for a personal interview. You can reach me at 02-23456789 or mobile phone 0932000111.

Thank you for your consideration.

Sincerely yours,

Grace Chen

圖14-5　英文申請工作函

第四節　面談準備

一、面談前之準備

如果獲得通知，得到約談的機會，就得好好把握，在精神上和實質上做一番準備。適當的修飾自己是非常必要的，沒有人會對出現在自己面前衣冠不整的人而留有好印象的，所以赴約時的服裝以上班服為原則，一定要及早選定當天的衣著；衣服的厚薄要和當時的氣候相配合，衣服是否有鈕釦脫落或綻線之處，式樣、顏色是否適合求職時穿著，襪子有沒有脫絲，皮鞋是否乾淨，手提袋是否清爽，指甲是否乾淨，從頭至腳每一項當天的穿著都要檢查一次，以自己最好的裝扮，出現在會見人面前。

若通知和約見尚有一點時間，可以上網查詢該公司的業務行銷等背景資料，加緊個人技術練習，如電腦操作、寫信及翻譯的能力，並假設若干問題，預做心理準備，待約談時可以流利回答，表現出認眞積極希望得到此工作的企圖心。

此外，準備幾份完善的履歷表、申請表、筆、橡皮擦、小字典等裝入封袋，準備接受面談或測驗時用。

最重要的是在約見前一晚，一定要有充分的睡眠，第二天赴約才能容光煥發。

二、面談時

至少在約見時間前十分鐘抵達，先在安排之休息室等候，等待喚姓名時進入辦公室，等待約談人請你就座，坐下時應將自己的提包或衣物放在椅邊或膝上，千萬不可放在約見人的桌子上。

有豐富經驗的約見人會使被約談者感到輕鬆自在，而從求職者一言一行、一舉一動中，觀察其態度、說話之語調、應對的能力等等。

聽對方問問題時，態度要中肯，要表示有興趣，要專心一致，了解

問題，眞實誠懇的回答，不可求快而誤解問題，也不可對約談者的問題回答得不知所云，或是許久悶不吭聲、不發一言。

回答問題最好在履歷表的範圍內，談話內容諸如學歷、經歷，過去工作經驗，個人之能力及個性、嗜好等等；至於薪資、休假、紅利、退休等，初次求職者最好不做要求。

絕不可在約談人面前批評過去的雇主、同事、師長，若是提到，最好以平常態度處理，批評缺點或刻意讚賞皆屬不當。

也許約談人不只一位，假如能有進一步的約談，表示工作機會更大，更應該增加自己的信心，更鎮靜、更努力的去爭取這份工作。

三、面談後

約談以後，應得知約見人之姓名、職稱，如當面請問不方便，可向其公司職員打聽。但切記不可藉此機會婆婆媽媽，亂拉關係。

約見後幾天若無消息，可以打電話或寫封短信詢問。如果此次求職失敗，不可灰心，應將求職經過，從頭至尾好好檢討一下得失，改正缺點，下次再嘗試其他機會。

第五節　工作與升遷

一、升遷的意義

升遷是對一個職位負更大的責任，了解更多這行業及此工作的知識和技術，除了職級高升外，薪資也隨著調整；同時由於職責的加重，使自己的能力、個人的素質，因工作的成果表現而充滿著自信，有一種滿足及成就感。

在接受一個職務之前，或是剛進入一個公司，一定要了解公司的升遷制度。通常有關升遷的規定都印在公司的組織規章或法規中，新進人員應仔細閱讀；若是公司沒有這方面的成文規定，則應在適當的時候向主管

打聽清楚，這樣表示自己對目前的工作很感興趣，因此才會考慮到以後的升遷機會。當然最重要的就是要將自己的工作做好，表現自己對公司的價值，同時要不斷增進對所從事事業的知識和教育，要有忍耐的風度，好的機會將會來到自己面前。

絕大多數的升遷機會都是來自公司內部。換句話說，若公司有空缺，都是從已在公司服務的優秀人員中選派，因爲已在公司服務的人員，主管多半已有相當程度的了解，知道其工作紀錄、能力以及與他人相處的情況，也能看出是否有接受更大責任的能力及其對公司忠誠的程度，或是其個人尙有其他特殊條件，也能自其平日工作情況中得知。因此若公司有機會，自內部選派，總比自外面找個陌生人或是新人來得可靠得多；再說公司內部有著合理的升遷制度，才能留得住優秀的人才。

二、升遷的條件

(一)能力

主管在平時工作時，一定觀察其屬下的工作能力，也分析一下可能託付更重要的工作與責任時，有沒有應付的潛力。通常能力也許可以用測驗的方式來衡量，但是大部分皆是以主管平日的觀察、考核來衡量是否有能力接受較重責任的工作，是否在需要判斷時有正確的抉擇，是否能夠當機立斷的決定事情，是否有足夠的機智與適應力，是否不斷的在努力改進個人的技術和知識。凡此種種，都是主管在考查職員，衡量其是否有能力勝任更高職位的條件。

(二)個性

個性是表示一個人的性格和素質，它能夠顯示出自己如何對待別人，而別人又如何的對你。簡單的說，個性可以表示出自己的人際關係，品格端正、誠實、待人友善、有禮、眞誠的助人態度與關心他人，都是良好個性的表現。一般列入考慮的個性包括健康、可靠性、禮儀、領導能力、機智、創造力、忠實、努力、判斷力、組織力、自我表現力、社會手腕、實際技術、責任託付的領受力、監督能力、改進工作建議的接受力、

對公司未來之價值等。

(三)做好本身的工作

假如目前的工作都做不好，絕無可能被考慮承擔另一份更重要的工作，主管注意的不只是工作的量，也一定注意到工作的質，因此在工作效率上必須迅速、確實、整潔，達到工作應有的水準。同時要在工作時盡量利用機會認識自己所從事的企業，了解公司的制度、法規，熟悉公司的背景和歷史，公司經營的政策及其他有關事物，這些都能幫助工作有效的進行。

(四)工作態度

每位職員對工作的想法及對工作做得理想的程度，所留給雇主的印象是非常重要的。健全而有益的工作態度是要能坦誠的接受對於工作所提的改進建議，要能忠於公司、忠於職守，盡本分做好自己的工作。要知道每份工作在工作程序中都有其目的，每一小部分的工作奉獻對整個企業的成敗都有所關聯，想想自己這部分的工作對於整個公司的重要性，也就能感到工作的價值。適當的工作態度，不只能幫助個人獲得更有意義的職位，更能幫助自己保持良好的道德標準。

(五)品格

若說個性是別人認爲你是如何，而品格就是你自己眞正是如何，因此在工作的時候，雇主一定關心其職員的品格標準所顯現出來的可靠、忠誠、廉潔與誠實。雇主一定要考查你是否是個言行一致的人、你可以信賴嗎、能保守機密嗎、同仁信任你嗎、是否誠懇的對待上級與僚屬，這些做人的品格，都是主管是否提升部屬主要的依據。

(六)領導能力

差不多所有的工作都會有機會表現領導能力，特別是管理階層及主管級職位，更需要有相當的領導能力。領導能力可以表現在本身工作的技術和知識上，表現在處理事物的公平判定上，同時有領導能力者樂於接受附加的某些責任。因此如果一個職員有工作上的領導能力，適當的工作態

度與禮貌，有進取心，操守廉潔，與人相處融洽，值得別人信任，則可稱得上是一位人才了。

(七)出勤紀錄

出勤紀錄最容易顯示出工作的勤惰，主管一定會注意職員是否準時上班，經常遲到與缺席將破壞工作紀錄，造成不受雇主歡迎的因素，因此應保持健康及養成早上準時上班的習慣。

(八)資歷

年資也是獲得升遷的重要因素，假若在同一公司同一部門服務的兩個人，若有一升遷機會，這兩人其他條件都相等，則一定以兩人資歷的久暫來決定何者獲得這個機會，而在一個有制度的公司，資歷常是決定升遷的重要條件。

(九)求知慾

一般進入某一職位都要求一定的教育程度，但千萬不可因此滿足，假若有一工作需要更高的技術，或是另一種不同的技術，或是要求更多的知識及更廣的教育程度，則就不是一個沒有強烈求知慾的人所能獲得的。現在有許多公司鼓勵職員工作之餘再進修，或是選修夜校及函授學校課程，或是接受某種特殊輔助訓練。總而言之，不論公司有無補助，應該把握任何可以進修的機會，以爲將來升遷做準備。

三、考慮轉任其他公司工作

有時較好的職位、更理想的工作及較高的薪水，來自外面的公司，這個時候應該自我衡量一下，假如自己覺得在原來公司做了相當一段時間，對公司有一種感情，工作又做得很好，這時可和管理部門談一談，了解最近的將來有沒有升遷的機會，將目前工作和另一工作機會比較，若覺得目前工作不易得到提升機會，同時也不能滿足目前的工作，則可考慮轉向其他公司發展。

不論在一個公司工作之久暫，一定要有做事的風度，認眞、負責、

愉快的工作情緒，都將影響未來新的雇主對你的評價，所以為人工作者，不可因事小或薪水少就敷衍了事，這樣是永遠得不到好的工作機會的。

第六節　求職面試禮儀

在職場中每個人都有許多機會要尋找工作，特別是社會新鮮人，剛踏入社會，希望能得到一個固定的職位，自力更生，開始自己事業的基礎。也有許多人在職場闖蕩多年，不斷尋求機會轉換工作環境尋覓伯樂，希望在事業上更上一層樓，所以對於求職面試已是身經百戰。但是絕大多數的人，特別是剛踏入社會的年輕人，都沒有太多這種經驗，心驚膽戰的去摸索應該如何以最好的情況出現在主考官面前，面談時實力固然是重要的因素，但是不可否認的，如何在面談時讓主考官留下良好深刻的印象，就是面談時的禮儀表現了，所以求職面談的禮儀不可不知。現在就來談談求職面談的準備及有關的禮儀事項。

一、知己知彼百戰百勝

首先，對於自己的長處、興趣、人生目標、工作傾向要有所認識，最好能在謀職前做個「性向測驗」，以便了解自己的個性適合什麼工作；如果能找到和自己個性專長結合的工作，不僅面談時的表現會讓人印象深刻，同時入行後自己發展的潛力也大為增加。

其次，蒐集應徵公司的資訊，如應徵公司的背景、企業文化、營運狀況、未來發展、這個行業的現況等，盡可能做一了解，這方面可以從公司簡介、公司網頁或是報章雜誌上尋找有關資料，一來可確定自己的目標公司，二來面談時可適時表現自己對該公司的了解及對工作的企圖心。

再就是準備詳細的履歷表，應徵工作第一關卡就是個人的履歷表，要在眾多競爭者中脫穎而出獲得面試機會，一方面固然是自己的學歷、經歷、專長、經驗被別人所肯定，另一方面吸引人的履歷表製作技巧也是不可忽視的。應徵時，可能已將履歷表寄給求才公司，但是面談時最好還是準備一份完整履歷表及其他參考資料，以備不時之需。

最後要做事先排練，愼重其事的去準備這次的面試。不要太相信自己鎮定的功夫，也不要太肯定自己隨機應變的能力，要將每一次的面試都認眞用心的面對，有充分準備則成功機會絕對要比臨陣磨槍大得多，所以如果得到面談的通知，就成功了一半，一方面要將筆試部分加強練習，另一方面對可能會問到的問題詳列題目，一一準備適當的答案，臨場就可對答如流了，尤其是外語面試這項準備工作更是重要。

二、了解主考官的要求

主考官最先注意的就是應試者的衣著儀態及行爲舉止了，即使是陌生人初次見面，也是第一印象最爲深刻，面試時尤其影響主考官的主觀意識，適當的穿著、莊重的行爲舉止，不只是基本的禮貌，同時也表示應徵者對此工作的重視。因此，誇張一點說，一位應徵者進門從穿著、行走姿態、打招呼到坐下，主考官可能就已打下了一半的評分，其他的分數才是自問話中加上去的，所以禮儀的要求還是要注意。

其次是專業知識及口才表達的能力，選拔人才當然要看專業知識是否符合公司的需要，除了書面資料的呈現外，口語表達也是很重要的，面試時要能抓住重點，將所學及經驗不卑不亢、口齒清晰的表達出來，讓主試者認爲你就是他所需要的人才。

面試者的個性情緒EQ也是重要的考核項目之一，現代工作講究團隊合作，相互支援，因此人際關係的溝通技巧是很重要的要求，主考官一定在不斷測試應徵者的個性，以及與人相處的態度，來決定是否歡迎你加入，成爲其團隊的一員。

最能感動主試者獲得青睞的，就是應徵者表現出來的工作熱忱、責任感、企圖心。專業能力再強，如果沒有責任感，不能熱誠投入工作，公司不會考慮聘用這種人才，尤其是年輕人經驗不足、學歷又不是特別顯赫，但是若能表現平時做事的責任心，服務的熱誠，再加上對爭取此工作的強烈企圖心，相信主考官一定會給面試者加分錄用的。

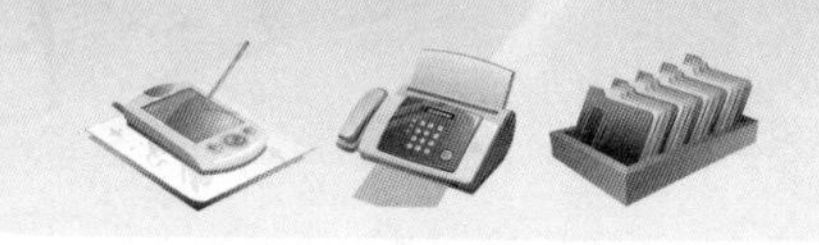

三、服裝儀容的禮儀修養

求職面試制勝關鍵除了專業技能和學經歷外，合宜的服裝修飾，自然大方的應對態度，是面試成功與否的要件之一。因此應該要及早準備，配合當時的氣候，事先準備面試當天要穿的服裝配飾，髮型要修剪適當，不要等到面試時才臨時找不到合適的衣服，不知道如何打扮自己。服飾以整齊清爽，穩重端莊、簡單俐落爲基本原則；儀容以清潔乾淨爲原則，薄施脂粉，輕點唇型；髮型要適合自己的臉型。注意服裝儀容不僅可表現專業的素養，也展現尊重公司及主試者之態度。

男士面試時服裝以深色西服較爲穩重，如深藍色、深灰色、深咖啡色系列，不僅好搭配襯衫，也是最安全的穿著顏色。襯衫白色最爲愼重，其他暗色系西服搭配淺色素面的襯衫亦可；領帶最好選擇與襯衫或西服同色系的搭配，長度以到皮帶的環釦爲準，太長或太短都不適宜，整體服裝不要超過三種色系，否則就顯得有些雜亂了；襪子要穿深色的與西褲及皮鞋配合，不要穿白色的休閒襪，襪子的長度以坐下來時不露出小腿才成，皮鞋深色或黑色可配各式深色長褲穿著；皮帶用黑色或深色，皮帶頭不要花俏；帶一個公事包或手提包，手上不要大包小包拿了一堆東西，首飾最好少戴；髮型整齊清潔，要讓面孔顯現出來，鬍子刮乾淨，指甲要修剪並保持清潔。年輕人離開學校求職正好是夏天，面談時，可穿著簡單一些，素色襯衫配上合適領帶，深色西褲、深色皮鞋、深色襪子就很整齊清爽了。

但是不同的行業，不同的公司，會有不同的穿著文化，如果應徵廣告藝術等行業，比較講究流行創意，因此可以考慮有些特色的打扮，但是總體來說，應徵時服裝還是以保守爲上策。

女士求職的理想服飾， 選擇簡單大方、剪裁合宜的套裝，顏色以黑、灰、深藍和棕褐、中性色爲主，裙子不宜太短，太短顯得不莊重；亦不宜太長，太長顯得不俐落，可以膝蓋上下兩吋做標準。如穿洋裝應加一件外套；如配西裝式長褲，則質料剪裁都要適合上班的穿著，避免無袖露背、露肚、迷你裙、短褲等不穩重的穿著。

鞋子應穿有跟、素色素面的包頭鞋，露出大部分腳指的涼鞋或休閒

鞋都不適合面試時穿，有跟的鞋會增加體態挺拔的效果，但也不宜太高，兩吋之內爲原則；襪子選擇膚色最好搭配服裝，準備一雙備用品，絲襪破了是常有的事，皮包內應多準備一雙以防萬一。

保守淡雅乾淨的化妝，太濃艷或不化妝都不適合職場的要求，指甲修剪適宜長度，並保持清潔，鮮艷指甲油絕不可在求職時塗用。

飾物簡單高雅，大型誇張的飾品不要在求職面試時配戴，髮型不論長短，都要梳理得乾淨清爽；長髮最好不要將面孔遮住，應徵某些服務性質的工作，如空中服務員、餐飲業等，更應將長髮束起或夾好，讓自己有乾淨俐落的印象。女孩子東西多，最好帶一個大小適中的手提包，將應帶的東西及自用品放入，手裡不要大包小袋，徒留給人凌亂的印象。

四、面談時的準備

按通知時間前往面試地點，不要太早，更不可遲到，比約定時間早到十分鐘，一方面熟悉環境，同時早到一點可安定情緒。到了指定地點，報到前至洗手間整理一下服裝儀容。

面試時，輕聲敲門進入，開門後輕輕關上，面對主試者點頭微笑致意，走向座位後當主試者請坐時才就座，手上皮包應放在椅旁。坐下時不要背部全靠住椅背，這樣坐姿較端正，也顯得較有精神，起身時動作也會方便俐落。

準備一篇簡短的中英文自我介紹，面試時通常都會用得著。回答問題態度自然，聲音大小適中，眼神要看著問話之人，適當表現自信和工作的企圖心。能了解的問題照實回答，過分誇大或謙虛都不是恰當的表現，聽不清楚請再說明一下，不了解的問題不要悶不吭聲不發一言，人家不知道你到底是什麼意思，眞的完全不清楚，可以回答說如果公司需要會努力的配合和學習。

適當使用肢體語言，眼神表情、身體手勢等細微的動作都可表現自信，加強溝通的效果。主試者若問還想知道公司哪些資訊，可禮貌的提出一兩個問題，不要表現出斤斤計較不能吃虧的態度。

面談結束離去時，輕移椅子站立行禮，退出一步再轉身離去。不論

面試前後，一舉一動都要表現應有的禮儀修養，與相關人員接觸詢問，乃至於等待時，表情態度都會落入公司員工的眼裡，有些人雖然無權決定錄取者，但卻絕對有辦法影響面試的成績。

五、面談後的後續工作

等待通知，如果面試情況理想，可靜待回音，大多一個星期內就會有回覆。為了加深對方對自己的印象，面試後可寫一封謝函或一張謝卡，或發一封電子郵件向面試有關人員致謝。

即便是接獲通知未能錄用，仍可致封謝函表示感謝，有時有些錄取者未去，或是將來公司有空缺時，可能就會考慮到你了。

如果對應徵的工作非常有興趣，也很盼望能進入這家公司服務，可於面試一星期後尚未接獲通知時，去電詢問情況。電話應打給直接承辦人，自我介紹後請問是否方便與你談話，不要影響對方的工作。如果幸運的接獲錄取通知，應按規定時間報到上班，不宜藉故拖延。如果不幸未獲錄用，也可將求職過程累積經驗。求職除了專業學歷能力經驗外，機會也是因素之一，失敗了不可灰心，要虛心檢討得失，累積經驗再接再厲，一定會找到適合自己的工作。

第七節　面試參考問題

1.請簡單介紹一下你自己，你的長處為何？缺點為何？

Tell me something about yourself.

Tell me a little about yourself.

What are your strengths?

What are your weaknesses?

2.談一點你在大學的經歷？

Tell me something about your experiences in university?

3.做學生時有沒有真正參與什麼事務？有沒有參加任何社團？

When you were a student, was there anything you really involved in?

Were you involved in any club activities?

4.你最喜歡什麼課程？你最不喜歡什麼課程？爲什麼？

What was your favorite subject and what was the worst one? Why?

5.你在大學主修什麼？

What was your major in university?

6.你在讀大學時工作嗎？做什麼樣的工作？

Did you work during college? What kind of works did you do?

7.爲什麼要申請這家公司？爲何要離開目前的工作？

Why do you choose this company? Why are you interested in working for this company? Why do you leave the company?

8.你對我們公司認識多少？

Tell me what do you know about our company.

9.你覺得自己最大的優點是什麼？

What are the strong points do you have?

10.爲什麼你值得公司僱用？

What do you think about your qualifications? Why should I hire you?

11.你有任何證照或是特殊的技能嗎？

Do you have any licenses or other special skills?

12.你認爲自己的個性如何？

What kind of personality do you think you have?

13.你的嗜好是什麼？

What kind of hobbies do you have?

14.你最近讀的印象最深刻的書是哪一本？

What is the most impressive book you have read recently?

15.如果你進入本公司你希望在哪個部門工作？

If you enter this company, what section would you like work in?

16.從你住的地方到這裡上班要多久的時間？

How long does it take you from your home to this office?

17.你希望的待遇爲何？

What salary would you expect? What kind of salary do you require?

18.你上一個工作遭遇的最大困難是什麼？如何解決？

What's the biggest problem you faced in your last job, and how to solve it?

19.你有任何的問題想要問我嗎？

Do you have any other questions you would like to ask me?

20.我們要如何與你聯絡？

How can we get in touch with you?

參考書目

一、中文部分

1.《現代秘書手冊》，日本現代秘書實務研究會著作出版。

2.《新訂秘書概說》，1981年，日本全國短期大學秘書教育協會著作出版。

3.《秘書理論與實務》，田中篤子著，1985年，嵯峨野書院。

4.《公共關係》，袁自玉編著，1988年，前程企管公司。

5.《公共關係學》，張在山著，1998年，五南圖書公司。

6.《事務管理手冊》，行政院秘書處編印，2001年9月，三民書局。

7.中華郵政公司網站（http://www.post.gov.tw）。

8.中華電信股份有限公司網站（http://www.dgt.gov.tw）。

9.中央氣象局網站（http://www.cwb.gov.tw）。

10.《檔案學》，靳元龍著，1986年8月，作者自行發行。

11.《檔案管理學》，張澤民著，1981年9月，三民書局。

12.《中英文檔案管理》，范金波著，1988年2月，國家出版社。

13.《檔案管理入門》，東政雄著，1995年10月，台華工商圖書公司。

14.《最新應用文》，龔夏編著，1988年，復興書局。

15.《國際禮儀實務》，徐筑琴編著，2001年10月，揚智文化事業股份有限公司。

16.《台北市行政專業秘書協會季刊》，台北市行政專業秘書協會出版。

17.《餐旅服務技術II》，蘇芳基編著，2007，揚智文化事業股份有限公司。

18.《餐旅服務技術III》，蘇芳基編著，2007，揚智文化事業股份有限公司。

二、英文部分

1.*Complete Office Handbook*

By Susan Jaderstorm, Leonard Kruk, Joane Miler.....

2003, International Association of Administration Professionals (IAAP)

2.*Administrative Assistant's and Secretary's Handbook (Second Edition)*

By James Stroman, Kavin Wilson, Jannifer Wauson

2004, American Management Association

3.*The Professional Secretary's Handbook*

By John Speneer & Adrian Pruss

1997, Borron's Educational Series, Inc.

4.*The New Executive Assistant*

By Melba J. Duncan

1997, The McGraw-Hill Companies, Inc.

5.*The Secretary at Work*

By Madeline S. Strong, Mary S. Smith, M.Claudie Garvey

6.*Secretary's Handbook*

By Martha S. Luck

1972, Mundelein

7.*The Secretary Handbook*

By Sarah Aughsta Taintor, Kate M. Monro

1988, Collier Macmillan

8.*The New World Secretarial Handbook*

By A. E. Klein

1974, Simon & Schuster

9.*The Executive Secretary*

By Patricia Ingoldsby, Joseph Focarino

1969, Garden City

10.*Secretary's Desk Book*

1978, By The Parker Publishing Company Editorial Staff

11.*The Secretary on the Job*
By Mary Witherow
1982, McGraw-Hill Companies
12.*Webster's Secretarial Handbook*
By Anna L. Eckersley-Johnson
1989, Prentice Hall
13.*Complete Secretary's Handbook*
By Lillian Doris, Besse May Miller
1973, Prentice-Hall, Inc.
14.*The Successful Secretary's Handbook*
By Estherr Becker, Evelyn Anders
1971, Harper & Row
15 *Secretarial Office Procedures*
By Theodore Woodward, John A. Pendery, Howard L. Newhouse
1972,
16 *Secretarial Office Procedures*
By Mary Oliverio & William Pasewark
1980, South-Western Publishing Co.
17 *Filing Systems and Records Management*
By Gilbert Kahn, Theodore Yerian, Jeffrey R. Stewart, Jr.
1981, McGraw Hill
18 *Business Filing and Records Control*
By Ernest D. Bassett, David G. Goodman
1994, South-Western Publishing Co.
19.*Office Pro (Magazines)*
By International Association of Administration Professionals (IAAP)